群体智能机器人：原理、建模与应用

[德] 海科·哈曼（Heiko Hamann）著

双泽信息技术有限公司　组译

机 械 工 业 出 版 社

本书介绍了群体智能机器人技术，讲解了从群体智能到机器人技术的原理、建模与应用，能够通过许多示例场景帮助研究者、从业者和师生了解如何设计大型机器人系统，这些示例场景涉及诸如聚合、协调运动、任务分配、自组装、集体构建和环境监测等领域。本书解释了构建多个简单机器人背后的方法，以及这些机器人之间的多重交互产生的复杂性，以便它们能够解决困难的任务。

本书适合机器人、人工智能领域的研究者、从业者和师生学习参考。

First published in English under the title:
Swarm Robotics: A Formal Approach
By Heiko Hamann, edition: 1

图书在版编目（CIP）数据

群体智能机器人：原理、建模与应用/（德）海科·哈曼（Heiko Hamann）著；双泽信息技术有限公司组译．—北京：机械工业出版社，2024.1（2025.1 重印）
书名原文：Swarm Robotics：A Formal Approach
ISBN 978-7-111-74982-0
Ⅰ.①群… Ⅱ.①海… ②双… Ⅲ.①智能机器人 Ⅳ.①TP242.6
中国国家版本馆 CIP 数据核字（2024）第 041621 号

机械工业出版社（北京市百万庄大街 22 号　邮政编码 100037）
策划编辑：林　桢　　　　　责任编辑：林　桢
责任校对：潘　蕊　张　薇　封面设计：鞠　杨
责任印制：刘　媛
涿州市般润文化传播有限公司印刷
2025 年 1 月第 1 版第 2 次印刷
170mm×230mm·12.5 印张·228 千字
标准书号：ISBN 978-7-111-74982-0
定价：89.00 元

电话服务　　　　　　　　网络服务
客服电话：010-88361066　机 工 官 网：www.cmpbook.com
　　　　　010-88379833　机 工 官 博：weibo.com/cmp1952
　　　　　010-68326294　金 书 网：www.golden-book.com
封底无防伪标均为盗版　　机工教育服务网：www.cmpedu.com

原书前言

我思考群体机器人技术的主要动机是研究小型机器人的概率性局部行动如何汇总成为群体所体现的理性的全局模式的问题。对于工程师来说，这有可能使美梦成真，因为复杂的问题或许可通过设计简单的协作组件来解决。对于科学家来说，这有可能帮助解释有关意识、人类社会和复杂性的形成等重大问题。

群体机器人技术是一个日渐成熟的领域，值得一本专著予以阐释。截至目前，有许多将群体机器人技术与其他学科内容一同论述的有趣书籍，但还没有一本完全致力于此的书籍。对年轻的研究人员和学生来说，一本作为资源的专著显得尤为重要。而我正努力填补这一空白。本书主要介绍如何设计具有最大可扩展性和鲁棒性的机器人系统，按照目前的方法论，这非常有挑战性。因此，请与我一道，为设计去中心化机器人系统寻找更好的新方法吧。

与其他许多书籍一样，本书的起源也由来已久。2013 年，我开始在德国帕德伯恩大学为计算机科学家们讲授一门非常特别的硕士课程，名为“群体机器人技术”。在我创建这门课程时，尚无一本完整讲授群体机器人知识的书籍，这使我颇为伤心。当然，也有一些书籍包含了与群体机器人技术相关的材料，例如 Bonabeau 等人[48] 以及 Kennedy 和 Eberhart[210] 编写的关于群体智能的系列书籍，还有 Floreano 和 Mattiussi 写的有关生物启发的人工智能的伟大著作[122]。然而，这些书籍都没有给出一个完整的课程。因此，我必须走一遍任何老师在从头创建课程时的必经之路：确定每个学生都需要了解的最相关课题，并制作全套教材。也许从那时起我就想过，写一本书可能有益于这个领域，也是合理的选择。这一点也在学生们急切要求提供配套阅读材料时得到证实，而我必须不停地跟他们说：“是的，那样会很棒，但还没有人写过关于群体机器人技术的书。”因此在 2013 年，我缓慢地开始了漫长的写作过程；在接下来的几年里，学生们一直向我讨要这本书。2013—2016 年间，我四次讲授了这门课程，并得以改进写作材料。在 2017 年的主要写作期间，我转到了位于德国吕贝克的另一个教授职位；期间，我经常只需写下讲课时脑海中浮现的东西即可，这令我很高兴。然而，为了更全面地了解群体机器人技术，有必要添加更多明显超出课程内容的资料。从本书的参考文献中可以看出，我努力不遗漏相关论文。但我仍然可能，或者更确切地说，很有可能遗漏与群体机器人技术非常相关的人或事。那样的话，请接受我的道歉并让我知晓。

我希望，本书至少能帮助一些授课老师，如果他们所讲授的是专门介绍群体机器人技术的课程，或者讲授的是包含部分群体机器人技术内容的课程。你们无须经历从无到有创建课程时的那种痛苦。希望学生们认为本书有用、易懂，或许还有一点娱乐性。希望有志在群体机器人这一领域开展研究的年轻研究人员也能从本书中找到一些有用的信息，作为自己的研究起点。至少，忽略一篇重要论文的可能性或许会更小。最后，我也衷心希望，群体机器人爱好者们敢于阅读这样一本使用了许多艰深术语的科学书籍。再次重申，我努力使每个人，或者至少对计算机科学或（计算）生物学有所了解的人都能顺畅地阅读本书的内容。

当然，本书之所以能够出版，是由于许多人为我撰写本书提供了直接帮助，或者在过去十年间通过与我讨论群体机器人技术问题，或让我知晓或新或旧的相关文章而间接地帮助了我。我要感谢 Marco Dorigo、Thomas Schmickl、Payam Zahadat、Gabriele Valentini、Yara Khaluf、Karl Crailsheim、Ronald Thenius、Ralf Mayet、Jürgen Stradner、Sebastian von Mammen、Michael Allwright、Mostafa Wahby、Mohammad Divband Soorati、Tanja Kaiser、Eliseo Ferrante、Nicolas Bredeche、Sanaz Mostaghim、Jon Timmis 和 Kasper Støy。此外，我还要感谢 2013—2016 年间在帕德伯恩大学参加群体机器人技术课程学习的学生，他们提出了许多有趣的问题，分享了他们对群体机器人问题的解决方案，感谢他们用热情激励了我，并用思辨性的问题质疑了我。

我衷心感谢我在 Springer Science + Business Media 的联系人，感谢他们耐心及适时地推动了我的工作：Mary E. James、Rebecca R. Hytowitz、Murugesan Tamilsevan 和 Brian Halm。

我还要感谢以下各位授予我图片使用权限：Thomas Schmickl、Francesco Mondada、Farshad Arvin、José Halloy、Ralf Mayet、Katie Swanson 和 Martin Ladstätter。

Heiko Hamann
德国吕贝克

目　　录

第1章 群体机器人技术导论

然而，从计算机的内存中释放大量虚拟智能体来解决问题是一回事，但在现实世界中释放真正的智能体是另一回事。

——Michael Crichton，《猎物》

飞行的群体就会立刻形成“云脑”编队，其集体记忆则被重新唤醒。

——Stanislaw Lem，《无敌号》

事实上，蚁群才是真正的有机体，而非个体。

——Daniel Suarez，《云端杀机》

摘要 我们引入了群体机器人技术的基本概念并进行了简单的概括。

群体机器人技术是一种复杂的方法，需要了解如何定义群体行为、是否存在最小规模的群体，以及群体系统的要求和属性是什么。我们对自组织行为进行了定义，并形成了对反馈系统的理解。群体并不一定是同构的，也可能由不同类型的机器人组成，从而使其具有异构性。我们还将机器人群体与人类之间的交互作为一个因素进行了讨论。

群体机器人技术是一门研究如何让大量机器人协作，集体完成一项单个个体无法完成的任务的学科。这种真正的协作是群体机器人技术的迷人之处，也是团队合作的理想典范。群体中每个成员的贡献都是平等的，而各成员共享同一个更高级别的目标。然而，公众对群体机器人技术的看法似乎过分强调了它不可思议的方面。也许你已经读过 Stanisław Lem 的《无敌号》、Michael Crichton 的《猎物》、Frank Schätzing 的《群》或者 Daniel Suarez 的《云端杀机》。你或许想知道，为什么这些机器人群体或自然界的群体大多是邪恶的，或者至少是具有威胁性的。不幸的是，这些作者将群体的未来想象为一种敌托邦（即可怕的反乌托邦）。

虽然这个方面不容忽视，但我们留待本章末尾讨论未来技术时再做结论。也许你也想知道 Lem、Crichton、Schätzing 或 Suarez 的假设是否真的具有现实性。不过主要的问题是如何实现机器人群体，这也本书研究的问题。

群体机器人技术及其在协作机器人领域的直接应用不仅为人们提供了许多可用的机器人，也有助于为未来的工程学开发出可能更为重要的方法。当前的技术已达到了很高的水平。人类创造的最复杂的系统包括：欧洲核研究组织的大型强子对撞机和美国宇航局的航天飞机。其他已设计的复杂系统包括 CPU（随着时间推移，单个芯片的晶体管数量呈指数级增长）和最先进的（单片）机器人[35,244]。这些系统的共同点是，单人几乎不可能完全理解这些系统，因为它们包含许多相互作用的组件，而且许多组件本身就极为复杂。为了在未来保持对工程产品复杂性的控制，我们可能需要在复杂性达到一定程度后，改变我们的方法范式[130]。有没有一种方法可以生成和组织复杂的系统，而不依赖于征服一套庞大的异构组件和子组件？有可能以简单组件为基础生成复杂的系统吗？幸运的是，答案是肯定的，而且我们在自然界中找到了此类系统的例子。例如蜂群、鸟群和羊群（见图 1.1）。数以千计的椋鸟自组织成为鸟群，并表现出集体运动。鱼群以圆圈形式运动，形成大而具有迷惑性的大群，使捕食者难以察觉单条的鱼。成群结队的蝗虫在沙漠中行进，而蚂蚁群则显示出广为人知的多样化行为。所有这些系统均由数量庞大的相似单元组成。每个单元都相当简单，相对于由它们所组成的复杂系统，其自身的能力也很小。这些自然界的群体体现了一个复杂系统的非凡概念，这个复杂系统由大量简单部件所组成，基于简单规则进行交互。从工程学的角度来看，知道如何设计这些系统是很有吸引力的，而从科学的角度来看，了解这些系统的运作模式也极具吸引力。这两项任务构成了贯穿本书的两条主线。幸运的是，这两条线是直接相互联系的，即如果你能建造一些东西，那么你就真正理解了它；如果你已经理解了它，那么就可以建造出来。

回到本章开头所引用的 Crichton 和 Lem 的话，实现群体行为将是一项额外的挑战，不是针对虚拟智能体，而是实际智能体（即机器人）。而且区分所观察到的某一行为究竟是集体效应（例如集体记忆）还是某个机器人的单独反应也很困难。

除了工程学的挑战外，还存在着一个更深刻的挑战，那就是要将每个群体必然拥有的两个视角结合起来。有些特性仅存在于群体层，而有些特性仅存在于单个群体成员层。作为观察者，我们能看到群体的整体形状及动态，并且通常可以理解每一次运动的目的，或者这些群体形成的架构。但对于单个机器人、蚂蚁或鱼而言，这些特征中的大多数都是隐藏的，但其在大多时间都能选择正确的行动。要理解简单行为的总和如何在群体层面定性地产生新特征，而这些新特征无法被群体的各个部分理解，这是群体智能和群体机器人技术中最有趣的问题。解决这一谜题将产生深远影响，因为它肯定与神经科学、社会学和物理学有关。

图 1.1　一群蜜蜂（知识共享许可证，CC0）、一群白蚁（Bernard Dupont 摄，CC BY-SA 2.0）、一群天鹅（CC0）、一群椋鸟（NIR Smilga 摄，CC BY2.5）、一群鱼（CC0）和一群绵羊（CC0）

1.1　对群体机器人技术的初步探讨

1.1.1　什么是群体

有趣的是，现有文献似乎没有对群体进行明确定义。例如，群体智能领域的普通文稿也在这方面保持空白[48,210]。相反，我们能找到对群体行为的定义。在生物学中，对群体行为的常见定义是："通常与集体运动相结合的聚集行为"，这与上述例子基本吻合。语言本身也传达出了群体作为一个概念的重要性。例如，英语中有许多描述各类群体行为的词，如鸟类成群用 flocking，鱼类成群用 shoaling 或 schooling，四足动物成群用 herding。因此，我们欠“群体”一个定义，而当前的结论是，群体是通过其行为来定义的。

1.1.2　群体有多大

在群体机器人技术中，一个时常令人莞尔的问题是多少个体才能构成一个群体。似乎清楚的是，群体中的个体数量必须很多。但具体是多少呢？幸运的是，文献中可以找到 Beni[37] 的定义，尽管他是用否定的方法来定义群体大小的：既“没有大到需用统计平均值来处理”，也“没有小到作为个体问题来处理”。因此，根据 Beni[37] 的定义，对于适当地群体的大小 N，我们应得出 $10^2 < N \ll 10^{23}$，这意味着群体中的数量不大于阿伏伽德罗常数。阿伏伽德罗常数 $N_A \approx 6.02 \times 10^{23} \mathrm{mol}^{-1}$，其中 mol（摩尔）是指包含与 12g 纯碳 - 12 原子数量相同的基本单元的物质的量。乍一看，这一上限似乎高得并不合理，但其实很有用，因为其具有定性意义。阿伏伽德罗大系统（如气体、液体或固体）通常用统计方法处理。

下限的确定也与处理方法有关，即不能作为“少体”问题来处理。如果我们从较小的群体开始研究少体问题的复杂性，那么可先考虑单个个体。而由单个个体所构成的系统肯定不具备那些有趣的特性，如沟通和协作。因此我们应当从最小的社会群体开始，即两个个体，又称二元组（dyad）。由单个个体到两个个体的转变从根本上改变了系统[38]。少体问题的例子之一是经典力学中的二体问题。该问题是根据牛顿力学，确定两个相互作用的物体，如行星及其卫星的运动情况。值得注意的是，三体问题体现出了质的差异（见图 1.2），因为其被证明是一个复杂的数学问题[30]。因此有人可能辩称，三体问题不属于简单的少体问题。所以，选择 10^2 作为下限可能已经过高，但选择 3 作为下限又过于极端。

有趣的是，该问题与谷堆（sorites）悖论（又称连锁悖论）有关（sorites 源自 soros，即希腊语“堆”的意思）。该问题是，究竟多少粒谷子才能构成一个谷堆。听起来耳熟吗？虽然这个问题听起来有点傻，但它其实比人们以为的更加深刻。人们会不由自主地通过设定阈值（如 10000 粒谷子）来解决该问题，但如此一来会发现否认 9999 粒谷子也能构成谷堆其实并不公平。这最终是一个自然语言的模糊性问题，罗素等著名学者都曾对此进行过讨论[335]。

摆脱这一困境的方法是避免设定阈值，而坚持采用与方法相关的定义。群体并不一定由其大小来确定，而是由其行为来确定。如果实施了群体行为，那么就应将其视为一个群体，而且 $N=3$ 的群体或许会表现出可验证的群体行为。下文主要讨论群体行为的特性和要求。

图 1.2　三体问题（牛顿力学，两个静止重质量物体及一个运动的卫星）的示例轨迹，体现了少体问题的复杂性

1.1.3　什么是群体机器人技术

群体机器人（swarm robots）这一说法的首次运用可追溯到 Maja J. Matarić的著作《书呆子群》，见 Matarić[253,254,255]。而 Dorigo 和Şahin[99] 给出的定义是："群体机器人技术是研究如何设计大量且相对简单的实物智能体㊀，使得期望的集体行为㊁能够从智能体之间以及智能体与环境之间的局部交互中涌现出来。""相对简单"的智能体这一术语可以进一步指定为任务相关，因为相对于所考虑的任务，机器人的能力或效率较低。智能体和环境之间的局部交互是可能的，这要求机器人具备局部感知能力，可能还需要具备通信能力。事实上，（局部）通信通常被认为是群体的关键特征[54]。通信也是群体成员之间能够协作和合作的必要条件。反过来，协作需要超越群体系统的简单并行化。例如，在最简单的并行化形式中，每个处理器都会收到一个工作包，然后处理该工作包，而无须处理器之间进行任何其他通信，直到工作包完成。虽然这种简单的并行化形式也是组建机器人群组的一种方式（想象每个机器人单独执行清洁一小块指定区域的任务），但在群体机器人技术中，我们要明确超越这一概念，通过机器人间的协作产生额外的性能提升。

㊀ "智能体"的概念定义明确且复杂，见 Russell 和 Norvig[337] 和 2.4.2 节。

㊁ "集体行为"是社会学中常见的术语，被巧妙地应用到群体机器人的研究中。可将其简单地理解为"整个群体的行为"，即由此产生的所有群体成员的整体行为。

Beni[37]将智能群体定义为“一组非智能机器人，作为整体构成了智能机器人。换言之，一群‘机器’能够以‘不可预测的’方式形成‘有序的’物质形态。”然而，该定义需要涉及许多其他相关的概念，如智能、秩序和不可预测性，这里不再讨论。相反，我们注意到他对机器人群体属性的定义：分散控制、缺少同步性、简单（准）相同成员或批量生产的准同构成员[37]。分散控制与集中控制相反，集中控制是由中心单元控制远程单元。而分散控制是另一种控制模式，禁止各单元受其他单元控制，这意味着每个单元都自我控制。缺乏同步性意味着群体是异步的，缺少每个群体成员都可访问的全局时钟。反过来，如有必要，群体也必须明确地进行同步。

Sharkey[359]讨论了不同类型的群体机器人。她认为，早期的群体机器人技术方法是受自然启发的“极简主义方法”，主要限制了硬件的性能，但这似乎不再是学界的共识。因此，她确定了可扩展的群体机器人这一既非极简主义也非直接受自然启发的概念，实用的极简群体机器人这一非直接受自然启发的概念，以及受自然界启发的极简群体机器人概念，如果你们喜欢的话，这是最早的概念。

1.1.4 为何研究群体机器人技术

当讨论群体机器人系统的好处时，通常会提到三个主要优点[99]。第一个优点是这些系统具有鲁棒性。鲁棒性的定义是容错和故障安全，主要通过设置大量冗余和避免单点故障来实现。群体是准同构性的，因此每个机器人都可以被任意其他机器人替换。注意，冗余也对群体的最小规模提出了要求。上文我们提到，根据方法的不同，由三个成员构成的小组也可以被视为一个群体。这样评估仍然是公平的，但很明显，规模为 3 的群体也达不到规模为 100 的群体所具有的相同的故障安全水平。

群体的控制是分散的，因此不存在单点故障。每个机器人只与直接邻点交互，而且只存储局部获得的数据（即局部信息）。由于任何类型的故障而损失一台机器人只产生局部影响，因此很容易克服。在组织合理的机器人群体中，即使损失一定比例的机器人，也不会对群体的有效性产生重大影响。效率可能下降，但是既定的任务仍能完成。

为了更详细地理解鲁棒性，我们举一个例子。群体机器人的网络可用图论进行解读。比方说，对于既定任务，必须将群体连接在一个大的连通分量中。而为保证鲁棒性，需要避免的一种情况是，移除一条边而将图形分成两个部分。在给定的分散设置中，明确某个连接是否关键是非常重要和困难的。一种简单的解决方案是保证一定的最小机器人密度（即每个区域的机器人数量），这意味着每个机器人都有一定的平均度（即通信范围内的相邻机器人数量）。这只是一种概率保证，然而也是群体机器人系统的典型特征。可以运用图形探讨鲁棒性。在图1.3中，A节点和b边代表单点故障。如果A或b出现故障，那么图形将分成几个连通分量（参见图论中的顶点分隔符）。该图可代表由群体机器人及其通信范围构成的通信网络。最初，每个机器人都可通过多跳通信明确地联系到其他机器人，或通过网络传播信息（如本地广播序列）间接地联系到其他机器人。而一旦A机器人发生故障，或者沿b边的通信中断，那么机器人群体就会崩溃成两个彼此无法通信的亚群。

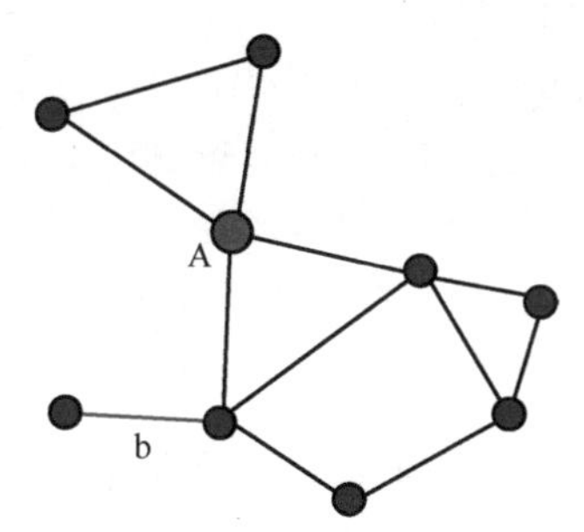

图1.3　在本图中，A节点和b边代表单点故障，因为如果二者发生故障，图形就会分解为多个分量

以下是通过冗余实现鲁棒性的一个很好的例子。在如今的太空飞行中，通常只发射单个空间探测器，这是一种主要方法（见图1.4）。而一旦探测器发生致命故障，整个任务都将失败。因此，人们必须不遗余力地完善探测器，并尽可能地对其进行测试。另一种方法则是耗费相同成本（理想情况下）生产大量小型且可能更简单的探测器。通过合作对单个探测器有限的能力（例如无线电信号强度、摄像机分辨率）进行补偿。失去一定比例的群体探测器不会危及整个项目，因为探测器群体仍保持有效。鲁棒系统属于可靠系统，可基于低可靠性部件，通过冗余构建[29]。

第二个优势是灵活性。同样，由于准同构性，硬件方面没有专门化。每台机器人都能完成任何其他机器人的任务。群体之所以能够适应广泛的任务，是因为通常无需对硬件进行专门化。机器人通过合作克服了自身能力的局限。例如，执行器性能弱可通过集体运输物体来补偿，信号强度低可通过构建机器人多跳通信线路来补偿，而尺寸小可通过使用自组装机器人来补偿，自组装机器人可集体穿越孔洞或翻越其他困难的障碍物。

第三个优势是可扩展性。采用的方法（例如机器人的控制算法）可扩展到任何规模的群体。群体“可在扩大规模的同时保持功能，且无须重新定义各部分之间的交互方式”[96]。这是因为每个机器人仅与其局部邻点交互。禁止使用无扩展性的方法，如向整个群体广播，或依赖于调查大部分群体的过程。为了可扩展性，可能需要保持机器人的密度恒定，但当群体的作业区域相应扩大时，允许自由选择群体的总体规模。

图 1.4 通过冗余实现的鲁棒性：可发射一组探测器或卫星（右，EDSN—爱迪生小型卫星网络示范项目）（美国宇航局摄，公共域），而不是发射单个空间探测器（左）

传统计算机系统的可扩展性是有限的，实例之一为互联网服务。人们往往通过增加服务器解决用户增加的问题。但困难的是，这一过程通常存在某些瓶颈。例如，传入的服务请求可能需要先在中央计算机上注册。因此，响应时间不会随着用户数量的增加而保持不变，其增长是指数级的而非线性的。

1.1.5 什么不是群体机器人技术

有时，多智能体或多机器人系统很难从概念上与群体机器人系统分开。然而，多智能体系统通常依赖分发或访问全局信息、广播、复杂通信协议（如协商），需要机器人间的通信可靠且角色分配明确，要求机器人能够识别其他机器人个体或知晓群体的总体规模[117,298]。另外，由于采用了蓝牙或 WLAN（无线局域网，又称 WiFi）等不可扩展的技术，这些系统通常不具扩展性。

1.2 早期调查和见解

接下来，我们将讨论群体机器人系统的三个基本特征。首先我们详细讨论群体的性能，即群体的大小和密度对群体工作表现的影响。由于我们希望得到良好的可扩展性，所以研究群体的性能十分重要。第二个课题，我们讨论的是通信问题，因为群体有时会以意想不到的方式进行通信。第三个课题，我们将明确群体的层次及群体中单个成员的层次。

1.2.1　群体的性能

如果机器人群体的作业区域保持不变，那么机器人群体的平均性能取决于群体的密度或大小。通过桶队的例子可以很容易地看出这一点。桶队是一种多阶段分区运输方案，可视为任务分区的一种形式[8]。一旦群体能够覆盖水源和水池之间大部分的距离，那么组建一支桶队是很有用的。桶队现象也会出现在许多蚂蚁种群中[8]。当只有一台机器人时，那么它必须在一端取水，然后运输至另一端。同样，如果机器人的数量较少，那么它们也必须来回移动；两台机器人产生的水流是一台机器人的两倍，而四台机器人产生的水流是两台机器人的两倍，以此类推（见图 1.5a）。

例如，一旦有六台机器人，那么它们就可以组成一支桶队，原地站住不动，而仅通过将水传递给桶队中的下一名成员的方式运送水。通过采用这种简单的合作形式，这六台机器人能够运输的水量是三台机器人的两倍还多（见图 1.5b）。这种情况导致性能呈现超线性提升，如图 1.5c 中曲线的大幅跳跃所示。超线性的性能提升意味着，不仅整体的工作表现随团队规模的增加而提高，个体的表现也在随之提高。想象一下，你和一组学生共同学习，通过增加团队人数，每个人的学习效率都提高了。这是一个很棒且非常理想的效果，但不幸的是，在团队中很少看到这种效果。例如，人们在黄蜂群中发现，随着蜂群规模扩大，单个黄蜂的工作表现提高了[198]；随后我们也将在群体机器人中观察到这一点（第 4 章）。

当越来越多的机器人被添加到系统中时，机器人密度将继续增加，达到一定密度时，群体性能将达到最佳。当机器人密度进一步增加时，群体的性能实际上会下降，因为机器人会因相互干扰而减速。当机器人密度进一步增加时，其性能可能继续下降至接近零，此时几乎所有运动都因干扰而停止[236]。即使是蚂蚁，有时也必须应对物理干扰，尽管它们有出色的爬行和攀爬能力。在拥挤的条件下，它们通过负反馈效应避免交通堵塞[107]。

除物理干扰外，由于群体密度高，其他方面的影响也会增加开销。例如人类群体所表现出的所谓林格曼效应，指的是团队中单个成员随着团队规模的增加而逐渐丧失工作动力。Ingham 等人的报告[193]（另见参考文献［210］）指出，随着团队规模增加，个体表现会呈非线性下降。

我们将机器人群体性能表现划分为四个区域：次线性增长、超线性增长、最佳群体密度（也可称为工作点）及由于干扰导致降低（见图 1.5d）。图 1.5d 所示函数的形状也出现在许多不同类型的群体系统中[34,164,171,182,216,227,236]，因此似乎有理由将其定义为群体性能的通用方案[166]。Østergaard 等人[299]也在多机器人系统的背景下报告了这种一般形状的存在：

我们知道，通过改变给定任务的实施方式，我们可以移动“最大性能”点，改变曲线两侧的形状，但我们不能改变图形的一般形状。

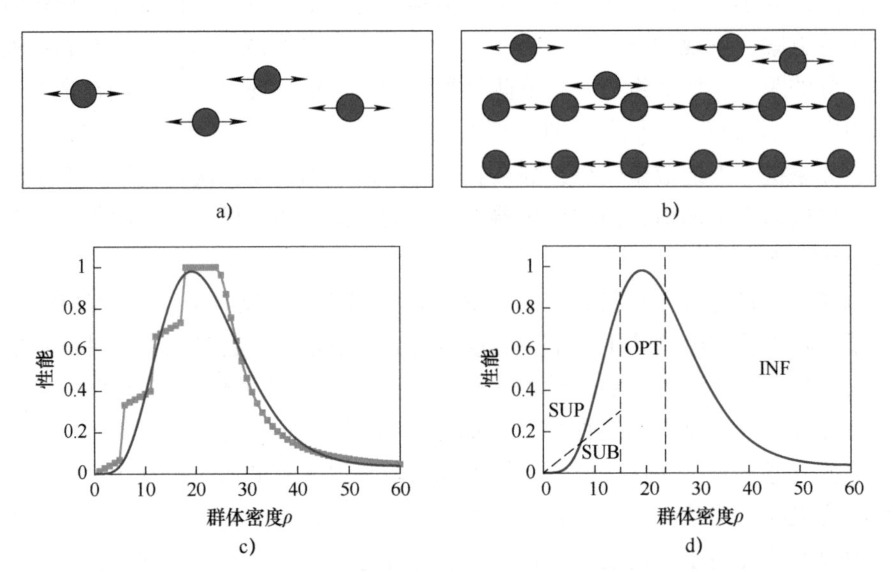

图 1.5 群体性能的桶队实例（机器人运输物体时必须在场地上左右往复移动），以及固定区域 $A=1$（无单元）时群体密度 $\rho=N/A$ 的典型群性能函数。a）桶队，$N=4$ 台机器人；b）桶队，$N=16$ 台机器人；c）桶队的性能；d）群体性能，可显示四个区域，SUP：超线性，SUB：次线性，OPT：最优，INF：推断

我们定义了群体性能的一般形状 $\varPi$ 取决于群体密度 ρ（单个区域内机器人数量）、固定区域 A 和群体大小 $N=\rho A$，方程为

$$\varPi(N) = \frac{N}{e^N} \tag{1.1}$$

其约为 $0.37N^{1-N}$。利用所有相关常数，我们得到

$$\varPi(N) = C(N)\ (I(N) - d) \tag{1.2}$$

$$= a_1 N^b a_2 \exp(cN) \tag{1.3}$$

对于参数 $c<0, a_1, a_2>0, b>0, d\geqslant 0$[166]。参数 d 用于设置极限 $\varPi(N\to\infty) = I(N\to\infty) - d = 0$。此外，我们通过引入 C 和 I 两个分量完善了对 $\varPi(N)$ 的定义。我们确定群体的理论能力可通过合作函数在无负反馈的情况下取得

$$C(N) = a_1 N^b \tag{1.4}$$

Breder[55]在研究鱼群内部的凝聚力时使用了同样的方程，Bjerknes 和 Winfield[42]也使用了同样的方程来模拟向信标移动的群体速度。他们使用的参数是 $b<1$，而我们也允许 $b>1$。这可能是一个主要的差异，因为 $b<1$ 代表了合作带来性能的次线性增长，而 $b>1$ 代表了超线性增长。我们将干扰函数定义为

$$I(N) = a_2\exp(cN) + d \tag{1.5}$$

这可以解释为在没有任何合作（即没有正反馈）的情况下理论上可以实现的群体性能。由于负反馈过程的存在，例如一台机器人的避免碰撞行为触发了其他几台机器人在高密度情况下的避免碰撞行为，随着群体规模的增加，效率呈现非线性降低的效应是可信的。尽管如此，仍有许多非线性函数可供选择，但使用指数函数可获得最佳结果。Lerman 和 Galstyan[236,图10b]也在报告中指出，单个机器人在觅食任务中的效率也呈指数级下降。

Gunther 提出了分布式系统中进行并行处理的性能模型[158]。他将其称为“通用可扩展性定律”。对于相对容量 $R(N)$（即性能），我们定义

$$R(N) = \frac{N}{1+\alpha((N-1)+\beta N(N-1))} \tag{1.6}$$

系数 α 给出了系统的争用程度（推论），而系数 β 给出分布数据缺乏一致性。出现争用是因为资源是共享的。每当共享资源的容量被完全使用，而另一个进程要求使用该资源时，该进程就必须等待。随着系统规模的增加，争用也在增加，而资源容量则保持不变。缺乏一致性的原因在于各进程在一定程度上是局部运行的。例如，各进程在缓存中会发生局部变化，但这种变化并不是立即传递给其他进程。保持一致性的成本很高，而且随着系统规模的增加，成本也会增加。

Gunther 指出了四种性质不同的情况：

1）如果争用和不一致性可忽略不计，那么就得到“等价交换”和线性加速（$\alpha=0$，$\beta=0$，图 1.6a）。

2）如果分享资源产生成本即争用，则出现次线性加速（$\alpha>0$，$\beta=0$，图 1.6b）。

3）如果由于争用而产生更大的负面影响，则增速明显趋平（$\alpha\gg 0$，$\beta=0$，图 1.6c）。

4）此外，如果非一致性的影响增大，则存在峰值加速比，且系统规模越大增速越低（$\alpha\gg 0$，$\beta>0$，图 1.6d）。

在 Gunther 的原始工作[158]中，超线性性能增加基本上不被允许。但在最近的工作中[159]，他提到了超线性加速，并且也允许负竞争系数 $\alpha<0$（图 1.6e）。竞争系数 $\alpha>0$ 表示由于扩展性呈次线性而导致容量消耗，而 $\alpha<0$ 表示由于扩展性呈超线性导致的容量增加。在并行计算中，由于每个计算单元的问题大小与可

用内存之间的某些相互作用，可能会出现超线性加速。例如，如果可以将问题划分为完全适合于 CPU 高速缓存的几个部分，则可以观察到显著的加速。在群体机器人技术中，超线性性能的提高是由于群体尺寸增加给协作模式来了质的改变，如上文桶队示例所示，或当组合式群体机器人集体穿越孔洞时。

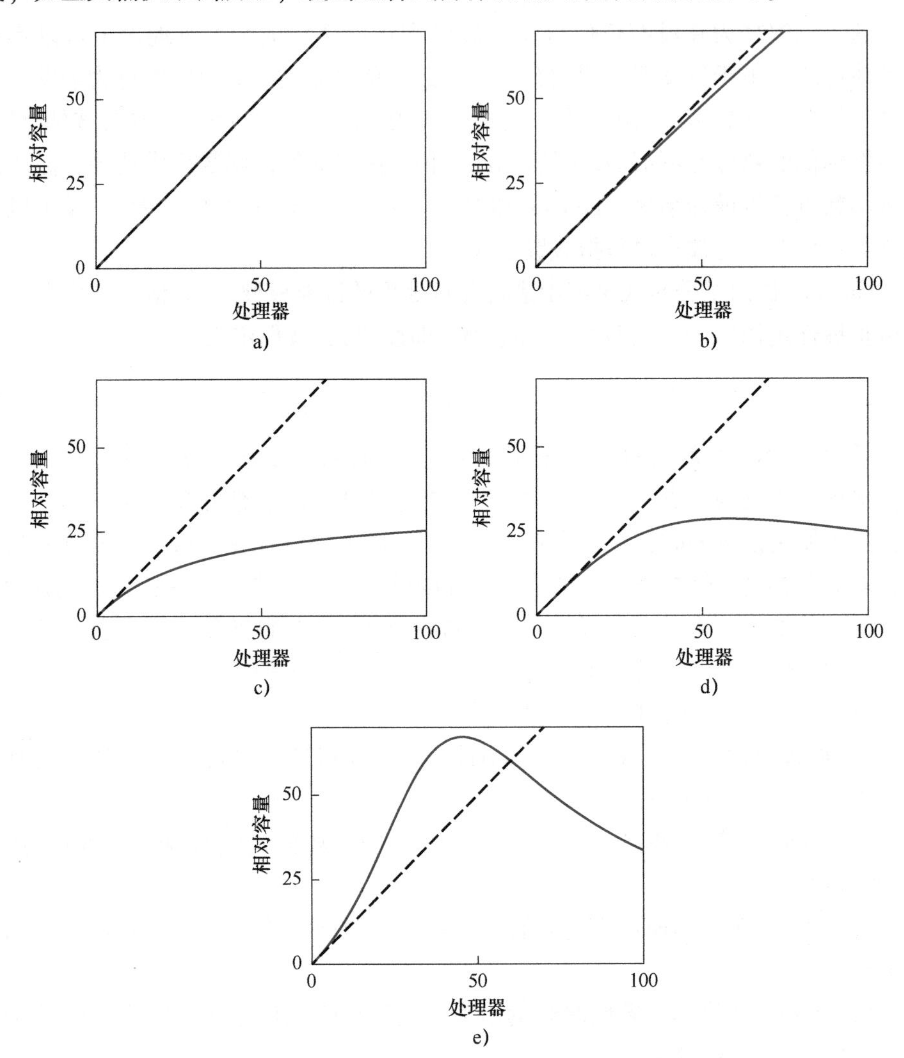

图 1.6 Gunther[158] 提出的通用可扩展性定律，四种标准情形和超线性加速[159] 取决于参数 α（争用程度）和 β（缺乏一致性）。a）线性加速，$\alpha=0$，$\beta=0$；b）次线性加速，$\alpha=0.001$，$\beta=0$；c）加速趋平，$\alpha=0.03$，$\beta=0$；d）降低，$\alpha=7\times10^{-4}$，$\beta=3\times10^{-4}$；e）超线性，$\alpha=-0.03$，$\beta=5\times10^{-4}$

在群体机器人技术的语境下，我们可将争用解释为机器人之间因共享资源（例如基站或一般空间的入口）而产生的相互干扰。根据这一解释，避免碰撞是一个等待循环，因为共享资源空间当前不可用。这很直观，类似于飞等待航线的飞机，因为资源跑道目前正在使用中，也不应被共享。反过来，不一致性又可被解释为由于信息沟通受限或同步不完善而导致的不连贯或开销。

虽然 Gunther 假设不会因为争用而导致的全系统死锁情况（仅随群体规模增加而加速），但这其实可能发生在群体机器人系统中。例如，群体密度可能过高，这样所有机器人都会不断地试图避免碰撞而导致性能归零。

1.2.2　通信

如上所述，通信对群体内的协作而言至关重要。在群体机器人技术中，我们区分了两种类型的通信：显式通信和隐式通信。显式通信是传统的通信概念，即发送方和接收方之间存在通信通道，发送显式报文。隐式通信没有明显的通信通道，也不发送显式报文，也称为基于线索的通信。例如，一台机器人只要感觉到另一台机器人的存在，就可能相应地调整其行为。因此，可以说这台机器人与另一台机器人进行了隐式通信。在生物学中，相隔一定距离的动物之间的互动有两种类型。首先，线索是一种无意的指示。例如，一只动物在雪中留下的足迹是另一只动物可以使用的线索。例如，如果它在寻找猎物，就可以选择跟随足迹，如果它想避免靠近，那么就可以躲开足迹。其次，信号是一种有意的指示。例如，一只鸟发出告警声是在故意警告同伴。

另一个相关的通信概念是激发工作，这是一种基于线索的通信方式[151]。它指的是通过环境进行通信。例如蚂蚁留下的信息素踪迹。蚂蚁会在地面上留下信息素，对于之后通过这个位置的蚂蚁来说是一种信息。因此可被视为延迟通信的一种形式。这就像把环境当作黑板，你可以在黑板上留下和编辑信息随后离开，供后来人查看。激发工作的其他例子也见于其他资料，并非专门用于通信。例如，在筑巢的过程中，建筑材料既可作为在何处继续添加材料的指示，或在另一些情况下，所堆积的物品本身也可成为信息。

1.2.3　两个层面：微观和宏观

群体系统天然分为两个层面。首先是微观层（也称为局部层），指的是个体机器人层面，是由有限的知识、有限的视距、不确定性和原始行动所主导的局部视角。其次是宏观层，指的是整个群体层面，是由全面的知识、全面的概况所主导的全局视角，在这一层面上确定总体任务。通常还使用“局部”表示微观，

“全局”表示宏观。如图1.7所示，微观和宏观层面，形象地对应于用于探索微观世界的显微镜（例如，细胞内通信）和用于探索宏观世界的望远镜（例如，星系动力学）。

图1.7　微观和宏观两个层面分别形象地对应显微镜（双目复合显微镜，Carl Zeiss Jena摄，1914）和天文望远镜（Azmie Kasmy摄，CC BY-SA 3.0）

但这两个层面的存在意味着设计群体机器人系统将面临巨大挑战。群体的任务是在宏观层面上定义的（群体行为），但机器人控制器的实现是在微观层面上完成的（机器人微控制器的可执行代码）。

此外，还根据这两个术语对群体模型进行了分类。宏观模型抽取了微观细节，也就是说，它们不对单个机器人的所有属性（例如，它们的位置、内部状态）进行建模。而微观模型则体现出每台机器人的所有必要的细节（例如，所有机器人的完整轨迹，机器人的内部存储器状态）。有时，研究人员会区分拉格朗日和欧拉的建模方法[302]。拉格朗日是指明确地表示个体属性（如速度和内部状态）的微观模型。欧拉是指用连续方程仅表示群组属性的宏观模型（例如，用偏微分方程表示群体的密度）。

有时很难理解和接受系统中确实存在宏观层级。通常，人们可以通过还原论方法将看似宏观的特征分解成较小的部分，从而使宏观效应消失。然而，有一些研究涉及宏观概念，如集体感知[347,393]和集体记忆[78]。在集体感知中，物体或环境特征不是由单个机器人而是由整个群体感知和认识的。每台机器人只能获取有限的信息（局部信息），不足以推论出被调查对象的总体属性或环境的全局特征。信息严格在群体内部传播，只有整个群体才能感知和创造意识。与之相似，集体记忆可能会涌现，“当个体互动发生变化时，群体结构的先前历史会影响集体行为"[78]。同样，相应的信息不会仅局限在群体内，而是在宏观层面上分发给所有群体成员。本章开头引自 Lem 小说的句子所提到的"云脑"就是群体宏观特征以集体记忆形式体现的另一例子。尽管如此，在这个内存中的任何特定操作都可以分解为单个机器人的内部操作，就像人们对常规计算机内存所做的那样。然而，只有当我们接受宏观特征并着眼于全局时，我们才能完全掌握系统。这样宏观层将只是认识论的（即有助于理解系统，但不一定物理存在的模型假设），以至于有人仍然认为它并不真正存在。然而，这是一种哲学讨论，超出了本书的范围。

1.3　自组织、反馈和涌现

群体机器人技术的一个基本概念是自组织。所有机器人都是基于局部感知来行动的，但群体要完成宏观层面的任务。自组织的概念准确解释了这种微观和宏观之间的关系，并回答了如何仅靠微观相互作用而产生宏观结构的问题。按照通俗但简洁的说法，自组织可称作"从噪声中产生秩序"的发生器。它描述了在远离热平衡的开放系统中，空间、时间和时空模式是如何出现的。开放系统不断"消耗"能源，因此能够产生结构。按照热力学第二定律，我们无法在不消耗能量的情况下创造秩序。动物有新陈代谢，消化含有化学能量的食物。机器人的电池，可为电机、CPU、传感器和驱动器运行提供动力。

自组织基于四个组成部分：正反馈、负反馈、多重交互，以及利用和搜索之间的平衡[48]。反馈将动态非线性引入系统，这是产生复杂行为所必需的。由于自组织系统由许多实体组成，而这些实体通过物理接触或直接/间接通信进行交互，因此产生多重交互。自组织的历史起源是物理学领域已知的系统，即非生命系统[162]。例如，晶体的形成是将气体或液体转化为固体。初始波动（随机事件）会形成晶核，然后晶体生长加强该晶核。因此，上述"从噪声中产生秩序"也在此适用。晶体的形状在很大程度上是由材料的基本原子和分子特性决定的。不过，正如雪花现象所显示的那样，还是存在多样性的空间。在自组织系统中，利用和搜索之间的平衡使其具有适应性。即使重复某一行动似乎是目前唯一有利可图的策略（即利用），但继续搜索（如环境）并不断检查变化也是有意义的。只有当群体了解到这些变化时，它才能适应这些变化并改变其行为。一个例子是蚁群发现了绝佳的食物来源之后，仍会不断搜索其他的食物来源。当前利用中的食物来源可能会耗尽，或者由于出现捕食者而增加获取食物的成本。

自组织的四个组成部分中最重要的两个是正、负反馈。它们为识别和解释自组织系统提供了具体而丰富的模式。接下来，我们将对正、负反馈进行更为详细的研究。

1.3.1 反馈

反馈的概念看似简单，但其实并不容易识别，有时很难区分自组织系统中的正、负反馈。在下文中，我们将仅限于简单定义，在本书的后续部分试图对群体机器人系统内的反馈信息进行识别。

正反馈的影响是一种使数量增加、膨胀和上升的力量。正反馈在自组织中是非常重要的，因为它打破了系统属性起初呈随机均匀分布的状态（同构的、无不规则性）。波动起初会产生细微偏差，然后被正反馈所强化。例如，滚雪球效应、道路的形成以及金融市场的泡沫。它们只需要一个很小的初始触发因素，如一片雪花滚下山坡，一个人走过一片未修剪的草场，或出现关于互联网公司未来盈利能力的传言，而这些都可能会升级为能够产生影响的进程。经济学的观点[⊖]认为一个人

> 可能会认为有投机的机会：现在购入股票，随后卖给其他买家获利。[…]最初需求的增加产生了正反馈，导致需求的进一步增加。

另一个例子是，资本主义疯狂追求永久增长而允许支付利息，这要求经济必须呈指数形式增长。不幸的是，地球的资源有限，这意味着即便是由正反馈驱动的进程也必须在某一刻停止。即使是最大的雪球，一旦触底也会停下来。一条穿越草场的小路无法将无穷多的人都吸引过来。而每个泡沫都以股市崩盘告终。另一个正反馈过程是社会学上的所谓“马太效应”，意思是贫富之间的差距将不断扩大，进而导致：富人更富，穷人更穷。例如在创意产业中可以观察到这种效应，某个媒介的销售额上微小初始优势会引发关注，从而促进进一步的销售。在群体机器人技术中，以集体决策为例，如果我们希望看到群体在全局层面做出一致决定（所有群体成员都同意一种选择），那么就可以利用正反馈。

但仅仅只有正反馈的系统会由于缺乏限制而爆炸，也就是说，它产生雪球无限大，或者股票价格无限高。每个系统都在有限的资源的基础上运行，因此也必须具备负反馈分量。负反馈会由于资源有限而中止正反馈进程。例如，在舆情动态中对多数人意见进行强化的正反馈进程会因为持相反意见的选民越来越少而被停止。负反馈是一种减小偏差、减少多数并抑制超调的力量。例如离心式调速器

⊖ 开放获取式书籍《经济》，http：//www. core-econ. org/the-economy/book/text/11. html# 118-modelling-bubbles-and-crashes。

等控制系统，或者保持血压恒定的压力反射。血压升高会降低心跳频率，从而降低血压。血压过低又会抑制压力反射，从而升高血压。离心式调速器一种是调节蒸汽轮机的转速优秀设计（见图 1.8）。离心力将重物提升，进而通过阀门调节蒸汽的进给量。例如，在群体机器人技术中，我们可以使用负反馈将群体维持在一定的平衡状态，或者使群体远离过于极端的系统状态。

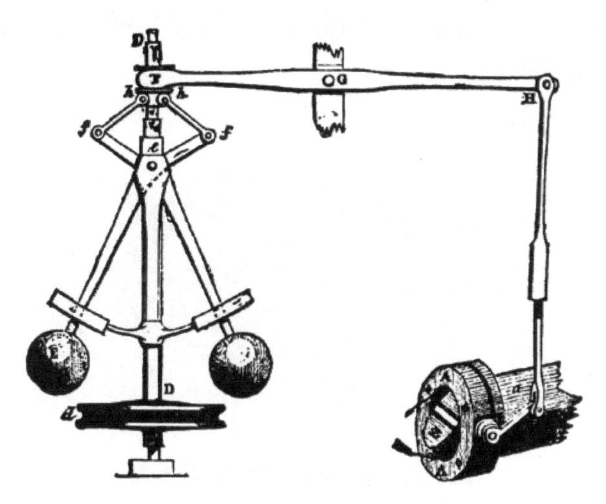

图 1.8　离心式调速器作为负反馈的示例（公共域）

1.3.2　自组织系统实例

一个动力学的例子是瑞利-贝纳德对流。当一层相对平坦的流体（如油或水）从下方均匀加热时，就会产生冷热流体流动。在初始波动的基础上，这些流体自组织成对流原胞，其中一半为暖流上升，另一半为冷流下降。

而另一个反直觉的例子是激光器。激光是一种相干的光波，是通过向增益介质（如气体）“泵入”能量而产生的。从自组织的角度来看，介质中的原子以一种协调的方式同步并发光。Hermann Haken 提出了激光理论，这导致了一种名为“协同学”的理论的发展[161,162]。协同学基本上是一种巧妙的方法，将多个微分方程描述的系统简化为几个微分方程，同时仍然表示基本的系统分量。协同学也可被视为一种自组织理论，尽管其似乎缺乏很强的推广潜力。

第三个相关现象是自组织的临界性，例如，尺寸不断增大的沙堆所体现的临界性[24]。当沙子不断流入沙堆时，沙堆的高度就会增加，而沙堆两侧越来越陡（见图 1.9）。沙粒之间的摩擦力起到了稳定作用，而重力则与之相抵，而随着沙堆重量增加，重力的作用将不断增大。当重力作用下的力与摩擦力作用下的力相等时，系统处于临界状态。随着沙子增多，这种临界状态会因为沙堆发生“雪崩”而被释放出来，并降低沙堆的陡度。该系统一个有趣特征是“雪崩”的大小程度呈幂律分布。小“雪崩”的概率是大“雪崩”概率的指数倍，但大“雪崩”的概率并非为零。这就是为什么要谈长尾分布。总结一下，我们注意到，能量是通过把沙粒放在上面而添加到系统中的（势能），多重相互作用是相邻沙粒之间的物理接触，秩序体现在呈幂律分布的“雪崩”中，即与持续添加沙子相反的时间上分离的事件。

图 1.9　自组织临界性的沙堆实例

从显示巴西坚果效应的系统中可以看出，自组织系统的行为也可以很简单[155,280]。这是一个简单的实验，如果读者更喜欢谷类食品，那么可以在吃早餐时娱乐一下。假设盒子里有颗粒状的介质，比如坚果或不同大小的球。通过摇动盒子，向其增加能量。可以观察到一种分选效应：大颗粒（或坚果、球等）最终出现在箱子顶部，而小颗粒则在底部。这种效应是由小颗粒填充大颗粒下方的空隙而产生的，而大颗粒由于摇动过程而跳了起来。

生命系统中自组织的例子有昆虫的斑图形成和行为。斑图形成可以在动物的发育过程中发现，例如胚胎学[144,157,195,205,424]，毛皮的色素沉淀[60,289]以及贝壳的色素沉淀[264,266,267]（见图 1.10）。大量的相互作用是由相互通信的细胞来实现的，能量通过细胞的新陈代谢来补充。社会性昆虫经常表现出复杂的行为，例如在觅食或筑巢方面。这些动物的某些简单行为似乎有可能是基因编程的，也就是说，它们可能是固化在大脑中的。然而，它们的许多行为似乎不可能是这样的。一个更合理的解释似乎是进化选择了利用自组织原则的行为规则[122]。这些简单的规则不是直接产生必要的行为，而是通过实现自组织过程的个体间交互产生。这样一来，所需的行为复杂性在某种程度上被外包给了共享相似遗传物质的个体间的多重互动。

图 1.10　自然斑图形成的例子：毛皮和贝壳的色素沉淀（照片 CC0）

有些作者甚至将自组织与诸如生命起源等突出的研究问题联系起来。生命的化学来源可能基于超循环和自催化系统[110,111]。非细胞生命的进化可能是基于对颗粒的吸附。而细胞生命的演变则可能是基于病毒的自组装。自组织系统的其他例子包括渗流[153]和扩散受限聚集[421]。渗流是一种可以在各种不同的情景中观察到的现象，如森林火灾和多孔材料对所通过的液体进行过滤。在森林中，树木的密度会影响火灾是否会吞噬整个森林还是在此之前停止。同样，多孔材料的孔洞密度决定了其渗透性。扩散受限聚集基本上是粒子在随机游动中从多个不同方向接近种子的聚集过程。这样就形成了有趣的树状结构。

1.3.3　涌现

涌现是一个难以定义且模糊的哲学概念。不过，它对群体机器人技术还是很有意义的，因为它可能是用于设计鲁棒性强的复杂系统的一种有前途的方法。它是指在较高层次上可能会出现全新的属性，而这些属性是较低层次的概念所不能描述的（也参考整体论和还原论）。许多关于“涌现”的定义使用了依赖亚里士多德的“整体大于各部分之和”的概念，出乎观察者意料，具有基本新颖性或不可预测性[1,47,83,88,89,223,224,411]。Holland[190]则举手示意失败：“像涌现这样复杂的话题不太可能屈从于一个简明的定义，我也没有这样的定义可以提供。”Johnson[200]讨论了关于蚁群成熟所需时间比单个蚂蚁的寿命更长的惊人观察：“当局部的寿命如此短暂时，整体是如何形成生命周期的？可以说，理解涌现的含义将从解开这一拼图开始。”关于对涌现系统的预测，Johnson[200]提到了 Gerald Edelman 的经验：“你永远不会真正知道相变的另一端是什么，直到你按动播放键并发现。这是 Gerald Edelman 在模拟有血有肉的有机体时的秘诀：你先建立一个由各种模式识别装置和反馈回路组成的系统，将虚拟有机体与模拟环境连接起来。然后看看会发生什么。”正是这种系统的潜在不可预测性使得群体机器人的控制算法设计变得复杂。

群体机器人领域的研究人员也探讨了定义涌现的问题。Bayindir 和 şahin[33] 指出："涌现是复杂系统的一个关键属性，这意味着不能仅通过检查系统的组成部分来理解复杂系统的行为。尽管复杂系统的组成部分可能很简单，但由于系统组成部分之间的相互作用，产生的系统可能很复杂。"继 Beni[37] 和 Şahin[338] 之后，涌现还可以作为表明特定控制算法符合群体机器人技术原则的指标。Bjerknes 等人[43] 声称："该算法符合群体机器人的标准［…］我们有一个鲁棒性强和可扩展的机器人群体，群体内的单个机器人具有同构性、能力相对较小，仅具备局部传感和通信能力，从中真正涌现出了所需的群体行为。"Dorigo 等人[97] 有一个对蚁群系统的简单定义："蚁群解决所面临问题的办法是涌现的，而非预先确定的。"

"涌现"的哲学概念可以追溯到 John Stuart Mill[276,363]，并被描述为"真正的新型属性的概念，是自然产生的，不能还原"[352]。一个基本假设是，"涌现"存在不可还原的特性，例如，以"心理学不是应用生物学，生物学也不是应用化学"的方式[10]。Prigogine 强调了许多实体之间互动的重要性[317]："只要我们仅考虑几个粒子，我们就不能说它们是否形成液体或气体。"但是，一旦这些粒子的数量多了起来，我们就可对处于不同相的（如液相或气相）它们进行观察："相变与新涌现的属性呈对应关系"[317]。而这些新涌现的属性的真正新颖性是否真正存在，又是一个颇具哲理的问题[80,81]。Prigogine[317] 持肯定态度，并用诗意的语言概括了他的立场："自然确实与不可预测的新奇事物的产生有关，在那里，可能的东西比真实的更丰富。"

从程序员的角度看，在群体机器人技术中，涌现可被理解为"字里行间的编程"。程序员通过机器人控制程序定义单个机器人的局部行为，而不是明确定义单个机器人无法感知的涌现的全局行为。涌现是一个耐人寻味的概念，因为它是工程师的梦想——通过极小的努力构建复杂的系统。

1.4 其他灵感来源

在Şahin[338] 之后，除了上述例子之外，还有其他有关自组织的灵感来源。Baluška 和 Levin[28] 在他们的文章《论无头》中提醒我们，认知并不一定需要大脑（见图 1.11）。甚至组织细胞、细胞骨架（细胞中可以收缩并影响细胞迁移的丝状物）和基础遗传网络也能感知到环境变化并对其做出反应。例如，黏菌就是一个重要的灵感来源[3]。黏菌是一种变形虫，能够在三种模式下行动：单一的变形虫、集体运动的变形虫群以及形成伪有机体的变形虫聚合体。黏菌变形虫周期性地排泄出微量的名为环腺苷酸（cAMP）的化学物质。如果这种变形虫的局部环境超过了既定阈值，则它就会排出更多的环腺苷酸分子（正反馈）。这些变形虫在环腺苷酸局部场地上坡行走（即朝向浓度更高的方向）。形成一个朝向聚集中心的小路似的形状。最后，多达 10^5 个细胞组成类似蜗牛的有机体，被称为黏菌的“蛞蝓”形态。

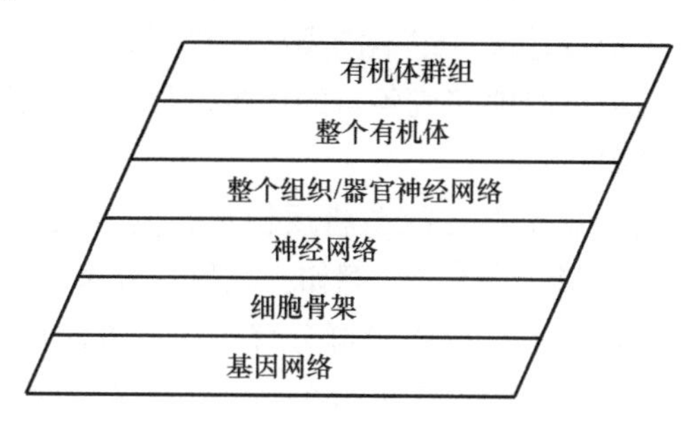

图 1.11　对生物系统不同层次的认识[28]

通过这种方式，黏菌就显示了变形虫之间不同程度的耦合的运作模式。对单一、孤立的变形虫来说是没有耦合的。变形虫的集体运动是一种典型的中度耦合群体模式。伪有机体模式的特点是物理上的强耦合，超越了典型的群体合作。然而，暂时性的这种强耦合在群体中也是存在的。例如，众所周知，蚂蚁可自行组装成物理连接的蚂蚁链，在树叶之间或小沟上方形成桥梁[138]。

另一个灵感来源是细菌的群体感应效应。与黏菌类似，细菌也表现出基于相互作用的智能行为。必须指出，与利用神经细胞的脊椎动物相比，这些单细胞生物是以不同的方式进行自我控制。单细胞生物体的行为是由细胞内的通信产生的，这种通信依赖于细胞内信号、扩散过程以及通过细胞膜实现细胞与其环境之间相互作用的复杂过程。细菌能够检测到局部细菌的密度。这一信息被用于协调各种进程，而这些进程只有在许多细菌同时进行时才有效。

另一个潜在的灵感来源是“无定形计算”，这是由 Abelson 等人[2]与 Bachrach 和 Beal[22]提出的一般概念。以无定形计算名义进行的报告研究集中寻找连续的“智能”媒介，或更确切地说，寻找这种媒介的离散近似的编程范式。它由不可移动的粒子组成，可被认为类似于传感器阵列（参见传感器/驱动器网络）。该方法在生物学上受自然界多细胞有机体细胞间合作的启发，硬件被假定为不可靠，网络拓扑被假定为未知。从本质上讲，它是对定义在连续介质抽象上的编程语言的研究，而挑战在于找到编译器，将这些抽象描述转化为传感器节点可执行代码[426-428]。

1.5 同构群体和异构群体

如前文所述，标准的群体机器人应是同构的，以实现大规模生产、高冗余性和鲁棒性。然而也有异构群体的概念[98,105,209,318]。在异构群体中，单个机器人的复杂程度可进一步降低，即便同构群体中的机器人已经被认为是简单的了。按照异构的方法，机器人可被设计成一组不同类型的机器人集合，然后将这些机器人放在适当的子集中，使群体能够完成各自的任务。异构性会降低冗余度，如果不仔细考虑，可能会降低鲁棒性。

作为附带意见，请注意也存在故意将反协作作为冲突以“反代理”或“反组件”的形式引入群体的概念[272,273]。例如，在聚合任务中，可以引入不聚合但指挥聚合机器人集群的机器人，以将集群分解。这种方法可能是相当违反直觉，但可以提高算法的性能。相关的工作是指在一个共享区域内，两个机器人群体独立运作[45]。

1.6 人类因素

尽管群体机器人的许多应用都集中在自动化和在对人类有危险的环境中操作等理念上，但人类因素也不应被忽视。机器人群体可能在与人类共享的环境中运行，或者群体中的单个机器人可能由人类远程控制。Kapellmann-Zafra 等人报告了一个人与群体互动的研究实例[207]。他们调查了操作人员如何仅凭其局部视图操纵机器人。现实中会面临的情况是，没有一个系统可以融合来自所有机器人的传感器数据，并至少为人类操作员创造一种半全局的视图。

由于带有偏见的科幻故事，公众对群体机器人的看法相当负面，令人惊讶的是，调查机器人群体的心理方面的研究并不多。Podevijn 等人的研究[311]是一个积极的例外，他们调查了机器人群体对人类心理生理状态的影响。他们发现，“人类接触的机器人数量对人类的心理生理状态有重大影响；机器人的数量越多，反应就越强烈。”这种结果可能是符合预期的，大多数人都可以理解，如果我们自己周围出现许多智能体（机器人、动物、人）并接近，给人的感觉视情况而定，但至少是令人不快的。因此，我们应当研究如何设计机器人群体，使其不被视为大量出现的麻烦制造者。

人类因素的另一个方面是机器人群体控制器的软件工程师，以及人类工程师和机器人群体之间所需的或有用的接口。McLurkin 等人[263]探讨了这一问题。鉴于一个人可能与成百上千台机器人一同工作，因此必须能够在无须操作单个机器人情况下进行简单的调试。挑战在于，虽然单个机器人本身已很复杂，但涌现出的机器人群组动力学可能更加复杂。因此，结构化的复杂设计方法就更为重要了。

最后，还有人类主管与机器人群体之间的交互问题。关于人类与机器人群体互动的研究将在 4.13.2 节中讨论。在优化人类与机器人群体的互动方式方面仍有许多工作要做。

1.7　硬件和软件的实现

在本书的后面部分，我们将介绍一些群体机器人的场景实例（见第 4 章），我们还将详细讨论群体机器人的硬件方面（见第 2 章）。现在，我们只快速浏览一些场景实例和群体机器人项目。最后，我们将简要讨论机器人模拟器的使用和群体机器人未来可能的应用。

1.7.1　任务和群体机器人项目示例

一般来说，他们单独生活可能更好。它们以松散的群体形式存在……然而，它们在危险的时刻会团结起来

——Stanislaw Lem，《无敌号》

机器人群体完成许多任务的基础都是机器人的运动及其对群体伙伴的探测。此类任务的例子包括聚集、自组织成格子状或分散、集群、仅覆盖某区域以及搜索任务。较复杂的任务包括应用额外的、特殊用途的传感器，或需要保存所获得的信息，如部署分布式天线或移动传感器阵列、绘制环境图以及创建梯度场（即充当机器人路标）。在操作任务中，需要特殊的驱动器，例如，在觅食、挖掘和遏制溢油等方面。一类特别有趣的任务包括与另一组智能体的互动，例如放牧，即由某个机器人群体驱赶一群动物。总之，潜在任务的清单很长，而且不一定与单个机器人可以解决的应用清单不同（见第 4 章）。然而，机器人群体在很大程度上并行化执行这些任务，增加了更多的特性，如鲁棒性和可扩展性。

在过去 15 年里，已经有许多以群体机器人为重点的研究项目。在此，我们简要总结一下其中三个项目的想法和目标。群体机器人的首批项目之一为群体机器人（Swarm-bots）项目：自组装人造物群体⊖[100]。该项目从 2001 年到 2005 年

⊖ http://www.swarm-bots.org/，由欧盟委员会资助，编号 FET IST-2000-31010。

持续了三年半时间，其主要目标是设计和控制自组织和自组装的机器人，其灵感来自于群体智能和社会性昆虫的行为。这些群体机器人（Swarm-bots）被设计成小型移动机器人，具备相互物理连接的特殊能力。它们有直接连接到主体上的小抓手，可以抓住相邻机器人的圆环。这样一来，机器人就可以聚集，物理连接，并且在组装状态下仍可移动。可以说，组装起来的机器人形成了一个由自主机器人模块组成的更大的机器人。组装起来的、更大的机器人具备一个优势，它可以通过更陡峭的斜坡和更大的洞孔，而这些是单台机器人难以逾越的（因此，它以某种方式实现了 Lem《无敌号》名句中的愿景）。另一个值得注意的展示是，18 个群体机器人聚集成 4 排，拖动一位躺在地上的小姑娘。这里的想法是，机器人可以一起工作，共同施加更大的力。

另一个有趣的例子是 I-SWARM 项目：用于微操作的智能小世界自主机器人㊀[358]。从 2004 年到 2008 年持续了四年。其雄心勃勃的目标是制造 100 台超小型机器人，尺寸为 1mm × 1mm × 1mm。这些极端的要求后来被放宽了一点，尺寸改为 3mm × 3mm × 3mm。I-SWARM 项目的工程挑战在于将用于运动的新型驱动器、使用微型太阳能电池的微型电源、微型无线通信，以及用于机载智能的集成电路集成在一起。这里的思路也是通过群体智能的方法来控制小型机器人群体。最终，由于资源有限，该项目没有交付功能齐全的机器人，但所开发的技术、方法和设计已经准备就绪。

这里要提到的第三个项目是 TERMES 项目：受白蚁启发的攀爬机器人集体构建三维结构㊁[306]。该项目在 2011 年至 2014 年期间十分活跃。TERMES 项目的目标是开发一种基于协作机器人的群体施工系统（集体施工），协作机器人将收集建筑材料、运输并投放到施工现场，以建造所需的结构。这一方法大致受社会性白蚁的行为启发，它们建造的土丘复杂程度惊人。我们将在第 4 章更详细地探讨 TERMES 项目。

1.7.2 仿真模拟工具

进行群体机器人实验通常费用昂贵，因为需要照顾许多机器人。特别是在有 50 台、100 台[395]，甚至 1000 台机器人的试验中[332]，即使是原本简单的程序，如充电、闪光或机器人的初始定位，也会成为乏味的任务。当然，硬件的磨损、

㊀ 由欧盟委员会资助，IST FET-open 507006。

㊁ http：//www.eecs.harvard.edu/ssr/projects/cons/termes.html，由哈佛大学威斯（Wyss）生物启发工程研究所资助。

可靠性和鲁棒性也是问题。因此,(至少在最初)进行模拟是有用的。机器人的仿真模拟器有很多,但并非所有的机器人模拟器都具备可扩展性。使用多达 1000 台机器人进行的试验,即使是软件模拟也十分具有挑战性。

一个专门用于群体机器人实验的模拟框架是 ARGoS㊀[308]。ARGoS 具有灵活的模块化设计,可对不同的机器人平台开放,可平行化,并可调整到不同的抽象级别。它已开发了近十年,至今仍在维护,并已被用于许多不同的项目,目前正在许多机构的研究和教学中使用。

其他也专用于群体机器人的仿真模拟器工具有最近报道的 Kilombo 工具[196]和商用 Webots 机器人仿真模拟器㊁。Kilombo 专门模拟 Kilobots,这是一种硬件开放但也在市场上销售的机器人设计[331]。而 Webots 则是通用的模拟机器人工具,向不同的机器人平台开放。

除了这些专用的群体机器人仿真模拟器外,还有许多用于机器人模拟和多智能体模拟的开源项目。其中许多已经存在多年,但许多既没有得到完善的维护,也没有很好的记录。例如 breve[218]、player/stage[142]和 MASON[243]。另一种选择是使用游戏引擎作为定制开发简单机器人模拟器的起点。例如,可以使用 BOX2D:二维游戏物理引擎㊂,它提供了碰撞检测技术,并允许快速制作传感器和机器人平台的原型。

1.7.3　未来应用

与其他许多与移动机器人有关的研究课题一样,群体机器人技术在现实世界投放市场的应用还不多。少数例外之一是在研究应用中使用的水下探测和监测应用[103,275]。许多人预计未来几年移动机器人应用将取得突破。这并不是历史上首次预计机器人技术会取得重大突破[139]。因此,人们应仔细观察将要发生的情况。

除了经常提到的清洁、监测、搜索和守卫等标准应用外,还有大量正在进行中的群体机器人研究项目,其中许多在未来具有很大的应用潜力。最近的一个例子是 Zooids 项目:为群用户界面建立模块[217,228]。其迷人的想法是在桌子上使用小型移动机器人作为用户界面。另一个很有潜力的想法是用群体机器人进行自组织建设[184,332]。例如,咨询公司 Arup 在其《铁路的未来 2050》报告中提到了群

㊀ http://www.argos-sim.info/。

㊁ https://www.cyberbotics.com/。

㊂ http://box2d.org/。

体机器人技术㊀。他们认为可以应用于基础设施维修和大规模建设方面。

对于群体机器人技术而言，有一系列令人感兴趣的长期愿景和挑战。由于抗菌药物的抗药性，我们可能面临使用抗生素的终结。由于抗药性，我们也可能面临杀虫剂的终结。我们的海洋散落着数百万吨的塑料。而空间飞行的未来可能在于开发鲁棒性强且可扩展的探测器群体。

纳米机器人技术[67,189,233]的基础是制造许多微型或纳米级机器人，甚至可以在人体中运行的思路。它们可被用于监测，精心靶向给药，甚至可以对抗细菌。因此，一旦细菌对抗生素的抗药性成为主要问题，我们耗尽有效的抗生素，它们就可以成为一种选择。在农业中使用群体机器人是一个类似的概念，但这种机器人的尺寸更大，因此也更为现实。与细菌的抗药性类似，还有由于大规模使用杀虫剂而产生的超级杂草，它们对大多数杀虫剂具有抗药性。群体机器人技术在农业中的应用意味着再次以机械手段而非以化学手段抗击害虫。因此，我们将回到以前那种可能更为安全的方法；只是这一次，不是由人类而是由许多小型机器人来挑拣植物和害虫。

除了日常清洁任务（如外墙清洁）之外，我们还面临着清理散落着大量塑料的海洋的艰巨任务。同样，我们还将需要清理地球周围的空间，因为即使是微小的太空垃圾也会危及卫星。这两项清理任务很可能需要由自主系统来完成，并且都需要高度平行化。由于这项工作的规模如此之大，似乎不可能以集中的方式来进行。一般而言，类似的技术可能被证明对空间飞行是有用的，因为群体机器人的鲁棒性和可扩展性将使空间项目更加可靠，减少冒险。

除了这些有希望的未来应用之外，在武器方面也有令人不快的发展。很明显，鲁棒性强和可扩展的技术对军方也很有吸引力，目前进行中的工作集中在战争自动化上。这种明显的想法也反映在小说中，成群的机器人通常作为威胁出现。不幸的是，已经有许多项目在研究机器人群体的军事应用。然而，这就是技术的诅咒，因为它有双重用途。瑞士作家 Friedrich Dürrennatt 在其戏剧《物理学家》中总结了这一困境："任何被想到过的东西都无法被收回。"我很想补充一句：能想到的就会被想到。许多研究者已采取行动来提高人们的意识，就伦理机器人㊁和机器人伦理学[92]等课题进行研究。我迫切希望，第一次世界大战中化学应用于毒气战和第二次世界大战中物理学应用于核战争的情况不会发生在机器人技术上。作为研究人员和工程师，我们必须承担责任，不是试图阻止进步，而是

㊀ http://www.arup.com/homepage_future_of_rail。

㊁ https://arxiv.org/abs/1606.02583。

努力防止邪恶的应用。群体智能及其应用群体机器人技术具有为人类服务的巨大潜力。我们应该利用群体机器人这一新技术来解决我们面临的众多问题中的一小部分，而不是用它来制造更多新的问题。

1.8　延伸阅读

对群体机器人的研究综述有 Brambilla 等人的综述论文[54]，Dorigo 等人的一篇“学者百科”文章[96]，以及 Bayindir 和Şahin[33] 及 Bayindir[32] 的两篇综述论文。

1.9　任务

1.9.1　任务：计算机系统的扩展

我们创建了一个简单的计算机系统模型。下面从排队论的角度给出一个简单例子。我们假设计算机系统的新作业以恒定的速率 α 进来，并被添加到等待列表中。我们还假设过程是无记忆的，即传入的作业在统计上相互独立。因此，我们将传入作业建模为泊松过程。i 个作业在给定时间间隔 Δt 内到达的概率为

$$P(X = i) = \frac{e^{-\lambda}\lambda^i}{i!} \tag{1.7}$$

对于 $\lambda = \alpha\Delta t$ 。在下面我们简单地设定 $\Delta t = 1$。

1）根据 X 和 $\alpha \in \{0.01, 0.1, 0.5, 1\}$ 的合理区间作图 $P(X = i)$ 。

2）实现一个程序，从 $P(X = i)$ 中抽样传入作业的数量。

3）实现一个模型，在以下两个阶段进行迭代：计算和管理新传入的作业，然后对当前工作进行操作（每次一个）。当 $\alpha = 0.1$ 时生成2000个时间步长的样本，每个作业的处理时间为4个步长。等待列表的平均长度是多少？

4）修改程序，以平均多个样本中等待时间列表的长度（每个模型独立运行2000个时间步长以上）。按0.005的步长确定速率 $\alpha \in [0.005, 0.25]$ 的平均列表长度，以200个样本为基础作图。

5）对于每个工作只有2步的处理时间，以0.005的步长对速率 $\alpha \in [0.005, 0.5]$ 进行同样的处理。对比两条曲线。

1.9.2　任务：超线性加速

在下文中，我们尝试实现简单的计算机系统模拟，该系统显示出超线性加

速，正如通用可扩展性定律所模拟的那样，$\alpha<0$，$\beta>0$（见图1.12）。为此，我们选择以简单的方式模拟缓存一致性和缓存命中的影响。

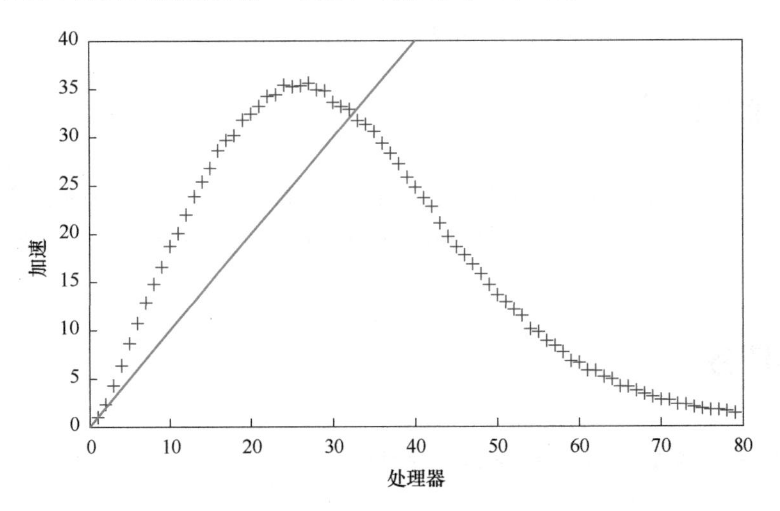

图1.12 Gunther通用可扩展性定律[158]

1）实现一个程序，在 $t=1000$ 个时间步长上进行迭代。在每个时间步长中，用简单的顺序代码模拟并行执行 p 个处理器。假设问题大小是100，每个处理器都获得其中的一个部分 $s=100/p$。每个处理器应在每个时间步长内完成三项不同的任务之一。

要么它执行一个任务①。

① 以概率获得缓存一致性

$$P_c(p)=\frac{1}{1+\exp(-0.1(p-30))} \tag{1.8}$$

取决于处理器的数量 p；或者，如果缓存当前是一致的（$1-P_c(p)$），则完成任务②。

② 实际任务（高速缓存命中）的一次作业，概率为

$$P_h(s)=\frac{1}{2}\left(1-\frac{1}{1+\exp(-0.05(s-15))}\right)+\frac{1}{4} \tag{1.9}$$

对于每个处理器的大小为 s 的问题；或执行任务③。

③ 从内存中加载页面（高速缓存连贯但未命中）的概率为

$$1-P_h(s) \tag{1.10}$$

每执行一次任务②（完成实际任务的一次作业），递增一个衡量性能的变量。

2）使用代码模拟不同的系统大小 $p\in\{1,2,\cdots,80\}$。相应地调整每个处理

器所分配的问题大小 $s = 100/p$。记录获得的性能（完成的作业数），并计算所有整定值的加速值（以 $p=1$ 的性能为标准）。根据处理器数量绘制加速图。随时调整 $P_c(p)$ 和 $P_h(s)$。什么是实现非线性加速所必需的？

1.9.3　任务：群体的同步化

群体系统是异步系统。没有供所有人访问的中央时钟。如果群体需要同步行动，就必须首先明确地进行同步。萤火虫种群是一个表现出同步性生物系统的例子（见图 1.13）。“虽然大多数种类的萤火虫一般不会在群体中同步化，但也有一些种群，例如，被观察到在某些情况下也会同步化⊖。这也涉及传感器网络和自组织（ad-hoc）网络及其分散同步的领域，见 Tyrrell 等人的文章[391]。

图 1.13　萤火虫的同步闪烁（xenmate 摄，CC BY 2.0）

在下文中，我们创建了这样一个萤火虫种群的简单模型。萤火虫在 $1\mathrm{m}^2$ 的范围内随机分布（均匀分布）。我们假设萤火虫是静止的，并且只能感觉到附近的邻居。如果两只萤火虫之间的距离小于 r，我们就说这两只萤火虫彼此相邻。因此，每只萤火虫周围都存在一个虚拟的以其为中心的圆，该圆范围内的其他萤火虫都是它的邻居。萤火虫周期闪烁发光。我们定义周期长度 $L=50$ 个时间步长。萤火虫闪烁了 $L/2$ 个步长后，停止闪烁 $L/2$ 个步长。除了萤火虫尝试校正其周期以实现同步的情况，这一点是成立的。在开始闪烁之后的一个时间步长内，它会

⊖ http：//ccl. northwestern. edu/netlogo/models/Fireflies。

检查邻居并测试是否大部分萤火虫已经在闪烁。如果是这样，萤火虫就通过增加 1 个步长来校正时钟，即它将目前的闪烁周期从 $L/2$ 步长减少到 $L/2-1$ 步长，因此，下次将提前 1 步长闪烁。

1）实现群体大小 $N=150$、周期长度 $L=50$ 的模型。计算每只萤火虫在附近距离 $r\in\{0.05,0.1,0.5,1.4\}$ 时的平均邻居数。绘制当前闪烁的萤火虫数量随时间变化的曲线，在邻近距离 $r\in\{0.05,0.1,0.5,1.4\}$ 的情况下，每个时间步长为 5000。在绘制当前闪烁的萤火虫数量时，要确保为纵轴绘制 $[0,150]$ 的完整区间。

2）扩展模型，以确定在最后一个周期中同时闪烁的萤火虫的最小和最大数量（从 $t=4950$ 开始，最后一个 $L=50$ 时间步长）。用最大值减去最小值，可得到闪烁周期振幅的两倍。取 50 个样本（50 次独立的模拟运行，时间步长为 5000）的测量振幅平均值，按步长为 0.025 绘制邻近距离 $r\in[0.025,1.4]$ 的曲线。对于邻近距离和群体密度而言，什么是好的选择呢？

第2章 机器人技术简介

"我无法界定机器人，但看到机器人时我会知道。"

——Joseph Engelberger

"机器人必须知道自己是机器人"

——Nikola Kesarovski，机器人第五定律

摘要 这是一个关于机器人技术的小速成课程，如果你还没有听说过太多关于机器人的知识的话。

这个关于移动机器人的简短介绍从一般角度出发，快速介绍了基本概念，如传感器、驱动器和运动学。我们继续简要介绍开环和闭环控制。智能体模型、基于行为的机器人技术和潜在的现场控制作为群体机器人特别重要的控制选项而被引入。最后，我们介绍了一些专用于群体机器人的硬件平台，如s-bot、I-SWARM机器人、Alice和Kilbot等。

在开始讨论机器人群体的实际问题之前，我们必须先了解一下移动机器人技术的一些基本概念。我们首先讨论单个机器人的需求，在本章末尾我们还将看到一些专门为群体机器人而设计的机器人的例子。

与智能、生命等其他复杂问题类似，机器人的概念也不容易界定。人们可以说，机器人是一种由计算机控制的自主机器，为了实现真实世界中的功能而制作(见图2.1)。然而，这一定义是否足够尚不清楚。美国机器人协会将机器人定义为"可重复编程的多功能操纵器"（1979年）[⊖]，而欧洲共同市场则将机器人定义为"独立行动和自我控制的机器"。当根据机器人需要完成的任务来定义它时，我们可以说，机器人需要使用操作臂改变其在环境中的位置，或者改变其环

⊖ Isaac Asimov的《科学新指南》，1984年。

境。机器人还需要传感器来（部分）感知当前的环境状态，它需要计算机来处理输入内容，还需要计算出控制机器人电动机的驱动器数值。通常人们还会补充说，机器人应该是一台多用途机器，也就是说，它不仅可用于执行某一项任务，还可以执行其他多种不同任务。

图 2.1　机器人示例

a）Robomow®公司 RM400 型机器人（Holger Casselmann 摄，CC BY-SA 3.0）；b）Sony®公司“爱宝”机器狗参加机器人世界杯 2005（Alex North 摄，CC BY-SA 2.0）；c）美国宇航局火星探测车（美国宇航局摄，公共域）；d）RQ-4 型“全球鹰”无人机（公共域）

我们将机器人分为三类：纯机械手、移动机器人和混合机器人。机械手基本上是机器人的“手臂”。典型的工业机器人是一只机械臂，在许多工业环境中都很常见。这种机器人很受欢迎，已经存在了几十年。然而，对于群体机器人而言，它们之间的相关性很小，或几乎没有。事实上，它们是相当无聊的机器，甚至经常没有安装传感器。

移动机器人才是我们的主要焦点。他们是具有运动能力的无人航行器。真空清洁机器人就是一个例子。一旦机器人移动起来，肯定就需要传感器来确保不会危及他人或自身。测量附近物体距离的接近传感器在这里很有用。几乎所有用于群体机器人的机器人都是移动机器人。

第三类是混合机器人。这些是有机械手的移动机器人。混合型机器人中的明星是类人机器人，也就是四肢与人类相似的机器人。其缺点是设备相当复杂，因此价格昂贵。混合型机器人在群体机器人中还不是很重要。

2.1　组成部件

接下来我们将介绍机器人的不同组成部件。从身体（一些基本的静态结构）开始，机器人有执行器、驱动器、传感器、控制器和软件。外行人可能会忘记软件的存在，因为它是看不见的，但正如你所知，它是机器人的基本组成部件。其他部件包括关节和其他结构零件。

2.1.1　身体和关节

机器人的身体可以理解为由连杆和关节构成的图形。连杆是提供结构和物理属性的部件。关节通过约束两个或多个连杆的空间关系来将这些零件连接起来。一旦两个连杆通过一个关节连接，这两个连杆就不能完全独立地运动了。什么样的运动仍可能发生而不造成损坏则取决于关节的类型。关节的类型有许多，我们在此仅提三种。球形关节可在三维空间旋转。请记住，我们的世界是三维的，位置由三个轴所决定。物体可以上下、左右、前后移动。此外，可通过围绕三个轴旋转物体来以不同的方向定向物体。从飞行模拟游戏中你可以了解到旋转的方式有三种：偏航、俯仰和翻滚。因此，自然存在六个所谓的自由度，而关节对这些可能性进行了限制。因此，球形关节允许绕三个轴中的任意一个旋转。肩关节就是你身上的一个例子。而铰链关节只允许绕一个轴旋转。你身体的例子是手指和脚趾关节，而膝盖实际上允许一些旋转（但也不像许多足球运动员艰苦练成的那样厉害）。滑块关节允许沿一个轴平移。由于某些原因，滑块关节在自然界并不受欢迎。我们身上没有滑块关节，尽管它在某些情况下可能很方便。

2.1.2　自由度

当你想与机器人专家交谈时，请确保你已经理解了自由度（DOF）的概念。根据机器人允许的自由度总数对机器人（尤其是机械手）进行分类的方法很流行。对于该方法，所有关节相加得到自由度的总数。作为经验法则（双关语），你可以使用三指法则。将你的拇指、食指和中指分别指向 3 个可能滑动的方向（见图 2.2）。然后，想象一下每根手指可能的 3 种旋转方式。你能在手臂上找到多少自由度？一个健康的人类手臂被认为有7个自由度：肩膀俯仰、肩膀旋转、手臂偏转、肘部开合、手腕俯仰、手腕偏转、手腕旋转。

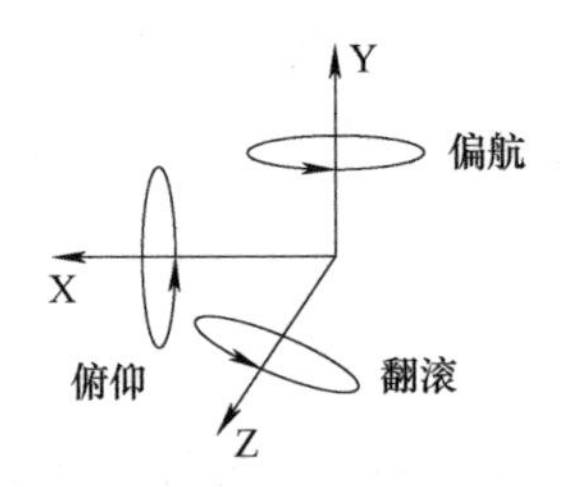

图2.2　6个自由度（DOF）

2.1.3　执行器

机器人执行器（也称为末端执行器）是用于实现某些期望的物理功能的部件。复杂机器人的执行器可以是握住物体的机械手，但更常见的是（焊）炬、轮子或机械腿。因此，执行器实现了我们在机器人定义中确定的操作任务。一个执行器，即使只是一个轮子，也能帮助机器人操纵环境或在环境中重新定位。

2.1.4　驱动器

驱动器可被认为是机器人的肌肉。在移动机器人的标准情况下，它们是电动机，因为它们价格便宜且易于控制。然而，许多工业机器人是由气动或液压系统驱动的。更精致的驱动器有压电电动机或任何其他允许机器人依照指令施加物理力的装置。

移动机器人中最常见的驱动系统为差动驱动。许多机器人只有两个轮子，但它们由不同的电动机控制。通过以不同的速度转动电动机，机器人可以就地转向甚至旋转。

2.1.5　传感器

也许最有趣的部件是传感器。它们是使机器人有别于计算机的关键，因为传感器使得机器人能够感知环境。机器人不必像计算机那样等待用户的明确输入，而是可以观察环境并自主地对变化做出反应。传感器分为两类：主动式传感器和被动式传感器。主动式传感器从环境对机器人先前动作的反应中获取信息。例如缓冲器、红外线和声呐传感器。缓冲器通过让环境将物体推入机器人来探测物体。它被认为是主动的，因为我们在这里考虑的是主动移动的移动机器人。然而，有人可能会争辩说，即使机器人是静止的，移动的物体也可能推动缓冲器。

对于红外传感器和声呐传感器来说，情况更加清楚。它们的功能依赖于首先发出声光等信号，然后等待回声的概念。通过分析接收到的信号，机器人可以确定环境的某些属性。在大多数情况下，红外和声呐传感器被用来测量到附近物体的距离。

红外和声呐传感器属于测距仪类。这些传感器是用来确定距离的。其他的例子有雷达、激光、触须，乃至 GPS（全球定位系统）。主动式传感器用作测距仪的主要问题是干扰。一旦太多的传感器在很小的区域内工作，它们就会相互干扰。这样一来，传感器就不能将自己发出的信号回声与其他传感器发出的信号区别开来。某处的传感器可能过多，因为一台机器人上的传感器数量很多，或者，对于群体机器人来说，此处安装有主动式传感器的机器人数量太多。干扰是一个具有挑战性的问题，没有简单的解决方案。然而，一种选择是限制使用的传感器的作用范围，从而缩小问题的规模。可以通过限制发射功率（光/声音信号的较小幅值）来限制主动式传感器的范围。

而成像传感器是典型的被动式传感器。它们可以直观地显示机器人的环境。除普通摄像头外，立体视觉系统也被用来增加深度信息。在群体机器人中使用视觉并不普遍，因为这通常需要大量的运算。然而，通常情况下，群体机器人缺乏功能强大的微处理器，计算负荷会随视觉像素的增加而增加。在某些情况下，群体机器人拥有低分辨率的摄像头，像素较少，甚至只有一行。

另一类传感器是本体感知传感器。这类传感器收集有关机器人内部状态的信息，例如关节位置。本体感知传感器观察机器人的内部状态而非监测外部环境。计算轴转数的轴解码器就是一个典型的例子（见图 2.3）。它是以光障和轮子为基础制作的，轮子的轴线上有洞，有时会挡住光障，有时不会，具体取决于它的角度位置。通过计算有光和无光的交替相位，可以检测到轴的位置及轴转动的频率。这为配置机器人提供了有用的信息，能够用于机器人的里程测量。

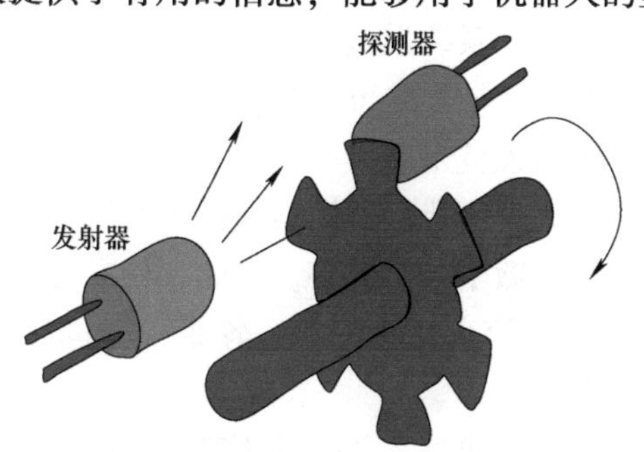

图 2.3 作为本体感觉传感器的示例的轴解码器

2.2 里程测量

里程测量是机器人技术中的重要领域，它致力于解决我们人类无法完全解决的问题。里程测量是指估算机器人当前位置与先前位置的距离和方向。基本理念是机器人始终知道它的位置。通常，每当我问你在哪里，你都可以给我一个相当明确的答复，甚至在必要时指明到隔壁房门和房间墙壁的大概距离。但对机器人来说，这可不是一项简单的任务。请记住，机器人可能没有视觉，而仅区区几个测距仪。如果你喜欢的话，机器人会被锁在铁罐里，对其环境更是知之甚少。如果你不得不戴着能消除噪声的耳机同时闭上眼睛，且不能移动手臂，只被告知你与前后物体的距离，那么导航对你来说也会变得很棘手。

你可以将里程测量看作航位推算的一种形式，即根据已知的初始位置及随后的航向和速度来确定位置的艺术。也许你还记得某些潜艇电影中的经典场面，艇长在海图上做着相同的事情（另一个人被锁在铁罐里的例子）。你可能马上就会猜到，不确定性是里程测量中的大问题。在确定机器人的正确速度和航向时出现的误差将会累加起来，最终确定的位置可能与机器人的实际位置不同。即使机器人的初始位置完全准确，并使用本体感知传感器测量其轴的转数，也会出现误差，累加起来，一段时间之后机器人确定的位置也会出错。请注意，GPS 并不总是简单的答案，因为我们可能需要更高的精度来安全导航，或者可能在室内操作。

2.2.1 非系统误差、系统误差和校准

在里程测量中，根据来源不同，误差可分为两类。有些非系统误差通常无法测量，因此不能包含在模型中。这类误差可能是由于表面摩擦力不均、车轮打滑、颠簸和地面不平造成的。系统误差则是由机器人自身的模型与机器人的实际行为之间的差异所引起的。系统误差可以测量，然后被合并到模型中。我们将这类校正称为模型校准。机器人技术中另一项出乎意料的困难任务是让机器人直线前进。尤其是在群体机器人中，我们使用的部件小而简单，机器人重量轻，这让机器人保持直线前进并不是微不足道的事。在此，校准可以帮助补偿硬件的非对称特性。典型的例子包括车轮直径不相等，轮距（轴间距）不确定，或者仅是轴承有问题。

由于系统和非系统误差，机器人位置的不确定性随着时间推移也在增加。在经典机器人技术中，会使用贝叶斯过滤器、粒子过滤器和卡尔曼过滤器等标准技

术。在这里我们不深入这些细节，因为它们超出了本书的范畴。我们只是快速了解一下地图绘制，然后稍微拓展考察一下动物（这里指的是蚂蚁）是如何解决定位和导航问题的。

2.2.2 地图绘制的艺术

当必须在一座陌生城市行进的时候，我们人类在定位方面也会遇到困难。为此，我们使用导航系统和带地图应用程序的智能手机。在以前，我们还会使用纸质的地图。几百年前，地图绘制是一门真正的艺术，因为关于地区、国家或整个大陆的很多信息都是缺失的（见图2.4）。每当机器人被部署到新的区域时，它们都会面临类似挑战。它们并非完全依赖于里程测量，还可以即时绘制地图。这是机器人技术另一个热门领域，被称为同步定位与建图（SLAM）。以地图的形式来表示环境有许多不同的方式。例如，基于网格的地图（探测到物体和墙壁后填充网格单元）、基于地标的地图（即可视觉识别的特征）或基于激光扫描的地图（即在三维空间处理许多检测到的点）。

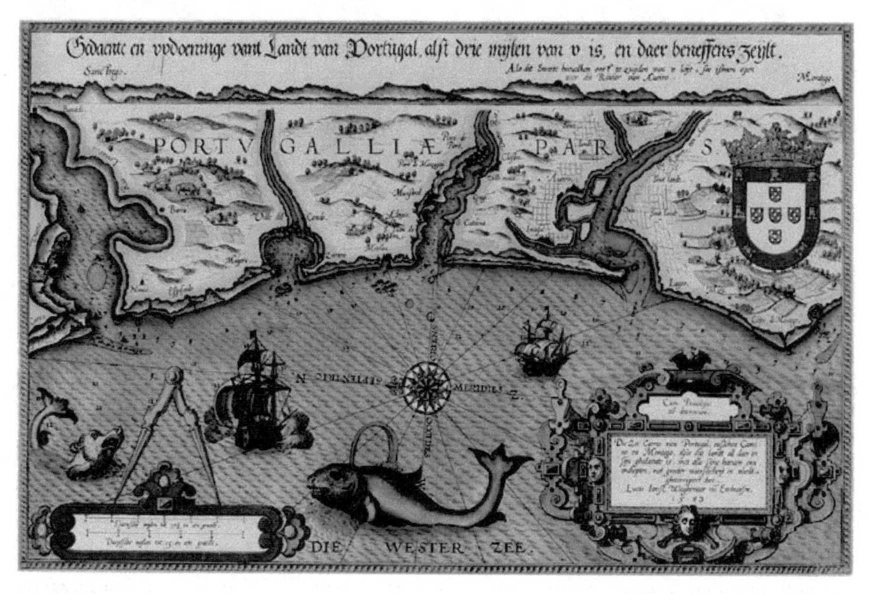

图2.4 绘制地图的艺术：Lucas Janszoon Waghenaer绘制的葡萄牙海图（1584年）

2.2.3 拓展：蚂蚁回巢

在群体机器人技术中，我们经常从生物系统那里获得灵感。我们这样做不是为了解生物系统本身，而是为了获得如何设计机器人的新思路。群体机器人需要结构简单、价格低廉，而相对简单的动物，如昆虫，就能成为真正的启发。那么，蚂蚁是如何解决定位和导航问题的呢？它们面临着同样的问题，因为它们需要导航，例如从觅食地点返回巢穴，将食物运送回蚁群。Wolf[423]思考了蚂蚁三种可能的导航方式（见图2.5）。在路线跟随的情况下，蚂蚁可以在寻找食物的途中投放信息素，然后跟随信息素返回巢穴。在路径整合的情况下，蚂蚁可在地球磁场等的帮助下记住大概方向和走回巢穴所需的步数。在类似地图的导航情况下，蚂蚁可以记住途中的几个地标，随后按顺序接近每个地标导航回来。对于这些方法中的每一种，至少存在一个以这种方式导航的蚂蚁物种。

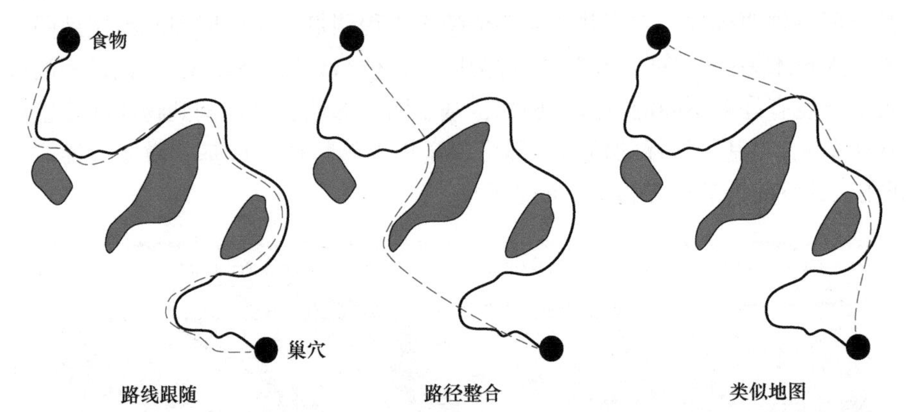

图2.5　通过三种方法确定蚂蚁从觅食地点返回巢穴的轨迹：路线跟随（如通过信息素）、路径整合（如通过地面磁场和步数）以及类似地图的导航（如通过记住地标）[423]

如果你不知道蚂蚁如何计算步数，那么你当然可以采取怀疑的立场。然而，生物学家已经做了实验来检验这一假设。实验相当残酷，但在大多数国家（例如欧盟内部）没有对科学实验中的昆虫进行立法保护。Wittlinger等人[422]改变了一群沙漠蚂蚁（Cataglyphis，也就是所讨论的蚂蚁）的步长，方法是切断它们的部分腿（即缩短步长）并延长另一组蚂蚁的腿（即延长步长）。当这些蚂蚁被留下来导航返回巢穴时，那些步长较长的蚂蚁确实走过了巢穴，而步长较短的蚂蚁则提前就停住了。从而证明了沙漠蚂蚁是通过基于计算步数的路径整合进行导航的。似乎合理的是，它们并非真的在数步数，但显然能够足够好地做出估计。

如果这些是蚂蚁经过世代自然选择后发现行之有效的方法，那么这些方法也可能适用于群体机器人。只是，我们通常会计算轴的转数，而非步数，只要我们没有拥有带腿的群体机器人。

2.3　运动学

通过里程测量来计算机器人的位置是运动学的一个例子。运动学是一门研究运动，而不考虑驱动力的学科。它忽略了扭矩、力、质量、能量和惯性等概念。因此是仅关注时间约束和几何约束的简化物理。运动学是机器人技术中另一个热门领域，因为运动学与机械臂和工业机器人特别相关。运动学又分为两类：正向运动学和逆向运动学。

2.3.1　正向运动学

正向运动学的问题是以下列方式表述的。我给你机械臂的起始配置，包括所有关节的角度以及某些关节所需发生的变化。你的任务是计算出新的配置。注意，这是工业机器人的典型设置方式。因此，你需要计算出末端执行器和所有关节的位置和方向。

对于群体机器人而言，典型的例子是差动转向的运动学（即两个轮子，分别单独驱动，见图 2.6）。机器人系统由三个变量表述：机器人的质心位置 (x,y) 和机器人的航向 ϕ。在正向运动学问题中，我会给你当前机器人的位置 (x_0,y_0) 和航向 ϕ_0，以及需要发生的轮速变化，右轮为 v_r，左轮为 v_l。给定机器人的轮距 b（共用一个轴的两个轮子的间距），你可以计算机器人的速度 m 并写下相应的微分方程

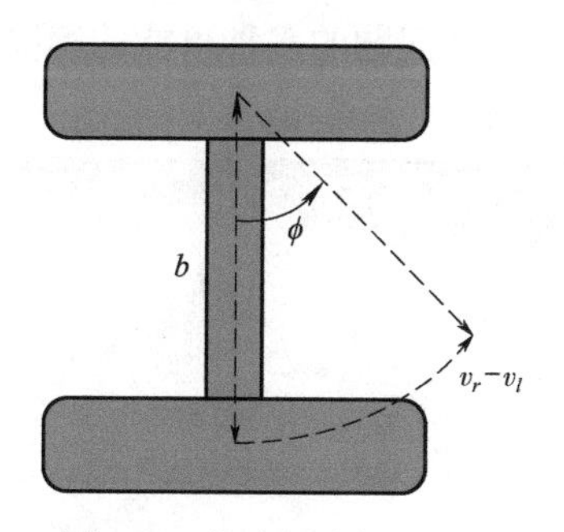

图 2.6　差动驱动的运动学

$$\mathrm{d}x/\mathrm{d}t = m(t)\cos(\phi(t)) \tag{2.1}$$

$$\mathrm{d}x/\mathrm{d}t = ((v_r + v_l)/2)\cos(\phi(t)) \tag{2.2}$$

$$\mathrm{d}y/\mathrm{d}t = m(t)\sin(\phi(t)) \tag{2.3}$$

$$\mathrm{d}y/\mathrm{d}t = ((v_r + v_l)/2)\sin(\phi(t)) \tag{2.4}$$

$$\mathrm{d}\phi/\mathrm{d}t = (v_r - v_l)/b \tag{2.5}$$

dx/dt 为速度的第一分量（二维），dy/dt 则是速度的第二分量。$d\phi/dt$ 是半径（角速度）上的圆弧变化。为了得到良好的时间函数，我们将所有这些函数整合在一起，并得到

$$\phi(t) = (v_r - v_l)t/b + \phi_0 \tag{2.6}$$

$$x(t) = x_0 + \frac{b(v_r + v_l)}{2(v_r - v_l)}(\sin((v_r - v_l)t/b + \phi_0) - \sin(\phi_0)) \tag{2.7}$$

$$y(t) = y_0 - \frac{b(v_r + v_l)}{2(v_r - v_l)}(\cos((v_r - v_l)t/b + \phi_0) - \cos(\phi_0)) \tag{2.8}$$

圆形轨迹的转弯半径由 $\frac{b}{2}\frac{v_r + v_l}{v_r - v_l}$ 给出。

我们不应盲目相信这些数学方程，而应检查在哪些情况下可能存在问题。分母中有一项 $v_r - v_l$，这意味着，对于 $v_r - v_l \to 0$，我们会得到一条渐近线（奇点）。在这种情况下，需要进行特殊处理。幸运的是，$v_r - v_l \to 0$ 表示机器人是直行的，我们可以使用另一个更为简单的模型。

2.3.2 逆向运动学

逆向运动学的问题是计算末端执行器给定位置的所有关节的适当参数。例如，可能出现如图 2.7 所示的情况。重要的是要避免机械臂与其他结构发生碰撞，也要避免机械臂与自身发生碰撞。这在数学上是一个困难的问题，因为存在不正确的配置、奇点，以及某些问题的多种可能的解决方案。逆向运动学也是机器人技术中一个非常活跃的领域。

图 2.7 国际空间站名为“Canadarm2”的机械臂（美国宇航局摄，公共域）

2.4　控制

最后，我们要谈谈机器人控制器。这可能是机器人最令人兴奋的部件，因为它基本上就是机器人的大脑。我们都希望有智能机器人，但显然，要想机器人在几乎所有情况下都有智能的行为是一项挑战。控制器指导机器人如何移动和行动。在经典的机器人技术中，主要有两种控制器范式：开环控制和闭环控制。开环控制器执行机器人的运动，但不考虑任何反馈，也就是说，没有机会进行修正。闭环控制器执行机器人的运动，并利用传感器检查运动进度。因此，通过闭环控制，我们可以对误差进行补偿。

如果我们想要用开环的方法控制一台移动机器人，使其平行于墙壁行驶，那么它很可能会偏离路径。运动本身可能会产生噪声，可能会出现滑动、模型不精确或颠簸。因此，开环控制不能应用于大多数移动机器人的情况。对于工业机器人而言，开环控制是一种更常见的选择。通过闭环控制，我们可以使用接近传感器。我们可以将传感器安装在机器人朝向墙壁的一侧。如果机器人驶离或驶向墙壁，我们可以检测到并进行补偿。

2.4.1　轨迹误差补偿

当试图将机器人（或其末端执行器）保持在某一路径上时，机器人通常最终会发生偏离。因此，我们需要能够补偿误差的控制器。你还可以想到汽车的巡航控制，以及如何对控制器进行编程以适当地改变汽车的加速度。有一种被称为PID控制的经典控制方法（见图2.8）。P、I和D是控制器的组成部分，可以结合使用以获得最佳效果，其区别在于数学属性。P分量提供的力与测量误差成负比例。D分量增加的力与测量误差的一阶导数成正比。因此，它测量的是误差的变化速度。例如，误差可能迅速变大或根本不发生变化。I分量增加的力与测量误差的积分成正比。因此，它是过去的误差的和，如果过去相当一段时间的误差较大，那么它将很大。将三个分量结合起来，就可以得到一个PID控制器，该控制器可很好地应对误差中的多种动态特性。根据特定的参数，你可以配置PID控制器（见图2.9），确保其既不会太激进（引发振荡）也不会太缓慢。

遗憾的是，我们不能轻易地将这一概念应用于移动机器人，至少不能应用于实际具有挑战性的情况。大多数情况下，我们甚至不知道所期望的确切驱动值为多少，这也意味着我们无法计算误差。移动机器人技术还面临更复杂的挑战，比如决定何时搜索环境，以及何时利用已知的东西。机器人是否应该尝试通过隔壁房门进去检查，还是应当留在当前的房间内？这些问题不能通过 PID 控制器来解决。因此，很明显我们需要采用别的办法。

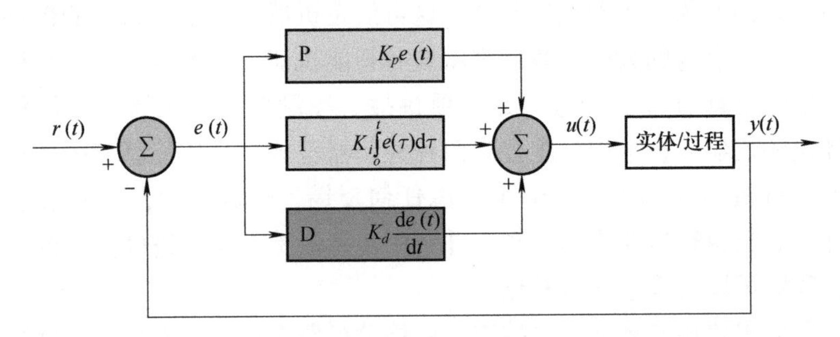

图 2.8 比例–积分–微分（PID）控制器（Arturo Urquizo 制图，CC BY-SA 3.0）

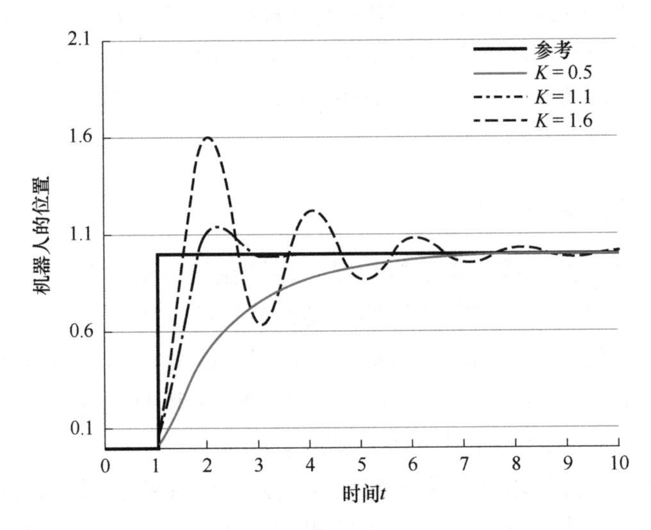

图 2.9 不同参数下误差随时间的变化情况。当 $t=1$ 时，期望的位置会突然改变。太激进的控制器会发生过冲和振荡，而太缓慢的控制器会在没有发生过冲的情况下进行补偿，但耗时太长（TimmmyK 制图，CC0 1.0）

2.4.2 群体机器人的控制器

群体机器人不仅硬件应该保持简单，其软件即控制也应该保持简单。这个想法的基础是上文提到的自组织过程。通过协作，多个机器人仍然能够完成单个机器人使用简单的控制器无法解决的复杂任务。因此，群体机器人的标准控制方法是以无功控制为基础。Russell 和 Norvig[337] 介绍了智能体模型的层级。最简单的是单反射性智能体模型。单反射性智能体只有简单的条件–动作规则（如果–那么规则）来确定它的行为（例如，“如果接近传感器 5 的传感器值低于 33，则左转”）。这是一种纯粹的反应行为，因为机器人只是直接对其当前的感知做出反应，而不考虑到感知的历史。Russell 和 Norvig[337] 层级中的第二层是基于模型的反射性智能体模型。这种智能体已经具备了一种内部状态，使得机器人有可能对相同的感知做出不同的反应。机器人的行为仍然受条件–动作规则决定，但会同时考虑到感知的历史。基于模型的反射性智能体的内部状态可以像在有限状态自动机中一样简单，也可以以更复杂的形式出现，例如，用于存储先前感知的浮点阵列。

仅为机器人配备无功控制器的概念与 Arkin 提出的所谓基于行为的机器人技术[13] 和 Brooks 提出的包容式结构概念[56,57] 有关。此外，从生物学的角度来看，例如社会昆虫，反应行为似乎是合理的[48]。

通过所谓势场控制的例子可以很容易地理解无功控制的概念。利用势场控制，无碰撞导航的问题可转化为虚拟物理世界的问题。势场是基于机器人的感知和确定的任务而构建的。以图 2.10 所示的机器人为例，其应当从左向右导航。这是通过势场的整体坡度来实现的，较低一端位于右侧。障碍物则用圆锥体表示。可以想象，机器人的导航过程类似于弹珠从斜坡上滑落，同时被圆锥体所排斥。这是一种反应行为，因为机器人并未规划其行动（“我现在这么做应当在哪里停住?”），而机器人的行动直接取决于当前的势场坡度。然而，根据具体的实现方式，过去的行动可能会通过当前的加速度对机器人产生影响，而当前的加速度可能会综合过去的影响。

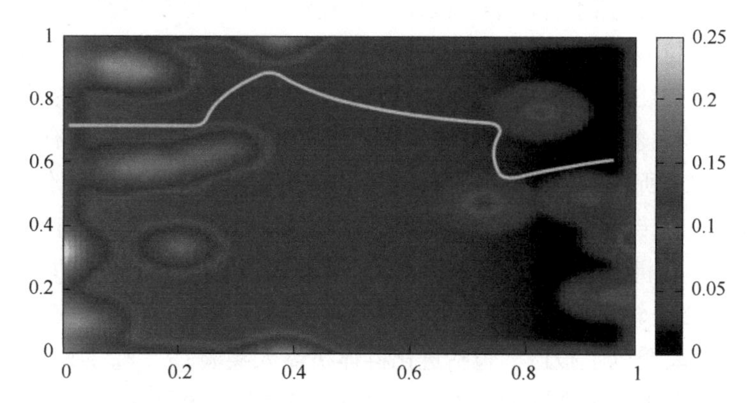

图 2.10　受势场控制的机器人在二维空间的轨迹示例（颜色代表势场的高度）

在群体机器人技术中，有许多使用机器学习方法的研究[337]，如进化群体机器人技术[100,383]。这是进化算法[109]在群体机器人技术中的应用。通常，通过使用进化计算优化人工神经网络的权重，以训练群体解决给定的任务。然而，也有许多研究的控制器（例如有限状态机形式的控制器）是简单手工编码的。群体行为本身的复杂性和寻找正确控制器的挑战都源于机器人之间，以及机器人与环境之间的自组织交互。即使控制器本身很简单，但找到它们却很困难。我们稍后将对此进行深入讨论（见第5章）。

2.5 群体机器人的硬件

最后，我们将对群体机器人硬件的几个精选示例进行深入考察。最常见的设计是一种相当小的移动机器人（如，直径在4～12cm之间），配有差动驱动和用于接近感应的红外传感器，但也有一些特殊设计。

2.5.1 s-bot

最具标志性的硬件设计之一是swarm-bots项目[288]中的“s-bot”（见图2.11）。今天，它已经有些过时；但在2004年，它就是群体机器人和机器人技术中一个令人惊叹的方法。它是一个相当小的机器人，直径12cm、高15cm、重660g。两块锂电池能够使其实现1h以上的能源自主。机器人的控制器以一枚400MHz定制XScale CPU为基础，RAM为64MB，闪存为32MB。通过WiFi访问机器人，这是调试的一大特点。机器人的驱动器包括两个履带轮（即轮子和履带的组合体）、旋转台、刚性抓手升降器，以及一个刚性抓手。最初的设计还包含1个三自由度的侧臂和1个侧臂抓手，后来被省去了。旋转台周围有8个RGB发光二极管，抓手内有红色发光二极管。该机器人拥有的传感器数量惊人：旋转台周围有15个红外传感器，机器人下方有4个红外传感器，除抓手外所有自由度上都有位置传感器，所有主要自由度上都有力和速度传感器、2个湿度传感器、2个温度传感器、旋转台周围还有8个环境光传感器、4个可三维定向的加速度计、1个640×480相机传感器（带有基于球面镜的定制光学器件，提供全向视觉）、4个麦克风、2个轴结构变形传感器，以及1个抓手内光学屏障。有许多使用了该机器人的实验受到了报道，包括进化群体机器人实验[100,383]。s-bot的基本设计后来被重新设计为不同的版本，如“marXbot”[49]和Swarmanoid项目中的foot-bot[98]。

图2.11 五个 s-bot（直径12cm）展示它们之间的物理连接能力[288]
（Francesco Mondada 和 Michael Bonani 摄）

2.5.2 I-SWARM

群体机器人硬件研究方面的另一重大进展是1.7.1节提到的I-SWARM项目[358]。I-SWARM极具雄心的目标是要开发尺寸为1mm×1mm×1mm的小型群体机器人。尽管后来该限制条件被稍微放宽到3mm×3mm×3mm，但显然这种设计仍会带来许多挑战。这种机器人（见图2.12）没有电池，而是由一块高效太阳能电池板供电。机器人没有轮子，而是由三条振动的压电腿（黏滑驱动）所驱动。机器人之间的通信通过四个红外收发器实现。机器人以振动压电针作为传感器，而机载电子装置则是一个可重新编程的ASIC（即定制芯片设计）。由于ASIC的问题，最终该机器人并不具备完全功能，原因是没有足够的资金进行设

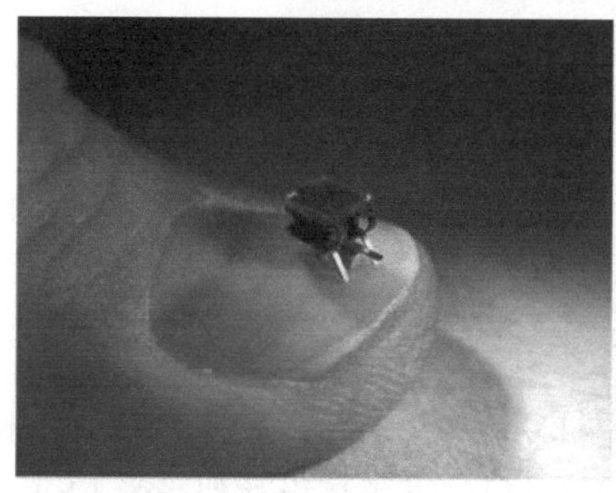

图2.12 Seyfried等人在I-SWARM项目中开发的微型群体机器人[358]
（尺寸为3mm×3mm×3mm）

图 2.12 Seyfried 等人在 I-SWARM 项目中开发的微型群体机器人[358]
（尺寸为 3mm×3mm×3mm）（续）

计迭代。然而，这仍是一项伟大的成就，而且知识已经在那里了。任何有足够资金的公司都可以开始制造这台微型机器人。潜在的应用可以是清洁和监测机器中难以触及的部件等。

2.5.3 “爱丽丝”机器人

微型机器人“爱丽丝”是另一种相当小的群体机器人的例子（见图 2.13）。它是由 Caprari 等人[62]开发，尺寸为 22mm×21mm×20mm，或 9.24cm^3。它有 PIC 微控制器、镍氢充电电池和柔性印制电路板。真正的例外是由钟表制造商提供的两台“斯沃琪”电动机。当时小型电动机还很少见。

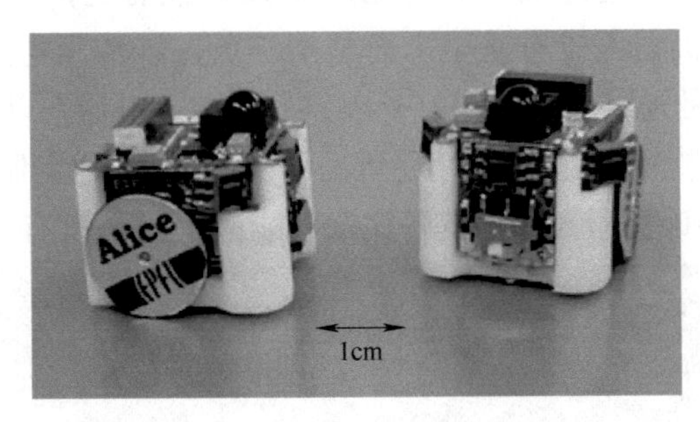

图 2.13 “爱丽丝”微型机器人，尺寸为 22mm×21mm×20mm[62]（Gilles Caprari 摄）

2.5.4 Kilobot

目前在群体机器人研究中流行的群体机器人是“Kilobot”[331,376]。它也相对较小，直径为 33mm，高度为 34mm（见图 2.14）。其整体设计似乎受 I-SWARM 机器人的启发，因为它也具有振动腿而不是轮子（黏滑驱动）。其控制器为

Atmega 328（8 位，8MHz），具有 32KB 的闪存、1KB 的 EEPROM 和 2KB 的 SRAM。该机器人有一块锂电池。通信距离最远为 7cm，通过地表反射的红外线进行（红外线收发器朝下）。通过信号强度可以估算出与相邻 Kilobot 之间的距离。机器人安装有 RGB LED、1 个环境光传感器和 2 台振动电动机。两台电动机独立可控，因此实现了差动驱动。该机器人曾用于迄今为止规模最大的机器人实验[332]。该实验是用 1024 台机器人完成的。因此，起 Kilobot 这个名字时似乎已经预见到了这次实验。

图 2.14　受欢迎的 Kilobot（直径 33mm）[331]

Kilobot 的一个缺点是使用了振动腿技术，其运动速度非常缓慢。另一个与机器人没有直接关系的问题是，在实验中操作如此多的机器人十分困难。所有机器人都需要可靠地工作，但这些机器人需要被人操作，例如充电。如果人类操作员必须手动操作，甚至校准这些机器人，那么处理 1000 台机器人将带来大量的开销。即使 1000 台机器人中的每一台只需 2min 的关注时间，完成此项任务也需要 33h 以上。

2.5.5　其他群体机器人

还有更多的群体机器人。有一类群体机器人是专门为教育而设计的，但这并不意味着不被用于研究。例如“Thymio Ⅱ”机器人[328]和“e-puck”机器人[285]。两者同为小型移动机器人，都配有差动驱动装置、用于接近感应的红外传感器和通信装置。特别是 Thymio Ⅱ，它被用来吸引儿童学习机器人技术，这对公众和机器人技术界都是很大的贡献。最近一种为教育而设计的机器人是“Pheeno”机器人[416]。该机器人采用模块化设计，重点似乎是更传统的机器人方法，包括视觉和抓取。

机器人“Colias”（见图 2.15）由 Arvin 等人[16]设计，是一种低成本、开放式平台，直径为 4cm，运动速度相对较高，为 35cm/s，并使用典型的红外传感器。

图 2.15　Arvin 等人开发的开放平台机器人“Colias”[16]（直径 4cm）（Farshad Arvin 摄）

其他遵循标准差动驱动概念的机器人平台还有“r-one”[261]、“Wanda”[214]和“Jasmine”[197]。群体机器人技术中最早的机器人设计之一是 Mondada 等人[286]开发的“Khepera”机器人，已经很少有人使用。最近报道的由 Pickem 等人开发的“GRITSBot”[307]被设计为廉价型群体机器人，以“降低入门门槛”。Elmenreich 等人报告的是一种既不依靠轮子也不依靠振动腿的独特的机器人[113]（见图 2.16）。这是一台能够进行六足运动的六足机器人，其平台为遥控玩具。由 Farrow 等人制造的“Droplet”机器人[116]是另一种黏滑驱动机器人。它可以在六个线性方向上进行全向运动，并且可以原地转弯。

与群体机器人相关的其他特殊平台包括模块化机器人技术中的一些方法，其中自主机器人模块可以在物理上相互连接，也可以作为独立实体运行，如 SYNBRION 和 REPLICATOR 项目[240]中所做的那样。还有一些项目在研究水下群体机器人，即开发自主水下航行器（AUV）。例如，在“CoCoRo”项目中开发的机器人[350]，以及名为“MONSUN”的自主水下航行器（见图 2.17）[300]。机器人之间的水下通信尤其具有挑战性。无线电不能使用，因为电磁波无法在水中远距离传播。"CoCoRo" 机器人使用可见光进行通信，而 "MONSUN" 机器人则使用水下声学调制解调器，其通信距离比可见光远得多。然而，处理水下声波也是一项挑战，因为它们会在水面、围壁，甚至不同温度的水层中被反射。此外，水下声学调制解调器通常相当昂贵。

图 2.16 直径 10cm 的六足群体机器人[113]（Wilfried Elmenreich 摄）

图 2.17 自主水下航行器 "MONSUN"[300]

虽然目前对飞行无人机（四旋翼飞机）进行了大量研究，但似乎没有项目重点研究不大量使用全局信息的自组织无人机群。一个原因可能是，在狭小空间内控制多个四旋翼飞机会产生大量的空气湍流，同时让所有四旋翼飞机都只能依靠机载传感器是非常困难的。文献中可以找到的是地面群体机器人和飞行群体机器人的组合。例如 Chaimowicz 和 Kumar[68] 所做的工作以及 "Swarmanoid" 项目[98]。

2.6 延伸阅读

有很多关于移动机器人技术的好书。Arkin 所著的《基于行为的机器人技术》[13]和 Thrun 等人所著的《概率机器人技术》[381]是两本重要的书。Floreano 和 Mattiussi 的著作[122]的研究重点不是机器人技术，而是处理罕见的课题组合，如基于行为的机器人技术、进化计算、学习、人工神经网络、自组织和群体机器人技术。补充性的书籍还有 Jones 和 Roth 所著的《机器人编程》[203]，甚至 Braitenberg 的《车辆》[52]，尽管其实际上只关注行为方面，而非机器人技术。

2.7 任务

2.7.1 任务：差分转向运动学

差分转向运动学方程在式（2.1）~式（2.8）中给出。使用式（2.2）、式（2.4)和式（2.5）在时间间隔 $t \in [0,3]$ 内对 x、y 和 ϕ 进行数值积分，用于以下情况。轴距和初始位置（不带单位）设置为

$$b = 0.05$$
$$x_0 = 0$$
$$y_0 = 0$$
$$\phi_0 = 0$$

时间间隔的前 1/3 ($t \in [0,1]$) 的速度设置为

$$v_r = 1.0$$
$$v_l = 0.9$$

时间 $t_1 = 1$，时间间隔 $[1,3]$ 的轮子转速改变为

$$v_r = 0.9$$
$$v_l = 1.0$$

离散时间的步长为 $\Delta t = 0.01$。

1）根据式（2.2）、式（2.4）和式（2.5）计算机器人在上述设置下的轨迹。

2）假设左轮的速度误差 $v_l \pm 0.01$（例如，由于车轮或里程测量等的误差）。计算整个时间间隔 ($t \in [0,3]$) 的两个附加轨迹，一个误差为 $v_l + 0.01$，另一个

误差为 $v_l - 0.01$，但现在使用积分方程，即式（2.6）、式（2.7）和式（2.8）。

3）将所有三条轨迹绘制在一张图中并进行比较。

2.7.2 任务：势场控制

为势场 P 实现一个数据结构（如一个数组）。生成一个在整个长度上朝向一方具有坡度的势场（见图 2.10，左侧为高，右侧为低），坡度远离边界，随意在势场内以局部极大值的形式加入十几个障碍物（如圆锥形、高斯形等）。将机器人随机放置在一侧高势位处（见图 2.10，机器人从左侧启动）。

1）利用直接对势场梯度做出反应的控制器生成多个势场和机器人位置的轨迹，也就是说，机器人当前位置的势场在 x 和 y 方向上的坡度直接决定了机器人的速度 v。在一个积分步骤中，机器人的位移为

$$\Delta x(t) = v_x(t)\Delta t$$
$$\Delta y(t) = v_y(t)\Delta t$$

速度由势场的梯度决定：

$$v_x(t) = \frac{\partial}{\partial x}P(x,y)$$

$$v_y(t) = \frac{\partial}{\partial y}P(x,y)$$

通过减去数据结构 $P[\cdot,\cdot]$ 中势场的两个相邻值，对于适当的索引 i 和 j，可以很容易地得到梯度的近似值：

$$\frac{\partial}{\partial x}P(x,y) \approx P[i,j] - P[i+1,j]$$

必须调整这些参数，才能使其发挥作用：选择适当的积分步长 Δt 和/或标称速度 v，可选择将势场的坡度归一化，并按向上或向下的系数进行缩放等。

2）利用间接对势场梯度做出反应的控制器生成多个势场和机器人位置的轨迹，即机器人当前位置势场在 x 和 y 向上的坡度仅决定机器人的加速度。机器人的位移仍由以下因素决定：

$$\Delta x(t) = v_x(t)\Delta t$$
$$\Delta y(t) = v_y(t)\Delta t$$

但对于 $0 < c \ll 1$，机器人的速度现由下式决定：

$$\Delta v_x(t) = cv_x(t-\Delta t) + \frac{\partial}{\partial x}P(x,y)$$

$$\Delta v_y(t) = cv_y(t-\Delta t) + \frac{\partial}{\partial y}P(x,y)$$

然后进行归一化 $\boldsymbol{v}/|\boldsymbol{v}|=(v_x,v_y)/|(v_x,v_y)|$，以防止速度增加过大。这样机器人就可以对以前的方向有了某种记忆。对障碍物陡度进行不同参数的实验，对加速度向量进行归一化处理，并实施折扣因子 c，以减小以前加速度的影响。什么是使机器人始终（或至少大多数时间）能够抵达势场低处的好的设置呢？

2.7.3 任务：单个机器人的行为

设计一个简单的矩形环境，由墙壁包围，内部几乎是空的（可能有少数障碍物）。首先，将机器人随机放置在机器人场地的某个位置。

1）编写避免碰撞行为的程序——机器人四处游走，又能避免撞墙。

2）编写墙跟随器程序——机器人能沿墙移动但不触及墙（即避免能让机器人沿墙滑动的简单解决方案）。

3）为真空清洁机器人编写适当的行为程序。有什么策略可以确保（几乎）一切都被清洁干净？

4）执行一下，看看可以产生什么样的行为。

第3章 快速了解几乎一切

“那么在‘形成群体’的时间内，记忆整个系统的极其复杂的存储库会发生什么?”

——Stanislaw Lem，《无敌号》

“我们飞向宇宙，准备好迎接一切：孤独、艰辛、疲惫和死亡。[…] 一个单一的世界，我们自己的世界，足以满足我们的需要；但是，我们却不能接受它的本质。”

——Stanisław Lem，《索拉里斯星》

摘要 在本书中，我们对将要研究的许多方法和理念做了小小的介绍。

这是对设计群体机器人系统所关注的方法的快速浏览。我们用有限状态机建模机器人控制器，以解决集体决策问题。我们立刻面临一个典型挑战，即区分单个机器人可以获得的微观信息和只有外部观察者才能获得的宏观信息。我们继续讨论一个简单的集体决策宏观模型，它是否是一个自组织的系统。

3.1 作为机器人控制器的有限状态机

机器人控制器可以由有限状态机表示，例如其状态与由传感器输入或计时器触发的动作和转换相关联。状态代表在该状态时间内的持续驱动。图3.1中给出了一个由有限状态机建模的避免碰撞行为的示例。机器人左侧有一个传感器 s_l，右侧有一个传感器 s_r。

阈值 θ_l 和 θ_r 确定对象何时距离太近（s 的值越大，表示对象越近）。在触发定时器之前，将在规定的时间内执行转向。

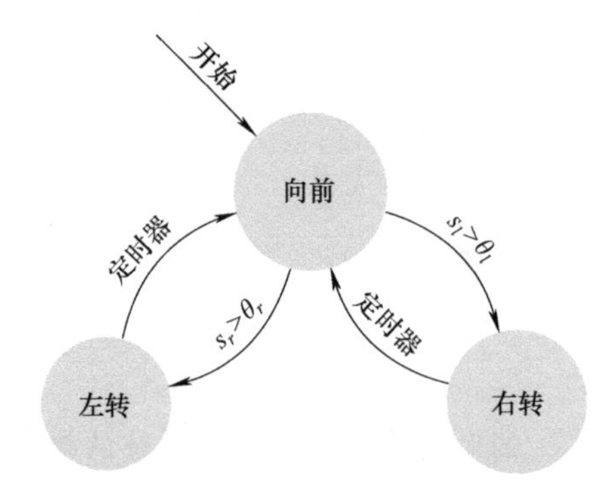

图 3.1 用于避免碰撞行为的有限状态机

最小示例如图 3.2 所示。转换条件 T 可取决于传感器特定的值和阈值、定时器和接收到的信息等。

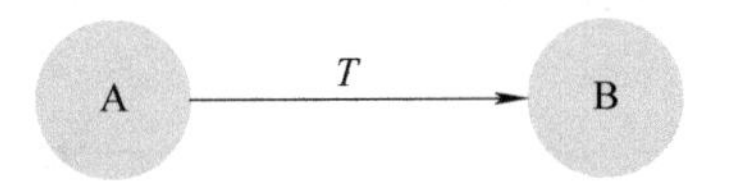

图 3.2 有限状态机的最小示例

3.2 基于机器人-机器人交互的状态转换

在下文中，我们将重点介绍依赖机器人-机器人互动的状态转换。我们特别关注相邻机器人的状态决定每个机器人的状态过渡，并因此决定了其行为的情况。假设只有两种可能的状态：A 和 B。如果群体的大小为 N，则我们可以定义变量 a 表示当前状态 A 下的机器人，变量 b 表示状态 B 下的机器人。a 和 b 都反映了观察者而不是机器人自身可获得的关于群体的全局知识。一个明显的条件是 $N=a+b$。此外，我们可以通过 $\alpha=\frac{a}{N}$ 计算机器人在状态 A 下的比例。

我们假设智能体能够确定所有邻居的内部状态。这可以通过显式信息传递来实现，或者例如，每个机器人都可以打开彩色 LED 对其内部状态进行编码，并可以通过视觉检测到。此外，我们假设所有机器人也都在四处移动，尽管我们在此没有具体说明这样做的具体目的。然而，如果机器人在运动，那么其周围也是动态的。

基于单元圆盘模型，我们假设传感器范围为 r。对于机器人 R_0，距离 r 内的所有机器人 $\mathcal{N}$ 都在其附近。对于图 3.3 中所示的情况，我们有 $\mathcal{N}=\{R_1,R_2,$

$R_3,R_4\}$。我们假设 R_0 了解所有邻近机器人 $\mathcal{N}$ 的状态。与上述定义的变量相似，我们可以引入变量 $\hat{a}$ 和 $\hat{b}$，给出状态 A、B 下机器人 R_0 及相邻机器人的数量。我们有 $|\mathcal{N}|+1=\hat{a}+\hat{b}$，可以给出一小部分处于状态 A 的机器人的比例 $\hat{\alpha}=\frac{\hat{a}}{|\mathcal{N}|+1}$。

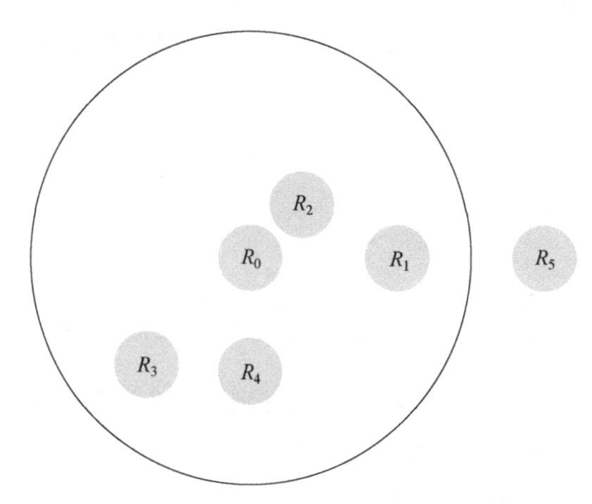

图 3.3　机器人 R_0 的邻域为 $\mathcal{N}=\{R_1,R_2,R_3,R_4\}$

在下文中，我们假设机器人在 A 和 B 之间的状态转换完全取决于 $\hat{\alpha}$。例如，我们可以说，如果机器人当前处于状态 A 并且它测量到 $\hat{\alpha}<0.5$（即在状态 B 中存在比状态 A 更多的邻居），则它切换到状态 B。

3.3　早期的微观-宏观问题

我们可以将群体分数 $\hat{\alpha}$ 解释为机器人 R_0 对群体分数 α 给出的实际当前全局状态的测量。这也被称为“局部抽样”，将在下文进行详细讨论（见 5.2 节）。一般情况下，$\alpha\neq\hat{\alpha}$。在什么情况下，我们可以希望 $\alpha\approx\hat{\alpha}$？平均而言，对于所谓“混合良好的系统”，即没有偏差的系统，我们可以假设 $\alpha\approx\hat{\alpha}$。然而，混合良好的假设通常并不成立，抽样误差（即机器人测量值的方差）可能产生系统性影响，因此也会引入偏差。这些复杂的问题已经是微观-宏观问题的一小部分，以后将详细讨论。群体机器人技术的主要挑战是找到微观层面（这里是对 $\hat{\alpha}$ 的局部测量）与宏观层面（这里是全局实际情况 α）之间的联系。我们还谈到建立微观-宏观的联系。

3.4 最小示例：集体决策

接下来，我们将研究集体决策的一个最小示例（更多细节稍后见第6章）。集体决策的任务通常是要达成共识，也就是说，群体中100%的机器人都同意一项决定，例如切换到相同的内部状态。基于上述定义的邻域局部抽样结果 $\hat{\alpha}$ 和阈值为0.5的条件，我们可以为这个小的集体决策情景定义一台有限状态机（见图3.4）。

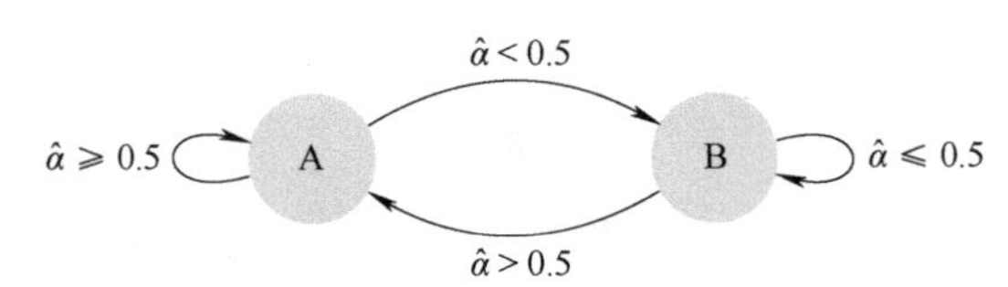

图3.4 基于多数规则的集体决策的最小示例

这些转换规则界定了我们所称的多数规则，因为这种做法试图加强当前的多数规则。如果有更多的近距离机器人处于状态A，那么所考察的机器人则切换到状态A（否则保持状态B）。如果有更多的近距离机器人处于状态B，那么所考察的机器人则切换到状态B（否则保持状态A）。我们希望，平均而言，局部测量 $\hat{\alpha}$ 给出了全局状态 α 的良好近似值（参见微观–宏观问题）。因此，整个群体的共识应集中在 $\alpha=1$ 或 $\alpha=0$。

3.5 宏观视角

在微观层面上，情况相对明朗。对 $\hat{\alpha}$ 的测量是概率性的，但给定条件 $\hat{\alpha}$ 下的状态切换行为是确定的。如果想要确定这种微观行为的宏观影响，那么事情就会更加困难。我们必须研究所有可能的邻域组合。为简单起见，我们将自己局限在 $|\mathcal{N}|=2$ 的小邻域内，并使用上面定义的真群体分数 α。

从B切换到A的概率 $P_{B\to A}$ 由下式给出

$$P_{B\to A}(\alpha) = (1-\alpha)\alpha^2 \qquad (3.1)$$

由于所考察的机器人必须处于状态B（概率为 $1-\alpha$），我们假设其邻域在统计学上是独立的，因此我们乘以两个（$|\mathcal{N}|=2$）邻近机器人处于状态A（否则不满足转换条件 $\alpha>0.5$）的概率。根据组合学的说法，有 $\binom{3}{1}=3$ 种方式来排列

两个A和一个B（BAA、ABA和AAB），但只有第一种方式导致所考察的处于状态B的机器人发生状态切换。式（3.1）的图形，如图3.5所示。

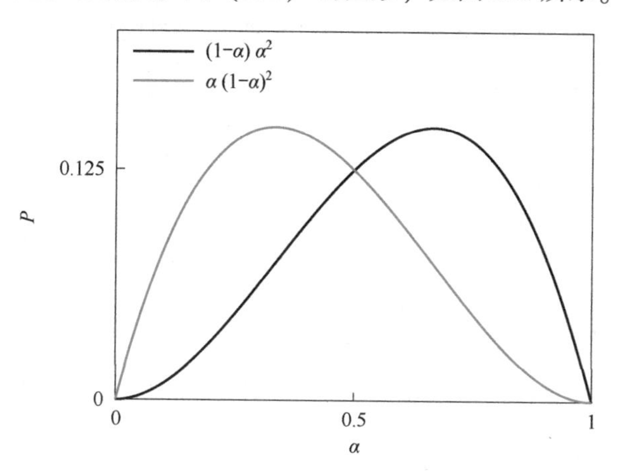

图3.5　切换概率，见式（3.1）

当$\alpha>0.66$时，处于状态B的可能切换的机器人太少；这就是概率随α增加而减小的原因。当$\alpha<0.66$时，处于状态A的可能产生局部多数的机器人太少；这就是概率随α减小而减小的原因。

从A切换到B的概率是完全对称的，由下式定义：

$$P_{A\to B}(\alpha)=\alpha(1-\alpha)^2 \tag{3.2}$$

在所有其他情况下，我们没有观察到切换，我们得到

$$P_{A\to A}(\alpha)=\alpha^3+2(1-\alpha)\alpha^2 \tag{3.3}$$

而$2(1-\alpha)\alpha^2$则解释了上述情形ABA和AAB，大多数机器人将处于状态A，但所考察的机器人已经处于状态A，因此不发生切换。在对称中，我们得到

$$P_{B\to B}(\alpha)=(1-\alpha)^3+2(1-\alpha)^2\alpha \tag{3.4}$$

3.6　预期的宏观动态和反馈

现在我们想知道系统的预期宏观动态，即群体分数如何随时间发展。为此，我们需要引入时间的表示。我们定义了一个时间间隔Δt，该时间间隔既足够长，可以观察到状态转换，又足够短，可观察到的状态转换又不会太多。利用上述定义的状态转换概率$P_{B\to A}$与$P_{A\to B}$，并根据状态转移对$\Delta\alpha$变化的贡献加权，定义了α的预期变化$\Delta\alpha$

$$\frac{\Delta\alpha(\alpha)}{\Delta t}=\frac{1}{N}[(1-\alpha)\,\alpha^2]-\frac{1}{N}[\alpha\,(1-\alpha)^2] \tag{3.5}$$

第一项代表 B→A 转换，对 α 产生正面影响（即产生更多处于状态 A 的机器人）。第二项代表 A→B 转换，对 α 产生负面影响（即产生更多处于状态 B 的机器人）。系数 $1/N$ 是每个时间步长中一台机器人的假设切换速率。式（3.5）的图形如图 3.6所示。

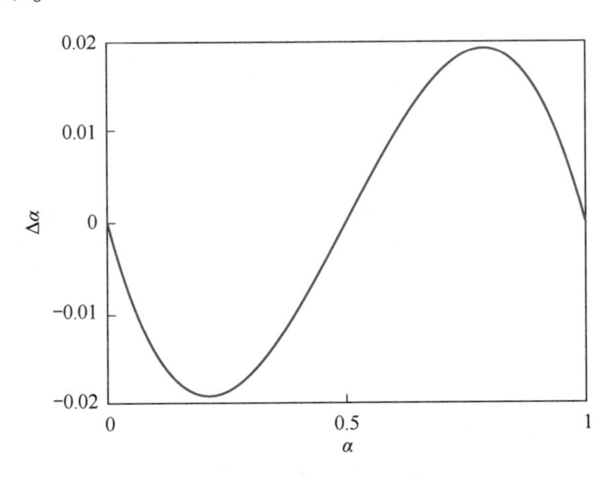

图 3.6　α 的预期平均变化 $\Delta\alpha$

图 3.6 所示为反馈过程。很容易从外观上确定它是正反馈还是负反馈。图的左半部分表示状态 A 中的少数机器人的情况，因为那里的 $\alpha<0.5$。在左半部分，也只有 $\Delta\alpha$ 的负值。这意味着处于状态 A 的少数机器人甚至得到了加强。类似地，在图的右半部分，我们也给出了状态 A 的大多数情况，因为 $\alpha>0.5$。在右半部分，也只有 $\Delta\alpha$ 的正值。这意味处于状态 A 的多数机器人甚至得到了加强。因此，我们得到了正反馈。

这个机器人群体算得上是自组织系统吗？它包含有正反馈。是否也有负反馈呢？这并不明显，但它确实包含了负反馈。所有现实世界的系统的资源都很有限，因此，一旦少数资源被吃掉，并且没有剩余机器人转移到多数状态（因为 $\alpha=0$ 和 $\alpha=1$），正反馈就会停止。系统的初始波动决定了最终是否 100% 的机器人处于状态 A 或 100% 处于状态 B，而且许多机器人之间有多种交互作用。然而，利用和探索之间的平衡倾向于利用。一旦群体达成共识，就永远不会离开它。在某些情况下（例如在动态环境中），这可能是很糟的，因为群体应当能够适应新的情况。因此，这种机器人群体与自组织系统接近，但缺少探索。

如何将探索包括在内？我们可以允许机器人自发地在状态间切换。比方说，在每个时间步长中，他们发生自发切换的概率为 5%。上述预期变化 $\Delta\alpha$ 的式（3.5），随后变为

$$\frac{\Delta\alpha(\alpha)}{\Delta t} = \frac{1}{N}((1-\alpha)\alpha^2) - 0.05\alpha - \frac{1}{N}(\alpha(1-\alpha)^2) + 0.05(1-\alpha) \quad (3.6)$$

虽然 $\alpha=0$ 和 $\alpha=1$ 之前是固定点，但现在不再是了。对于 $\alpha=0$，我们现在有 $\frac{\Delta\alpha(\alpha)}{\Delta t}=0.05$，而对于 $\alpha=1$，则有 $\frac{\Delta\alpha(\alpha)}{\Delta t}=-0.05$。因此，我们在 $\alpha<0.052$ 和 $\alpha>0.948$ 的两个边界有负反馈的区域。因此，我们总是有几台处于相反状态的机器人，他们可以充当探索者，检查另一种选择是否提高了效用。因此，我们有了一个自组织系统。

3.7 延伸阅读

本章旨在让你大致了解我们将在本书中讨论的内容。因此，你可以继续阅读，或者如果你想了解关于集体决策系统建模的更多详细信息，那么可以继续阅读 Valentini 关于这个主题的书[392]。Vigelius 等人[402]研究的是集体决策的微观-宏观模式。Couzin 等人[76]解释动物是如何做出好的决定。Biancalani 等人[41]描述了一个非常简单的决策模型，但该模型很可能无法扩展。Reina 等人[324]给出了提示，说明在群体机器人中集体决策的软件工程方法可以是什么样子。

3.8 任务

3.8.1 任务：绘制宏观动态系统行为图

绘制式（3.6）中给出的负反馈的预期变化 $\frac{\Delta\alpha(\alpha)}{\Delta t}$。当你选择不同的自发切换概率时，它会发生什么变化？

3.8.2 任务：模拟集体决策

根据本章定义的规则，编写一个小的程序，模拟非具身智能体在圆环上随机移动和切换状态。

监测当前的全局状态，并绘制其轨迹，即它如何随时间发生变化。还要检查自发切换的不同概率。是否出现群体从大多数倾向状态 A 向状态 B 转变，或者相反？这需要多长时间？

第4章 群体机器人技术的应用场景

一直以来，我们都在仰望，期待着一个外星物种从太空而来，但智能生命形式一直与我们同在，居住在我们从未认真尝试探索过的地球的一部分。

——Frank Schätzing，《虫群》

从你所说的情况来看，机器人的构造应该与我们一直以来的方式截然不同，这样才能真正做到通用：你必须从微小的基本构件、主要单元、伪细胞开始，如果有必要，它们可以相互替换。

——Stanislaw Lem，《无敌号》

摘要 我们对已经调查过的群体机器人的典型应用场景和已经发表的方法做了广泛的检查。

这是一份对群体机器人技术文献的广泛指南。它的结构是由所调查的场景组成的，并从低复杂性的任务（例如聚集和分散）开始。接着将讨论斑图形成、对象聚类、分类和自组装。集体建设已经是一个相当复杂的设想，它结合了若干子任务，如集体决策和集体运输。我们以集体操纵为例，讨论超线性性能增加这一有趣现象。不仅群体性能随群体尺寸的增加而增加，甚至单个机器人的效率也会增加。本章讨论了成群行动、集体运动、觅食和放牧等典型的群体行为。迅速引入机器人和生物有机体相结合的生物混合系统。最后，我们还讨论了所谓的“群体机器人技术2.0”——最近一些非常有前景的方法，如错误检测、安全、群体作为接口，以及群体机器人技术用于野外机器人技术。

4.1 聚集和聚类

聚集是自然群体中经常观察到的最基本的群体行为之一（见图4.1）。不限于自然群体，但对其尤其如此，保持在一起是很重要的。否则，群体将分离为几个部分，规模缩小，最终可能危及生存。聚集行为在许多自然群体中被观察到，例如幼小的蜜蜂[372]、瓢虫[229]（见图4.1左上）和帝王蝶[412]（见图4.1左下）。在聚集过程中，机器人的任务是将自身定位到某个彼此靠近的地点。这是通过最大限度地减少机器人之间的距离来实现的。可以指定也可以不指定聚集点的实际位置。如果不指定，则机器人将自组织起来，就聚集位置达成共识。因此，聚集在某个未指定的地点本身就具有集体决策的成分。也可以指定聚集点，例如规定群体应在亮度或温度最高的地点聚集。随后每台机器人，可能与其他机器人合作，都必须找到这一位置并停在那里。

图4.1　昆虫的聚集（左上瓢虫照片为Katie Swanson摄（自然ID博客）并授权采用，其余照片为CC0）

群体机器人技术中，一种简单的控制方法是向随机的方向移动，一旦发现另一个机器人就停下来。虽然最初机器人可能会减小机器人之间的平均距离，但群体系统会立即陷入局部最优状态。大多数机器人集群都很小，可能大多数为两个或三个机器人。即使在这个简单的聚集问题上，我们已经面临了是利用局部知识还是探索环境这一具有挑战性的问题。机器人不应该贪婪地利用关于环境的知识，在遇到第一个机器人后就在附近停下。相反，它们有时还应当探索周围环境，并检查是否存在它们应当加入的更大的集群。

还应注意，这种权衡搜索与利用的通用最优方案并不存在，因为取决于各自的情景。搜索行为有多大用处，取决于群体密度（每个区域内的机器人数量）、群体大小以及机器人的速度。此外，机器人通常是不同步的，某些行为可能造成死锁，而且机器人很难知道群体中的搜索阶段何时结束。最后，在向某指定地点聚集的情况下，环境也可能是动态的。因此，机器人应始终保持搜索性，并派出侦察机器人，检查在不同地点是否出现了更好的聚集点。

关于群体聚集的文献很丰富。如前所述，最常用的算法是 BEECLUST[344]，最初由 Schmickl 等人[349]与 Kernbach 等人[212]发表。关于 BEECLUST 的详细信息，请参见第 7 章。Hereford 对 BEECLUST 进行了分析[187]，并由 Arvin 等人通过模糊方法进行了拓展[17,19]。Hamann 等人对当群体呈现两个相同效用的选项（位置）时的 BEECLUST 对称性破缺现象进行了研究[168,171]。对称性破缺似乎是一个简单的问题。群体必须就选项 A 和 B 达成共识。这两个选项的效用是相同的。人类在面临这样的问题时会随意挑选其中一个。但是，群体必须仅根据局部信息集体决定选择哪一个。这一问题直接对应两个集群的机器人如何合并的问题。谁留下，而谁转移到另一集群？如果另一集群超出了机器人的感知范围，问题将变得更加困难。这又是一种对利用与搜索的权衡，不容易解决。根据给定场景中的环境条件和机器人的能力（例如速度和传感器范围），需要确定离开和加入集群的适当概率。加入并留在较大的集群内应该是更可取的，因此产生了正反馈效应（即大集群往往变得更大）。

而 Correll 等人所做的研究则截然不同[75]。他们报告了一种通过社会控制的方法聚集牛群的技术系统。这种想法是利用奶牛的适应性行为，只控制牛群中的一小部分。有些奶牛会跟随其他奶牛，因此不需要对所有奶牛进行直接控制。该装置由母牛携带，当母牛进入不被允许的区域时就会触发无向刺激，因此实现了一种“虚拟围栏”。

最后，关于集体行为和聚集的具体理论方法，你可以阅读 Chazelle 的论文[69]和他的其他著作。Popkin[313]仅从成群行动开始，之后就是否存在“生命的物理学”展开了一场颇具哲学但却鼓舞人心的讨论。

4.2 分散

分散是与聚集直接相反的行为。机器人应尽可能远离其他机器人，但同时保持接触。尽量增加机器人之间的距离，但机器人应保持在通信范围内。如果需要对大面积的区域进行监测，或者如果群体需要将机器人的密度降至最低，这种行为会很有用。主要预期的机器人空间分布是均匀分布，即机器人以特定模式进行自身定位。然而，任务也可以近似随机均匀分布，根据基础任务的不同，集群也可以被接收。这很好地对应了生态学中的三种类型的种群分布：集群分布、随机分布和均匀分布（见图4.2）。

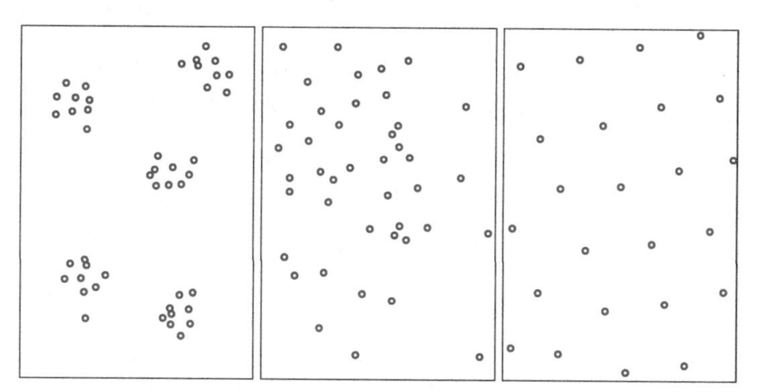

图4.2　在生态学中，有三种类型的种群分布：集群分布、随机分布和均匀分布（GNU 自由文档协议）

Payton 等人[304]在一份关于所谓信息素机器人技术的流行论文中报告了实现的情况。"信息素"这个词在这里仅为流行语，不应被解释为一种受生物启发的信息素方法。相反，这些机器人通过红外信号进行通信，并通过测量信号强度来衡量机器人之间的距离。Ludwig 和 Gini[242]报告了类似的方法，但重点关注无线电通信。然而，该研究仅在模拟中完成。

另外，McLurkin 和 Smith[262]利用56台机器人进行机器人实验，研究一组机器人群体如何随着时间有效分散并形成均匀分布。它们使用基于梯度的多跳信息传递协议。它们的算法在两个子程序之间交替，一个子程序将机器人均匀地分散开分布，另一个子程序将机器人引向未搜索的区域。

4.3　斑图形成、对象聚类、分类和自组装

当我们把聚集行为的复杂性进一步提高时，我们会谈到斑图形成、对象聚类、分类以及机器人的自组装。斑图形成指的是，机器人以规定的形状聚集或塑造环境。在聚类中，机器人四处移动物体以便将它们集合起来，或根据特性（例如颜色、大小或年龄）对其进行分类。自组装是指机器人通过物理连接形成更强大的超级机器人。

4.3.1 斑图形成

一旦我们超越单纯的聚集，机器人就可能被要求形成某种斑图、自我分类、自组装成超级机器人，或者分类物体。自组织斑图的形成也出现在许多自然系统中[380]，主要出现在生物学中，甚至自组织石头和盐的斑图中也能看到[213]。其中许多斑图可通过反应-扩散机制和激活剂-抑制剂的方案进行解释[26]。尽管 Turing[389]早在 1952 年就发表了他的关于斑图形成的重要论文，但直到 20 世纪 70 年代，生物学家才意识到生物斑图的形成可以用自组织来解释[144]。众所周知的现象，如动物皮毛标记[289,290]和昆虫胚胎形成的模式[205]，都得到了解决。另一个流行的例子是贝壳的色素沉淀图案[265,268]。与群体机器人更相关的是例如绒泡菌运输网络[201,202]以及简单的模拟智能体群体所形成的斑图[170]。

除了动物皮毛标记等明显的彩色图案外，还有时空斑图。行人中会形成特定的交通流，即人们在道路的右侧沿一个方向行走，而在左侧则沿相反方向行走，这也是自组织斑图形成例子之一。因此脊椎动物尤其是人类也存在集体行为[78]。人们通常会忽视已经铺砌的人行道而选择走捷径，并形成新的路线系统[185,186]。斑图形成的一个特殊例子是由蚂蚁形成的路线网络。众所周知，蚂蚁利用环境激发效应来组织其觅食行为，也就是说，它们利用信息素来标记路线。在这些路线网络内导航似乎是以路线系统的特定几何形状为基础。具体而言，蚂蚁可以利用道路分叉的角度判断哪个方向通向食物，哪个方向通向巢穴[194]。这种方法也可用于群体机器人系统中，在路线网络中定位[173]。然而，我们需要对信息素进行可行的模拟，如 Mayet 等人提出的那样[259]。或者，可以使用热量路线[336]。

Nouyan 等人[294]大致遵循了路线网络的概念，实现了将机器人定位在链条编队中的机器人群体系统。例如，这些机器人链条可用于觅食场景，引导另一个机器人沿着链条到达食物。

4.3.2 聚类

对象的聚类通常在模拟中进行研究，但也有许多硬件实现方法[48]。Resnick 的经典白蚁模拟模型[326]类似于白蚁收集木片并将其聚在一起的简单行为。仅有的两个规则是：如果还没有木片，那么就可以随机捡一个；如果有了，那就把它放在随机选择的木片旁边。作为改进，可以引入概率，比如说捡起一个靠近其他木片的木片的可能性较小，而将一个木片放在靠近许多其他木片的地方的可能性较大。

1.5 节中提到的关于对象聚类的一项有趣的替代工作是 Scheidler 等人[341]和 Merkle 等人[272]提出的“反智能体”方法。对象聚类的标准方法是具有概率性的，捡起一个物体的概率为 P_{pick}，而放下一个物体的概率为 P_{drop}。反智能体是一种行为与大多数机器人不同的机器人。Scheidler 等人[341]研究了反智能体的不同选择，如随机行为、邻域倒置（即对倒置的邻域感知）和反向反智能体。反向反智能体将上述概率倒置为 $1-P_{pick}$ 和 $1-P_{drop}$。Scheidler 等人[341]发现了一种非直观的效应，即一定数量的反向反智能体会增强所观察到的聚类效应。这可能会产生一种通过适当数量的反智能体来提高群体系统效率的概念。

4.3.3 分类

一旦有多种类型的对象需要聚类，我们就进入了分类的领域。例如，Wilson 等人使用“环形结构”对多个物体进行分类[417]。环形结构被定义为有某一类物体组成中心群集，其他类的物体围绕其形成环形带，每个环形带内只包含一类物体。本研究受蚂蚁（Albipennis Leptothorax）围绕其巢穴建立围墙的启发[128]。一种相关的行为是蚂蚁的育雏分类[127]：“不同育雏阶段以卵和微型幼体形成的单个集群为中心，排列为同心环”。

一个类似的任务是斑块分类[270]。斑块分类的定义为“将两类或更多类的物体进行分组，使每一类既聚类又是分离的，且……每类物体都位于另一类物体的边界之外”[188]。Melhuish 等人[270]在六台机器人上采取了适当的行为，成功地将 30 只（三种）飞盘分类到三个斑块中。

除了对物体进行分类外，还可以直接对机器人进行分类。假设群体内有两种类型的机器人，分别为红色和蓝色，并且有两个聚集区。由群体集体决策哪个区域属于红色机器人，哪个区域属于蓝色的。随后它们应到那里集合，从而对自己进行了分类[93]。

Groß等人[155]和 Chen 等人[70]对群体机器人分类进行了特别引人注目的研究。他们基于所谓的巴西果效应研究了群体机器人的分离行为[280]。巴西果效应指的是早餐谷物自组织分类的不幸现象。大的巴西果集中在顶部，而小的巴西果最后都在桶底。显然，专门吃谷物的人可不想周一吃大果，而周五只能吃小果。只有在向系统增加能量的情况下，自组织分类才能发挥作用，如卡车运输谷物过程中的振动。所有的巴西果都在上下跳动，但小果会聚集在大果下方的空腔内，随后在此下落。（见图 4.3 底部）。因此，大果向上移动，而小果则向下移动。Groß等人[155]和 Chen 等人[70]将这种自组织的物理效应巧妙地转移到了群体机器人领域。虽然与巴西果不同，机器人在物理上是同构的，其程序设计是为了避免在不同最小距离内发生碰撞。机器人具有不同的避撞半径，这直接对应不同尺寸的巴西果。因此，一旦机器人被要求在某一特定地点集合（例如接近灯光，Chen 等人[70]），避撞半径小的机器人就会聚集在中间，而避撞半径大的机器人则聚集在边界（见图 4.3 右上，绿色机器人的避撞半径小于红色机器人）。

图 4.3 巴西果效应对机器人分离的启发（坚果照片由 Melchoir 摄，CC BY-SA 3.0；机器人照片由 Roderich Groß摄，许可使用[70]；Gsrdzl 制图，CC BY-SA 3.0）

4.3.4 自组装

“自组装可被定义为一个过程，通过这个过程，先前存在的离散部件在没有人为干预的情况下组织成模式或结构”[154]。与上述斑图形成不同的是，其理念是将较小的自主部件进行物理连接，以构建具有相关物理或建筑功能的较大实体，例如“宿营地、桥、窗帘、液滴、花彩、填充物、法兰、梯子、炉子、塞子、拉链、女王簇、筏、群体、热调节簇、隧道和墙壁”[9]。自组装行为在昆虫中较为常见[9]。

群体-bots项目中开发的s-bot（见2.5.1节）能够自行组装[101]。Groß和Dorigo[154]利用s-bot自组装形成的机器人链，可以集体拉动重物（即集体运输，见4.5节）。机器人可以通过抓手进行物理连接，协调运动，并集体拖动物体。在类似研究中，作者展示了一组自组装机器人如何跨越缺口和陡峭的山丘，他们作为单一机器人是无法跨越的[296,387]。

在可重构的模块化机器人中，自组织的概念被提升到了下一个层次。其想法是设计能够物理连接并自组装成超级机器人的自主机器人模块（参见本章开头Stanislaw Lem的引文）。Rubenstein和Shen[333]对基于这一概念理论上可能实现的结果的仿真，给出了概述。一旦机器人模块能够在运行时在线自动重构形状，这种方法就可以发挥全部作用。因此，机器人系统具有与群体机器人类似的鲁棒性等级，因为它可以自行修复[11,12,365]。SYMBRION和REPLICATOR[172,240,345,348]项目研究了具有群体机器人特征的自重构模块化机器人技术。机器人可以相互对接，实现物理连接、共享能量，并建立通信总线。对可重构模块化机器人的控制被认为是有挑战性的，尤其是当超级机器人的自组装形状和拓扑结构也被允许具有自适应性时。并非所有的形状都能实现预计到，控制系统需要在运行时处理这些形状[169,432]。

Rubenstein等人[332]使用的Kilobot（见2.5.4节）只需将机器人放在一起就可以模拟自组装行为（见图4.4）。这些实验中的机器人群体是迄今为止所报告的最大规模的机器人群体，Kilobot的数量高达1024个。机器人群体的任务是正确定位所有机器人以形成预定形状。挑战是如何仅根据局部信息来确定机器人的位置。Rubenstein等人[332]使用四台种子机器人作为锚（见图4.4h），形成梯度作为坐标系。然后，机器人沿已形成的聚集体的边缘排队移动，这对时间开销有很大影响，因为等待时间与群体大小成线性比例关系（见图4.4h）。这个问题后来通过颠倒方法来解决，即先做自组织拆解[140]。类似地，研究了使用梯度方法的误差传播问题[141]。

Divband Soorati和Hamann提出了使用Kilobot进行自组装的另一个例子[94]。他们提出了一种自适应策略，只形成定性的预定义树形结构。例如，树形结构是由其分支因子（即树的分蘖性）所指定。一个可用于群体机器人的相关模型是所谓的血管形态发生控制器[434]，该模型可用于控制生长中的树木结构的自组装。

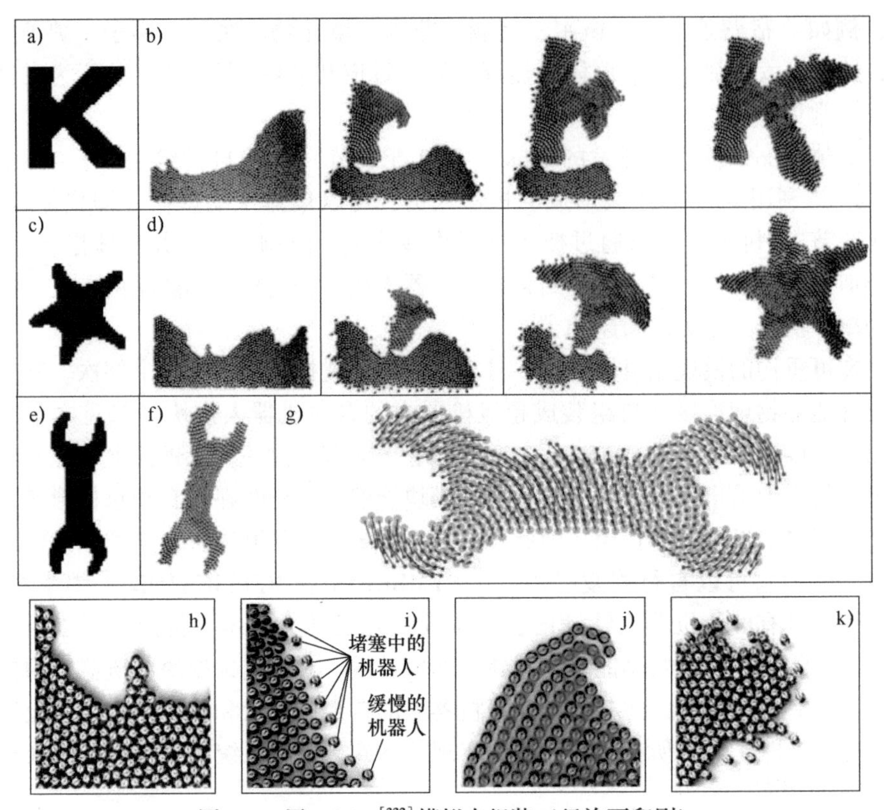

图 4.4 用 Kilobot[332]模拟自组装（经许可印刷）

a、c、e）期望的形状，每个机器人都知道；b、d）从初始配置到最终配置的自组装过程；f）由于过程中的误差，最终形状略有弯曲；g）通过比较机器人的实际位置和期望位置来衡量最终形状的准确性；h）四个种子机器人形成锚；i）机器人沿着边缘成行移动；j）同一列内的机器人的梯度值相同；k）由于移动中机器人推动静止中的机器人导致边界不稳

4.4 集体建设

利用机器人集体建造建筑物或其他建筑制品可能是一种很直观的想法。建设是一项很容易并行化的任务。此外，集体建设可能包括群体机器人的其他一些基本行为，如集体决策（例如，从哪里开始施工）和任务划分（例如，“我把积木放在这里，你放在那里”）。

一旦我们研究了动物是如何建造自己的家园的，集体建设就更加迷人了[177,404]。我们特别关注培养社会性昆虫的行为，如蜜蜂、黄蜂、蚂蚁和白蚁。

它们以局部信息为基础，以自组织的方式运作。这方面的一项重要工作是Theraulaz和Bonabeau的论文[377,378]。他们将建设行为建模为元胞自动机，即将世界离散为一个带单元格的格子（见图4.5）。动物只看其直接周围的环境（例如，建筑材料在哪里，孔洞在哪里），并遵循简单的规则，将当地环境状况与“向前移动”或“将材料放在那里”等行动相联系。这种元胞自动机的方法以及任何一种集体建设所面临的主要挑战是将全局蓝图（即“房屋”最终的样子）分解为简单的局部规则（即如果你的邻居看上去这个样，那么就把材料放在这）。这种办法本质上是以环境激发效应为基础的，目前还不清楚是否总能为任何给定的全局蓝图制定局部规则。更不清楚的是，如何才能有效地做到这一点。

图4.5　三维邻域为3×3×2积木块的元胞自动机的规则示例

最受欢迎的关于群体建设的论文是由Werfel等人发表的[413]。他们设计了一个专用的机器人平台，将积木捡起来，背起来，爬上由积木构成的楼梯，再将积木放置在合适的位置上（见图4.6）。即使是针对单台机器人来说，所面临的挑战也是确保不会把积木放在可能导致死锁的位置上。例如，机器人可能无法再爬下楼梯去取下一个积木。一旦我们允许多个机器人并行施工，就可能出现更多的死锁情况，因为机器人可能会相互阻挡。使用搭积木的方法还需要机器人的全部动作都具有较高的精度，从捡拾积木到放置积木，以及不从建筑上掉下来。

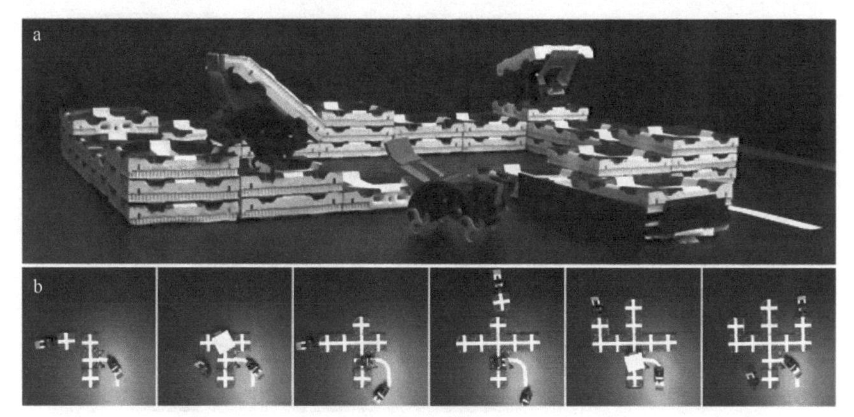

图4.6　群体机器人集体建造一件建筑制品的示例[413]（经许可印刷）

Allwright等人提出的另一种以搭积木为基础的方法示例[5,6]，目前正在开发中。该机器人配备叉车，可以四处移动“智能积木”。机器人可以通过无线电改变这些智能积木的 RGB LED，以实现更多环境激发效应的可能性。例如，颜色可以编码建筑的不同楼层。

Augugliaro 等人[20]报告了艺术装置“飞行组装的建筑”，利用四旋翼机器人群体来建造建筑艺术品。例如，他们用泡沫模块建造了高度为 6m 的塔。该系统利用全局信息这一中心要素，机器人受遥控控制。由高空运动捕获系统（一个有 19 个摄像头的 Vicon T-40 系统）提供高精度的位置信息。信息和机器人的目的地是用复杂的轨迹规划和轨迹生成算法处理的。

而 Heinrich 等人[184]提出的方法则截然不同。这种集体建设的概念是用编织在一起的条状或串状的连续建筑材料进行作业（见图 4.7）。最初，在编织物上进行作业似乎是不必要的限制，但实际上可能性几乎是无限的[399]。

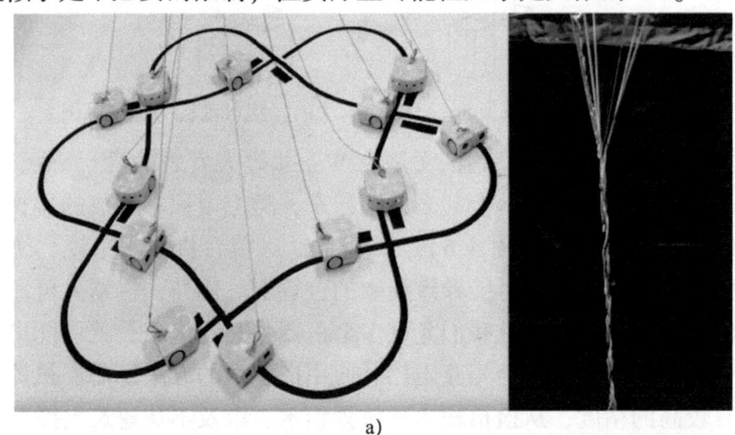

a)

b)

图 4.7　编织连续材料的群体建设行为[184]

a）基于线条跟踪的 Thymio 编织机器人和制成的编织线；b）传统五月舞蹈

（Martin Ladstätter 摄，许可使用）

图4.7a中显示了使用移动机器人的编织法。使用的机器人是Thymio Ⅱ机器人。机器人集体编织，通过将简单的跟线行为与防撞行为相结合，每次编织一条线。所形成的编织线如图4.7a右侧所示。图4.7b显示了这项工作的灵感，德国和奥地利等地的传统五月舞蹈。有关自组织结构的文献资料，请参见Gerling和Mammen的综述论文[143]。

4.5　集体运输

集体运输是有可能产生实际群体效应场景的好例子。少数几个机器人或许无法将重物移动1cm，而一旦群体规模超过一定阈值，它们就可以把重物移动到任何距离。这种群体性能的急剧增加（超级线性性能增加，参见1.2.1节）仅在少数场景中可以观察到。这种性能从零到无限的离散跳跃基本上是由静摩擦力（静止物体的摩擦）和动摩擦力（运动物体的摩擦）物理影响导致的。否则，随着群体大小的增加，运输物体的覆盖距离应该是持续增加的。

有许多使用机器人的实现方法。Kube和Bonabeau[222]研究了受蚂蚁行为启发的推箱子行为。他们讨论了一些问题，例如如何克服在推动过程中和以出租车为基础的运输过程中的停滞现象，即将箱子推向一盏灯。根据局部的相互作用协调机器人的行动，并利用适当的传感器（如触摸传感器、接近传感器、光传感器）。

Groß和Dorigo[154]的工作与此类似，但包括自组装。Nouyan等人[295]将相同的行为用于复杂的觅食场景，将物体沿着一条机器人链条进行集体运输，指向返家方向。Berman等人[40]报告了对集体运输蚂蚁的生物数据的深入分析，将其应用于机器人控制策略，并进行模拟验证[418]。Habibi等人[160]报告了一种用于在未知环境中运输大型物体的可扩展的分布式路径规划算法。对该区域进行了采样，并采用了分布式Bellman-Ford算法[124]创建最短路径树。该机器人实验是用11台“r-one”机器人进行的（见2.5.5节）[261]。

当我们考虑将四旋翼机器人作为集体运输的选择时，就出现了令人振奋的机会。Mellinger等人[271]报告了他们在四旋翼机器人群组中抓取和运输建筑材料的方法。考虑到这是最早专注于飞行机器人集体运输的工作之一，这无疑是很大的进步。但缺点是使用了室内GPS系统，而且机器人从中央计算机接收控制值。对实际四旋翼机器人群体的研究仍处于早期阶段，因为用机载工具（传感器、信息处理、控制）控制四旋翼机器人是极具挑战性的。Nardi和Holland[84]发表了一份早期研究报告，他们讨论了其中的一些挑战，并提出了一种自动系统识别方法，以生成适当的微型飞行器（MAV）模型。

4.6 集体操纵

Ijspeert 等人[192]从 2001 年起进行的早期研究是群体机器人技术的常青树，因为他们在群体性能方面获得了特别有趣的成果。研究的任务是“拔棍子”。机器人配有抓手，任务是将棍子拔出地面。但是，该实验的设计方式是，单台机器人不能将棍子完全从地面的孔中拉出。因此，将一根棍子拉出需要两台机器人执行以下动作。首先，某台机器人需要找到一根棍子。第二，该机器人必须做所谓的第 1 次抓握，将棍子从孔中拉出约一半。第三，该机器人必须在这个位置上等待帮助。第四，第二台机器人有可能过来（如果第一台机器人没有放弃，将棍子放回孔中并继续前进）；第五，第 2 次抓握将棍子完全拔出。第三步（等待帮助）有一个关键参数：等待时间。如果机器人等待的时间太短，那么另一台机器人在这么短的时间内不可能过来。然而，如果机器人等待的时间过长，那么群体的效率可能相当低，甚至更糟糕的是，我们可能会陷入死锁状态，因为所有的机器人在第 1 次抓握后进入等待。

另一个问题是给定环境和等待时间的最佳群体规模。Ijspeert 等人[192]在群体规模从 $N=2$ 台机器人增加到 $N=6$ 台机器人的过程中观察到性能呈现超级线性提升（参见 1.2.1 节）。而对于 $7 \leqslant N \leqslant 11$ 的群体规模，其性能增加呈线性。当群体规模 $N>11$ 时，由于机器人相互干扰导致性能下降。因此，我们在这种场景下得到了良好的群体效应。单台机器人的性能为零，当 $2 \leqslant N \leqslant 6$ 时，性能呈超线性增加，即群体每个成员都随着群体规模的增加而提高了效率。这是我们通常在人类群体中观察不到的属性。

4.7 成群行动和集体运动

成群行动是鸟群的协调运动（见图 4.8）。在任何时候，鸟群内所有的鸟都以相同的速度向同一方向飞行。在一篇最经典的群体技术论文中，Reynolds[327]于 1987 年发表了三条简单规则，使他能够模拟鸟群。这些规则要求定义邻域，例如通过最大距离。①对齐：使你的方向与邻居的方向相适应。②靠近：紧靠邻居。③分离：如果离一个邻居太近，则要避免碰撞。Reynolds[327]的原始概念还需要忽略个体后面的个体。

Reynolds 的方法是度量的，因为邻域是根据距离确定的。同时，我们知道鸟类可能会使用拓扑方法，即它们在确定其邻域时会检查（例如）五个距离最近的同伴，并忽略距离[27]。与 Reynold 的工作相配套的经典理论论文是 Vicsek 等人写的论文[400]。他们报告了一种动力学相变，从物理学的角度来看，这很有趣。另一项早期的成群行动理论研究是 Toner 和 Tu[382]与 Savkin[339]所做的自主移动机器人的成群行动控制理论。

图4.8　椋鸟是自然界动物成群行动一个例子（Oronbb 摄，CC BY-SA 3.0）

可以很容易地模拟成群行动行为，以收集一些可能感兴趣的数据。在图4.9a中，可以看到基于 Reynolds[327]模拟结果的测量。它显示了在给定时间内，在群体中发现的以弧度为单位的所有航向（从 $-\pi$ 到 π）的概率密度。这些航向实际上是相对于群体的当前平均航线而言的。这允许对几次独立运行的模拟进行数据平均。最初，这个密度是均匀的，因为航向是随机均匀分配的。随着时间的推移，在航向0附近出现了一个明显的峰值。这就是预期的成群行动，所有的个体都大致向同一方向运动。在图4.9b中，可以看到来自相同模拟运行的另一种测量结果。此图显示连接度，即邻居的数量，取决于个体的航向。最初，连接度低于2。这是一个任意值，因为在这个特定的实验中选定了群体密度。随着时间的推移，连接度增加与个体的航向无关。只有在测量结束时，才会在航向0附近再次出现峰值。然而，航向为 π（即180°）与航向为0的个体的平均连接度之差很小，甚至小于1。这个数据表明，可能由于靠近规则的原因，成群行动也伴随有聚合行为。同时，我们可以说，在这个成群行动模拟中的所有个体都被保存，并且不太可能失去连接。即使某个个体暂时向完全错误的方向 π 飞行，仍然有大约7或8个邻居可以帮助它遵循对齐规则进行掉头。

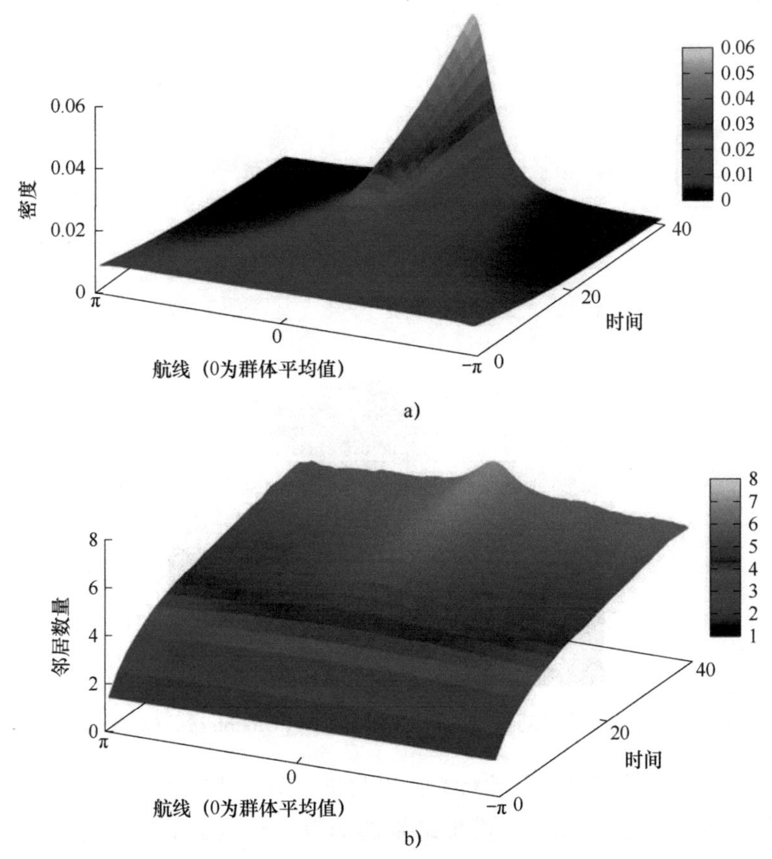

图4.9　模拟群体成群行动中航向和连接度的概率密度测量结果

a）航向；b）连接度

集体运动是一个多样化的领域，例如 Vicsek 和 Zafeiris[401] 的广泛综述论文就反映了这一点。具体的例子是 Yates 等人[431] 的论文。在这项颇具理论性的工作中，他们研究了蝗虫的集体运动。在若虫状态下，蝗虫还不能飞行。相反，它们表现出集体运动，即所谓的“游行乐队”，因为它们是以由极多虫子组成长长的群组的形式行进的[59]。生物学家不在野外测量它们的行为，而是更愿意降低复杂性，将它们带入实验室。在那里，蝗虫可以在环形场地内活动。根据群体的大小和密度，人们可以观察到它们在行走方向上实现同步。在顺时针和逆时针运动这两个选项中，它们多数只选择其中一个（参考集体决策，见第 6 章）。

人们可能不容易接受，但在真实的机器人中很难实现成群行动。可能最成问题的是对齐规则，因为它假设每个机器人都知道其所有邻居的运动方向。如果只使用传感器而不使用通信，尚不清楚如何感知邻居的运动方向。虽然鸟类可能会遵循视觉信号，但群体机器人通常没有良好的视觉系统。由于需要覆盖的范围很广，即使是安装单独摄像头也可能无济于事。而一旦允许沟通，我们仍不清楚应当传递什么信息。如果该机器人缺少全局信息，它就只能传递有关两个机器人之间相对角度的一些信息。如果机器人有数字指南针，这可以说是它们获得全局信息的途径，那么机器人就可以简单地传递其绝对航向。这是 Turgut 等人[388]采取的方法。他们使用数字指南针，并通过无线通信模块（IEEE 802. 15. 4/ZigBee 标准 XBee 无线模块）传递航向。他们报告用七台机器人（使用的是所谓的 Kobot）进行了成功的实验。机器人技术中最早的成组方法之一可追溯到 Yamaguchi 等人[425]，然而，分布式控制方案仅在仿真中才能得到验证。

而 Moeslinger 等人[282]采用的方法则截然不同。他们为不需要通信或全局信息的简单群体机器人提出了一种简化的成群行动算法。该算法依赖于复杂的扇区设计实现对邻居的定位。每个机器人周围都有虚拟扇区，我们假设机器人可以区分指向其邻居的四个方向。这可以通过至少四个红外传感器来实现。为了探测每个扇区的邻居，机器人是应该转动还是继续移动都有规则。例如，如果距离邻居很近，机器人就会转身离开（分离）。如果两侧或后方相对较远处有邻居，机器人将转向它（对齐和靠近）。一旦巧妙地选择了扇区，并为不同规则设定正确的优先级，就可以实现成群行动。Moeslinger 等人[281]在由三个 e-punk 机器人组成的小群体中验证了这种行为。

4.8　觅食

觅食行为在动物世界中无处不在，因为所有动物都需要营养。我们对社会性昆虫的觅食策略感兴趣。我们在此略过对生物文献的详细回顾。从群体机器人技术建模的角度来看，例如 Schmickl 和 Crailsheim[343]的蜜蜂觅食模型很有意思，Meyer 等人[274]报告的噪声在觅食蚂蚁的决策过程中的相关性也很有意思。Jackson 等人[194]的工作已在 4. 3. 1 节中提到了。它在这里是相关的，因为它解释了觅食的蚂蚁如何导航其路线网络。

尽管我们的机器人通常不进食，但觅食也是机器人技术的关注内容。相反，你应该把觅食解释为搜索和取回行为。当然，有许多任务，如搜索和救援，都与觅食有关，也是机器人技术的关注内容。所有这些任务都可以由单个机器人或机器人群体来完成。

Lerman 和 Galstyan[236]的模型对于群体机器人建模来说很有意义。他们研究了干扰对一群正在觅食的机器人的影响。机器人搜索物体，捡起它们，并将其带到特定的目标区域。预计该目标区域可能交通繁忙，可能会引发机器人相互干扰。例如，他们找到了第 1 章所述的典型的群体性能曲线。Hamann 和 Wörn[175]报告了一种基于信息素的觅食行为的空间模型。

Sugawara 和 Sno[369]与 Sugawara 等人[368]的报告可能是最早的有关机器人觅食的研究工作。他们报告了用五台机器人进行的成功试验，并发现合作是有效的。

Mayet 等人[259]报告了一种基于紫外线和发光涂料的模拟蚂蚁觅食时使用信息素的方法（见图 4.10）。他们使用的是扩展的 e-puck 机器人。机器人可以通过点亮紫外线 LED 在地面上“画出”轨迹，然后通过视觉探测到这些轨迹。该方法还包括一个模拟指南针的灯光信标。

图 4.10　Mayet 等人用紫外线和发光涂料模拟信息素[259]（请注意，右图是人为设计的）

Nouyan 等人的上述方法[295]是群体机器人领域最复杂的实验之一。机器人形成链条，搜索物体，一旦发现物体，它们将其沿机器人链条集体运送回基站。

据报告，群体机器人领域所报告的最复杂的觅食行为可能是 Dorigo 等人[98]所做的实验。这项研究主要是在研究异构群体机器人的 Swarmanoid 项目中进行的。“眼睛机器人”（四旋翼式）、“手机器人”（带夹钳的机器人）和“脚机器人”（类似于 s-bot 式）合作从架子上取一本书。它们首先必须找到书，这是通过“眼睛机器人”完成，随后它们组成一条由“脚机器人”构成的接力站线路，集体将一个“手机器人”运送到书架上，最后由“手机器人”取出这本书。

4.9 分工和任务：任务划分/分配/切换

在群体中适当地划分和分配工作是一项重要且困难的挑战，是群体机器人技术的一个方面，具有很多算法特征。分工意味着工作是有组织的，不是每个人都在做同样的工作，因此需要在工作者之间有效地分配工作。任务划分是确定如何划分工作（任务）的问题。当然，它们应该是自成一体的，每项任务都应该有类似的要求和类似的工作量。任务分配就是向机器人分配任务的问题，希望能以一种有效的方式进行分配。任务划分和任务分配都可以离线（在部署系统之前）和在线（在运行时）完成。离线方法较为简单，但在线方法可以适应动态变化。如果任务分配是动态的，那么就需要有切换任务的策略。人们希望避免频繁切换，因为每次切换都可能带来一定的开销。

再一次将目光投向生物（特别是社会性昆虫）的角色模型是很有用的。Ratnieks 和 Anderson[323]将劳动力分工定义为在群体执行的一系列任务中对劳动力的划分，而任务划分则是工作者之间对一个离散的任务的划分。

在他们的论文中，Ratnieks 和 Anderson[323]以蚂蚁、蜜蜂、黄蜂和白蚁为例，回顾了昆虫社会中的任务划分。他们说，任务划分带来的好处要么是提高了个体性能，要么是增强了整个系统（例如，任务划分本身消除了影响任务性能的约束条件，如一个采集者即可以为多个建设者收集足够的材料）。

Anderson 等人[8]以桶队为例研究了昆虫社会中的任务划分。

Gordon[149]报告了关于社会性昆虫任务分配的早期研究。她确定了任务分配的内部因素（如身体大小）和外部因素（如已收集的花蜜数量、执行任务的个体数量）。分配任务的必要条件是“反映执行任务的个体数量和任务完成程度的局部线索”[149]。

Karsai 和 Schmickl[208]报告了一个有趣的任务划分模型。根据 Gordon[149]的描述，如何基于局部线索获取对任务进度的了解的问题在这里由“共同胃”的概念所回答。Karsai 和 Schmickl[208]研究了社会性黄蜂的巢穴建设。一群能在作物中储存水的多面手黄蜂形成了一个“共同胃”。这样，“共同胃”不仅可以储存水，而且还可以作为了解当前任务分配情况的信息中心。一系列的正、负反馈都以“共同胃”为基础，调节任务划分过程。

Zahadat 等人[433]与 Zahadat 和 Schmickl[435]认为，由蜜蜂生理年龄决定的众所周知的任务分配是一种启发。他们的工作重点是根据关于其任务当前招募需求的局部信息，调整机器人的生理年龄。该方法在 AUV 群体（自主水下航行器）中进行了测试，其任务是在不同深度进行监测。

生物系统讲得够多了，我们现在来看一下多机器人和机器人群体系统。Nair等人[292]研究了机器人世界杯救援仿真领域中的任务分配。这种方法是基于拍卖系统的分布式方法。需要进行全交换通信，因此系统不能扩展。

Lemaire 等人[232]讨论了多无人机系统（无人飞行器系统）中的任务分配。该架构是完全分布式的，任务也在拍卖过程中进行分配。这样避免了集中规划，但系统是通过令牌流通实现同步的，并且需要进行全交换通信。该方法仅在模拟中得到验证。

Kanakia[206]提出了一种基于响应阈值法进行任务分配的方法。重点是只允许局部信息和进行局部通信。理论结果可以证明系统是收敛的。Kanakia[206]利用博弈理论，特别是所谓的全局博弈："全局博弈可以被看作是通过扰动来选择均衡的一个特例"[64]。"全局博弈"的理念是重点关注"信息不完整的战略环境"。全局博弈伴随着承诺或不承诺的基本问题。一个有趣的例子是银行挤兑（见图 4.11），即到底是否在发生危机时从银行提款的问题[146]。Kanakia[206]研究了类似"拔棍子"任务分配问题的场景（见 4.6 节），宏观建模包括主方程法，并且还使用 Droplet 群体机器人对物理试验结果进行验证（见 Farrow 等人[116]和 2.5.5 节）。

图 4.11　银行挤兑的例子，一群人在已关闭的美国联合银行门前，纽约市，1932 年 4 月 26 日（公共域）

Brutschy等人[58]提出了一种在顺序相互依赖的任务中进行任务分配的方法。机器人测量从完成它们的任务到必须等待另一个子任务完成之间的延迟时间。它们利用这一局部线索来决定任务的切换。该方法依赖于这些被测量的延迟和概率性的任务切换行为。其结果在仿真模拟中得到验证。

Pini等人[309]提出了一种基于机器学习的任务划分方法。他们考虑了任务划分的问题，特别是在运行时决定是否使用任务划分的问题。他们应用了多臂老虎机（多臂强盗）问题中的著名方法。所考察的机器人群体必须将物体从A运送到B，并且机器人可以选择使用存储器C（见图4.12）。因此，机器人可以完全不划分任务，直接将物体从A运送到B，或者机器人也可以决定划分任务，只从将物体A运送到C或从C到B。机器人事先并不知道这三种方案的成本。因此，它们必须在执行任务时在线探索和估算成本。这直接对应多臂老虎机问题中的典型挑战。赌徒可以选择玩任何一台老虎机，但最初并不知道哪一台的平均利润最大。赌徒，或者我们的问题中为机器人，必须探索不同的选项（探索），估算潜在的概率密度，并选择哪种方案（利用）。此外，成本或回报可能是动态的，也就是说，需要不时地对每一种方案进行探索。Pini等人[309]直接将机器学习的方法应用于群体机器人。机器人之间没有通信，而且他们在模拟中验证其方法。

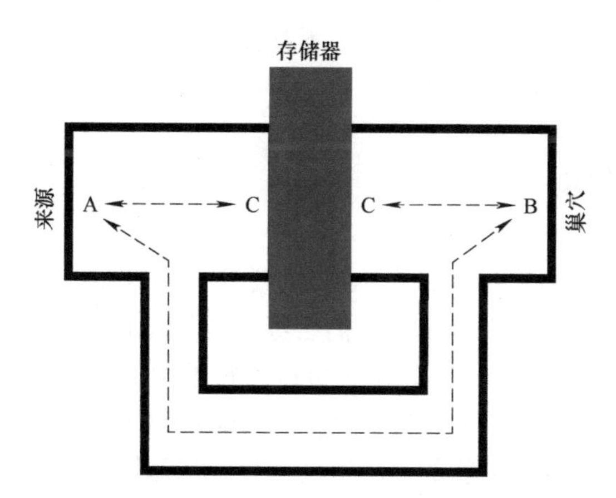

图4.12 Pini等人[309]描述的任务划分场景。机器人可以决定不进行任务划分，直接将物体从A运送到B，或者机器人可以决定进行任务划分，只将物体从A运送到C，或从C运送到B

Khaluf等人[215]提出了一种在群体机器人技术中用带软期限进行任务分配和任务切换的具体方法。软期限是指应当遵守的期限，但如果不遵守，结果的质量只会下降，但不会造成灾难性后果。这种方法是概率性和离线的，即每个机器人都配备了一个所谓的决策矩阵，定义了在运行时切换任务的概率。该矩阵在运行时不会改变，而是预先计算并离线优化。该系统仍然能够适应群体规模的变化，例如在机器人故障的情况下。机器人之间没有通信，结果在仿真模拟中得到验证。

Ferrante 等人[119]在机器人群体中使用进化算法进化表现出专业化的行为，即任务划分。他们研究了一种受切叶蚁启发、具有任务划分潜力的方案。蚂蚁可以将工作分为两项：①将树叶从树上丢下去；②将树叶运往巢穴。在什么时候做什么和实际的任务划分都不是预先确定的。尽管如此，Ferrante 等人[119]还是在系统中观察到了一种自组织的、涌现的任务划分现象。

4.10 放牧

对于群体机器人而言，放牧行为是很有趣的，因为它们往往需要不止一个放牧机器人，放牧机器人的行为是相互依赖的，而且多机器人的方法也不仅仅是将这种单个机器人也能完成的任务并行化。舒尔茨等人[351]有一项早期工作，使用遗传算法学习放牧行为。Potter 等人[314]报告了类似的方法，侧重于异构性的方法和出现专业人员。更进一步但遵循类似路线的是 Gomes 等人[147]的研究。他们研究了一种共同进化的方法，采用了一种特殊技术合并和分割群体。

放牧机器人群体的物理实现似乎还不存在。悉尼大学澳大利亚野外机器人技术中心开发的“Swagbot”可以放牛。⊖

4.11 异构群体

在第 1 章中，我们按照 Beni 等人[37]的说法，将机器人群体定义为（准）同构系统。然而，在最近的工作中，人们已经研究了使用异构机器人群体的优势。例如，Arkin 和 Egerstedt[14]总体讨论了机器人技术中的异构性，指出了一个似乎尚未充分研究的小众领域，并将其称为“slowbots（慢速机器人）”。正如我们在动物世界中看到的那样，动物的运动速度各异，从超快到超慢都有，我们可能想到在机器人领域也存在类似的多样性。Dorigo 等人[98]提及的 Swarmanoid 项目利用“眼睛机器人”“手机器人”和“脚机器人”对群体机器人技术中的异构硬件进行了明确的研究。特别是，将飞行机器人和地面机器人结合起来似乎是一种有利的办法，例如，利用四旋翼机器人的视觉概况来指导地面上的轮式机器人。这

⊖ https：//spectrum. ieee. org/automaton/robotics/industrial-robots/swagbot-to-herd-cattle-onaustralian-ranches。

种方式仍然使用局部信息，并且系统可以扩大规模，但每个机器人都可以获得更多的信息。Kengyel 等人[209]研究了软件异构性（即机器人的硬件是同构性的，但控制软件不同）在一项受蜜蜂行为启发的聚集任务中的影响。他们使用演化算法将适当数量的预先定义的机器人类型结合起来。Prorok 等人[319]研究了在任务分配问题中机器人群体的多样性对其性能的影响，其中每项任务对从事该任务的机器人都有不同的要求。他们界定了一个叫作“特征种”的多样性指标，以量化异构性差异。在更早的工作中，Balch[25]定义了一种称为“等级社会熵”的异构性度量。它考虑了群体中属于同类的比例以及不同类型之间的差异。Twu 等人[390]对异构性的另一种衡量标准强调，异构性基本上取决于两个组成部分：复杂性和差异性。复杂性描述了差异的总数。例如，如果没有两台机器人是同一类的，那么复杂性就很高。差异性描述了机器人之间的总体差异被最大化的程度。例如，如果只有两组机器人，但都处于“多样性尺度”的对立的极端，那么差异性就很高。延伸阅读，见参考文献 [105, 178, 245, 258]。

4.12 混合社会和生物混合系统

群体机器技术背景下的混合社会和生物混合系统是由机器人和生物体相互作用的系统。尽管这可能看起来很可怕，会让人联想到科幻小说中的半机械人（cyhborg），但实际上它们在未来可能会被证明是有用的。例如，如果机器人被用来控制昆虫群，这就为害虫控制提供了全新的选择。此外，机器人和生物体之间的共生也是可能的，可以获得将两个世界结合在一个系统中的最佳效果。

最突出的例子可能是 Caprari 等人[63]和 Halloy 等人[163]关于蟑螂和机器人混合社会的工作。在称为“Leurre”的项目中，他们开发了一种小型、简单的移动机器人，称为“Insbot”，能够与蟑螂进行有效的互动（见图 4.13）。尽管人们可能认为这样的机器人一定很难被蟑螂接受为同伴，但 Halloy 等人[163]成功地做到了这一点。这似乎不需要太多东西，因为机器人只是披着一种浸有蟑螂气味的吸墨纸。机器人在这个混合社会中的任务是对蟑螂施加社会影响。这个小社会被安置在场地上，场地上有两个不同大小的遮蔽物。正常情况下，蟑螂选择所有蟑螂都能在其下面活动的遮蔽物。然而，机器人被设计用来尝试使蟑螂相信在另一个遮蔽物下聚集更加可取，而且他们成功了。da Silva Guerra 等人[82]使用机器人和蟋蟀进行了类似的研究。

在“小鸡机器人”项目中，Gribovskiy 等人[152]开发了一种能够与小鸡互动的机器人（见图 4.14）。机器人使用的是比较流行的所谓的后代铭印：“在孵化后不久，我们将会移动和发声的机器人呈现给小鸡，它们就会以为机器人是母亲”[152]。

图4.13 由蟑螂和“Insbot”机器人组成的生物混合系统[357]

图4.14 Gribovskiy 等人开发的“小鸡机器人”项目[152]（José Halloy 摄，许可使用）

另一个完全关注生物混合系统的研究项目是 ASSISI$|_{bf}$（见图4.15）。研究人员研究了两种不同的设置，一种是多台固定式机器人和蜜蜂[249]，另一种是移动机器人和斑马鱼[51]。思路是在机器人和动物之间建立一种沟通的形式（即项目名称）。此外，机器人还应以用户定义的方式影响动物。

在 flora robotica 项目中，形成了机器人与天然植物组成的生物混合系统[121,167,174]。机器人处于静止状态，通过由明亮的 LED 的蓝光控制植物的生长方向（见图4.16）。其思路是在建筑学的应用中使用这一概念。例如，生物混合的 flora robotica 系统可以自主种植绿色植物墙、屋顶，未来甚至可以是房屋。

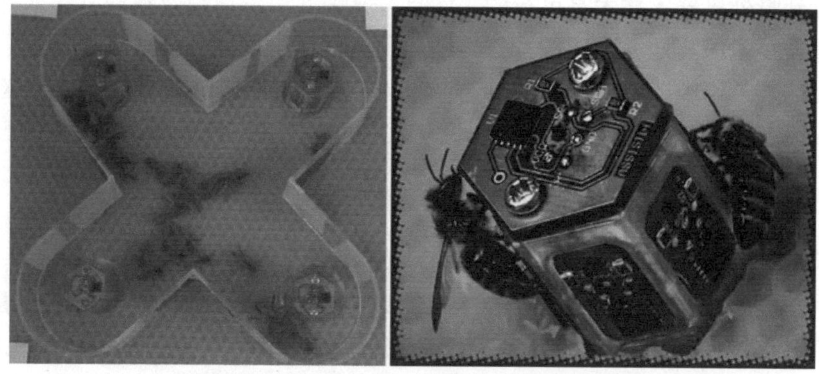

图 4.15　ASSISI|$_{bf}$项目中由相互交互的机器人和蜜蜂构成的生物混合系统
这些机器人由萨格勒布大学电气工程与计算学院（FER）开发
（格拉茨大学卡尔-弗兰森人工生命实验室 Thomas Schmickl 摄）

图 4.16　由 Hamann 等人[167]开发的生物混合 flora robotica 机器人和自然植物系统

4.13　群体机器人技术 2.0

对于群体机器人技术，还有一种“第二波”工作。蜂群机器人研究需要走出实验室，进入现实世界的应用。群体机器人技术从以室内和实验室为基础的研究过渡到野外机器人技术是可行的，而且方兴未艾。以前被忽视或甚至忽略的群体机器人技术的其他方面包括：鲁棒性问题，如错误检测和一般安全问题，以及对人类的心理影响（见1.6节）。群体机器人技术的其他新概念包括：Kim和Follmer[217]使用的触觉接口/显示（见4.13.2节），以及Mcevoy和Correll[260]的"机器人材料"方法。

4.13.1 错误检测和安全性

由于高度的冗余性，机器人群体的鲁棒性已经很强了。然而，仔细一看，冗余性只是鲁棒性的一种潜力。鲁棒性要求的不仅是替换那些完全失效的机器人。例如，如果一个机器人并不是完全损坏，而是由于仍在部分运行而实际造成问题，将会发生什么情况。这类机器人可能会导致错误和损坏，因为其他功能齐全的机器人可能会对其故障行为做出不恰当的反应。在某个假设情况下，一台有问题的机器人可能会在某个地点堆积大量的信息素，将许多机器人引向无关的位置。因此，有必要检测错误并忽略掉有问题的机器人。关于安全问题，我们也可以设想破坏者用机器人渗透到群体中的情况。该机器人可能设法被接受为同伴，并可能开始表现得很奇怪。

Christensen等人[71]通过让所有机器人按照萤火虫算法进行同步，解决了检测故障行为的问题。机器人应该同步闪光。在他们的"故障检测方案中，周期性闪光起到心跳机制的作用"[71]。如果一台有故障的机器人不能正常同步，就可以被检测出来。他们在机器人实验中表明，"机器人能够通过检测未闪光的机器人来检测故障并做出应对"[71]。即使有多个故障，机器人群体也能保持较高的鲁棒性，并且机器人群体具有自我维修能力，能够承受相对较高的故障率。

而Tarapore等人[374]报告了一种更为复杂的方法。该方法受免疫系统[65]的启发并有交叉调节模型[375]。交叉调节模型必须在线学习什么是正常行为，什么是异常行为。机器人使用特征向量来描述观察到的行为，并与它们的邻居分享。最后，机器人用投票的方式巩固模型并确定有问题的机器人。

在一篇理论性颇强的论文中，Ferrer[120]讨论了对机器人群体使用区块链方法的方案。基于点对点网络的去中心化方法可以推广到群体机器人技术中，例如，通过分析区块链来检测入侵者。然而，目前尚不清楚如何通过标准的机器人群体硬件满足这类资源密集型要求（计算能力和内存），或者如何降低这些要求。区块链的替代方案可以是任何加密和签名消息的标准技术。与所需资源相比，区块链的附加值相当值得怀疑。

4.13.2　连接机器人和作为界面的机器人

与“机器人材料”概念相关的群体机器人的新概念[260]是“无处不在的机器人界面”[217]。机器人群体向用户显示信息（例如，集体运动指向物体或作为计时器运行），但也可以操纵（例如，将物体推来推去）和感知（例如，它们的位置和周围的物体）。一个新的方面是用户互动，允许用户在机器人周围移动并将其用作输入装置。Kim 和 Follmer[217] 使用 10 个小型差动驱动机器人（直径 26mm）展示了他们的方法。该群体能够执行标准行为，如聚集、分散、盘旋、随机运动和成群。定位是由基于 DLP 投影仪的中央系统来实现的，该投影仪可产生灰色代码模式。作为机器人界面的机器人群体可能是有前途的，但它们需要去中心化，可能要更小，还要可靠性高才能使用。

更常见的问题是如何创建一个界面，使人类主管能够有效地与机器人群体互动（另一种人为因素，参见 1.6 节）。最近有许多关于这个问题的出版物，表明人类与机器人群体互动的新领域方兴未艾，万众瞩目。

Kolling 等人[219]在一份调查报告中对此进行了概述。其中讨论了一些基本方面，例如与群体的远程交互、近距离交互（主管与群体在一起，机器人可以感知主管）、可视化、控制、自动化水平和子群体的组织。其中大多超出了本书的范围，但应提及一些实例论文。许多作者讨论了不同的近距离交互方式，例如 Nagi 等人[291]和 Monajjemi 等人[284]针对无人飞行器（UAV）利用手势控制机器人群体。Mondada 等人[287]提出使用脑电图信号，也就是说，基本上准备了大脑控制机器人群体的科幻梦想。Pourmehr 等人[315]使用面部识别和语音命令对机器人群体进行控制。Harriott 等人[179]确定人与群体的互动指标，例如微观层面的运动和宏观层面的运动之间的重要区别。

4.13.3　作为野外机器人技术的群体机器人技术

Duarte 等人[103]讨论了有关群体机器人技术的一个重要问题（另见 Duarte 等人[104]）：

尽管群体机器人技术在显示世界的任务中很有潜力，但到目前为止，还没有在受控的实验室条件之外进行群体行为的演示［……］事实上，所有真实的机器人实验都是在受控实验室环境中进行的。

Duarte 等人[103]自己报告了这一规则的第一个例外情况：一个由 10 个水上机器人组成的群体。该机器人是一艘差速驱动单体船。机载控制器在一台树莓派 2 上运行。机器人装备有 IEEE 802.11g WiFi、GPS 和指南针。已报告的实验包括归巢（导航至航路点）、分散、聚集和区域监测。

第二个户外群体机器人实验也是在水中进行的，这可能不仅仅是巧合（参考本章开始时 Frank Schätzing 的一段话；也许我们仍然低估了海洋的重要性）。在欧洲资助的“subCULTron”[⊖]项目中，研究人员开发了由机器人（自主水下航行器（AUV））组成的水下群体（培养物）。最后的演示将在威尼斯的潟湖进行，有三种类型的机器人组成的异构机器人群体，总共有几十个机器人。主要任务是监测。关于一些早期印象，见图 4.17。

图 4.17　威尼斯潟湖“subCULTron”项目内的工作。这些机器人由萨格勒布大学 FER 和 SSSA（Scuola Superiore Sant'Anna）开发（照片由格拉茨大学人工生命实验室 Thomas Schmickl 拍摄）

⊖ http：//www. subcultron. eu/.

另一个例子是 Trianni 等人[385]的“群体机器人技术农业应用”（SAGA）项目。此外，该项目还提到了“走出实验室”的模因：“群体机器人研究仍然局限于实验室，目前在野外没有应用。”另外，SAGA 项目并不研究陆地上的机器人，而是空中机器人。一组四旋翼飞行机器人应该有助于控制杂草，如检测杂草和测绘受影响的区域。四旋翼飞行机器人在相对较低的高度飞行，对地面上的植物进行视觉检查。机器人使用全球定位系统和机载视觉。主要挑战是如何进行有效的在线任务分配。

这些群体机器人技术的应用是在水上和空中，而非陆上，原因可能在于机器人在水/空中的可靠控制比在陆上容易。轮式或有腿的机器人可能被卡住、摔倒，并损坏自身或障碍物。群体机器人技术面临与通用机器人技术相同的挑战。为了创造出可靠的机器人，通常需要大量的传感器（摄像头、激光扫描器、雷达）和计算能力。对于群体机器人而言，复杂的传感器太大、太重也太昂贵。基本上，这意味着我们仍然无法制造出任何哪怕与昆虫的能力相比也相距甚远的机器人。然而，如果昆虫能够控制自己的腿并进行稳健的导航，那么工程师们也将有一天能够在类似的尺寸上实现同样的目标。我们应该接受这一挑战。

4.14　延伸阅读

Brambilla 等人[54]和 Bayindir[32]的评论文章基本上介绍了群体机器人技术的不同场景。Floreano 和 Mattiussi[122]简要介绍了集体系统，包括可重构机器人技术和共同进化系统。

4.15　任务

4.15.1　任务：机器人群体的行为

使用 20 台随机分布的机器人对机器人场地进行初始化。所有机器人都应由同一控制器的实例操作（即相同控制器的副本）。

1）对一个行为进行编程，使机器人在接近另一个机器人时停下来。为此，你的模拟机器人需要有检测近距离机器人的传感器。可能你也可以根据机器人之间的距离来伪造这样一个传感器，以保持模拟的简单。

2）扩展你的程序，根据定义的等待时间限制机器人停止的时间。当机器人醒来并再次移动时，它可能会立即再次停止，这取决于你的实现情况。然而，我们的想法是机器人在再次停下来之前至少留下小的集群。想一想实现这种行为的策略，并相应地修改程序。

3）调整你所实现的行为和参数，使机器人最终聚集在一个大的集群中，机器人会不时离开，但很快就会重新加入。

第5章 群体系统建模及形式化的设计方法

那个相对简单的算法就是我的模型的工作原理，当共识主动性智能体达到群体规模时，它就表现出复杂的狩猎行为。

——Daniel Suarez，《云端杀机》

Leon和我可以尝试用电子方式为它们的群体建模。我们可以赋予它们各种特性，看看它们需要多长时间才能像大脑一样行动。

——Frank Schätzing，《群》

摘要 我们了解对群体机器人系统建模的原因和方式，以及设计方法能有多复杂。

引入建模的动机是为了对群体机器人技术进行降维处理。然后，我们从讨论局部取样开始，这是一个群体机器人技术处理局部信息时面临的挑战。局部样本对整个群体来说并不具有代表性，因此我们需要一种方法来处理不可靠的局部信息。我们对一些在群体机器人中经常应用的建模方法进行介绍，如速率方程和基于常微分方程和偏微分方程的空间模型。我们还对网络模型以及使用机器人群体作为生物学模型的有趣选择进行讨论。

在第二部分中，我们转向从多尺度建模开始的形式化的设计方法。本书讨论了软件工程方法和验证技术，还探讨了所谓“全局到局部”的编程概念。

5.1 建模简介

5.1.1 什么是建模

总体而言，建模是科学方法的重要组成部分。系统建模通常有三个目标：抽象化、简化和形式化。抽象化指的是有意省略建模系统的部分内容。简化是指将建模系统转换成更简单的系统，使其更容易理解。形式化是指通过形式化的系统来描述建模系统，从而通过逻辑和数学方法获取新的见解。通过形式化推导的方式获得对被研究系统的新见解是很重要的，因为可以说一半的科学进步是这样取得的（参考《科学史》，如 Paul Dirac 对中微子的预测等）。另一半则是通过纯粹的创造性方法，即首先获得对系统的深入（可能是非形式化的）了解而取得的(例如 Werner Heisenbergs 创立的矩阵力学等)。

为什么对群体机器人技术来说群体系统建模非常重要？问题是群体机器人系统由许多实体组成，因此维度较高。例如，假设二维空间中有一个大小为 N 的群体。则智能体 $i \in \{1,2,\cdots,N\}$ 的位置 $\boldsymbol{x}_i \in \mathcal{R}^2$，$\boldsymbol{x}_i = (x_i^1, x_i^2)$，速度 $\boldsymbol{v}_i \in \mathcal{R}^2$，$\boldsymbol{v}_i = (v_i^1, v_i^2)$ 含智能体的运动方向，以及离散状态 $s_i \in \mathcal{IN}_0$。现在，我们可以将系统的任意位形定义为

$$\boldsymbol{\gamma} = (\boldsymbol{x}_1, \boldsymbol{x}_2, \cdots, \boldsymbol{x}_N, \boldsymbol{v}_1, \boldsymbol{v}_2, \cdots, \boldsymbol{v}_N, s_1, s_2, \cdots, s_N) \tag{5.1}$$

其还定义了位形空间 Γ, $\boldsymbol{\gamma} \in \Gamma$。该空间的维度 $\dim(\Gamma) = 2N + 2N + N = 5N$。对于大小 $N = 1000$ 的大型机器人群体，我们得到了一个巨大的 5000 维空间。除了运行模拟仿真，还没有好的方法可以理解这样一个大型系统是如何工作的。模拟仿真实际上可以跟踪所有 $5N$ 维，在每个时间步长中更新每个变量（在仿真中我们使用离散时间），甚至可以将系统可视化。这样我们就可以观察到配置（或轨迹）的序列 $\boldsymbol{\gamma}_t, \boldsymbol{\gamma}_{t+1}, \boldsymbol{\gamma}_{t+2}, \cdots$ 然而，对于特定的初始化 $\boldsymbol{\gamma}_0$，我们每次只能观察到一个序列。我们理想中需要的是了解系统在任何设置下一般是如何运行的。因此，很明显我们需要通过建模的方法，即通过抽象化和简化来降低系统的高维度。我们需要省略系统的某些部分，以获得不同的位形定义，比如说 φ，较小的位形空间 $\varphi \in \Phi$。我们希望 $\dim(\Phi) \ll \dim(\Gamma)$。例如，我们可以尝试找到映射 f，将实际的位形 $\boldsymbol{\gamma}$ 映射到降低后的位形 φ：

$$f: \Gamma \mapsto \Phi \tag{5.2}$$

映射 f 实现了抽象，这已经是我们建模方法的一部分。

现在我们假设一个离散时间模型。那么我们可以将两条更新规则定义为映射 $g: \Gamma \mapsto \Gamma$ 代表真实系统，而 $h: \Phi \mapsto \Phi$ 代表模型。它们决定了系统的时间发展方式。对于时间步长 t 的给定位形 $\boldsymbol{\gamma}_t$，我们通过 $g(\boldsymbol{\gamma}_t) = \boldsymbol{\gamma}_{t+1}$ 确定下一个时间步长 $t+1$ 的位形，对于 h 也类似。现在可以将所有事情整合在一起，如图 5.1 所示。实际系统的时间变化直接由映射 g 决定。如果已知位形 $\boldsymbol{\gamma}_t$，求模型所预测的位形，那么应首先用 f 将 $\boldsymbol{\gamma}_t$ 映射到模型空间 Φ 得到 φ_t，然后应用更新规则 h 得到 Φ_{t+1}。现在我们可以通过将 f 再一次应用到 $\boldsymbol{\gamma}_{t+1}$ 来比较位形 $\boldsymbol{\gamma}_{t+1}$ 和 φ_{t+1}。我们希望能有

$$h(f(\gamma_t)) \stackrel{!}{=} f(g(\gamma_t)) \tag{5.3}$$

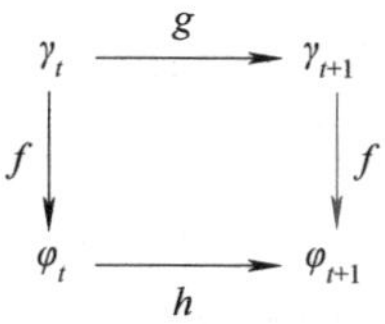

$$\begin{array}{ccc} \gamma_t & \xrightarrow{g} & \gamma_{t+1} \\ f\downarrow & & \downarrow f \\ \varphi_t & \xrightarrow[h]{} & \varphi_{t+1} \end{array}$$

图5.1　建模代表了一系列的映射，式（5.3）中给出的要求应该成立

即应仔细选择由f实现建模抽象的方式，确保模型更新规则h能够预测下一个时间步长的正确模型位形。还应注意，可尝试定义一个逆映射$f^{-1}: \Phi \mapsto \Gamma$，它可以逆向模型抽象，并从模型位形$\varphi$重新创建真实系统的位形$\gamma$。然而，通常$f^{-1}$不能有效地进行定义，因为$f$是满射的，也就是说，我们可以有$\gamma_1 \in \Gamma$和$\gamma_2 \in \Gamma$，而$\gamma_1 \neq \gamma_2$，$f(\gamma_1) = f(\gamma_2)$。通过考虑可能的极端抽象$f$，将高维系统简化为低维模型，这也很容易接受。很明显，我们需要丢弃很多细节来实现这一点。一旦试图逆向抽象，就要在不知之前省略哪些细节的情况下添加各种细节。对于逆映射f^{-1}，这意味着它一般只能为模型位形φ定义一个任意的代表γ。

5.1.2　在群体机器人技术中为什么需要模型

群体机器人技术中建模的主要目的是降维。我们需要抽象出微观的细节，以检测系统中的关键特征和一般运行原理。Schweitzer[354]对此也有很好的说明：

> 为了深入了解微观互动和宏观特征之间的相互作用，需要找到一个描述的层次，一方面考虑到系统的具体特征，适合反映新品质的产生，但另一方面又不被微观细节所淹没……然而，由于为特定应用而发明的各种模型的多样性，一个普遍接收的、可进行分析研究的智能体系统理论仍有待建立。

他还指出了一个问题，即我们还没有一种适用于任何情景的通用模型方法。相反，许多不同的模型已被开发出来，应用于不同设置的群体机器人系统。

通过抽象化微观细节来应对“微观洪水”的方法，原则上可以通过机器学习和统计方法简单粗暴地自动完成。可选择的方法是主成分分析或特征提取。然而，经验表明，这些方法并不具有建设性。它们降低了维度，但所得到的降维位形空间Φ一般来说没有解释力，也没有意义。

我们需要的降维位形空间Φ应当仍然包含且代表建模系统的关键特征。关键特征是什么则取决于各自的应用。例如，在集体决策体系中，当前谁赞成哪个选项当然是关键特征，但智能体的位置就可能不太相关。在聚合情景中，各智能体之间的距离是关键特征，但其内部状态就可能不太重要。通常，我们选择是否要对时间和/或空间进行建模。如果我们选择表示系统的时间过程，即模型随时间变化，那么可以选择离散或连续时间模型。如果我们选择表示智能体的位置或密度，即空间模型，那么也可以在空间的离散或连续表示之间进行选择。事实证明，许多模型无法通过分析来求解，这意味着必须用计算机对其进行数字求解。如果你是计算机科学家，那么你可能想采取一种实际的立场，认为在这种情况下，我们就应该总是考虑离散模型。然而，连续模型的符号通常是简明扼要的，易于处理。它还可以对模型进行简单的比较，这对于快速确定所提出的两种模型是否不同以及它们之间的差异非常重要。

我们以使用上述符号的简单示例为例。我们考虑的是一种二元的集体决策场景。二元意味着只有两个选项，比如说 A 和 B。此外，我们假设它是一个二维空间系统，而每个智能体 $i \in \{1,2,\cdots,N\}$ 具有代表其当前观点的内部状态 $s_i \in \{A, B\}$ 。位形空间的维度 Γ 为 $\dim(\Gamma) = 2N + 2N + N = 5N$ 。我们通过映射来定义极端模型抽象

$$f(\gamma) = \frac{|\{s_i \mid s_i = A\}|}{N} = \frac{[\text{选择选项 } A \text{ 的智能体的数量}]}{N} = \varphi \tag{5.4}$$

此处 φ 代表关键特征，即决策过程。模型的维度为 $\dim(\Phi) = 1$ 。我们将 $5N$ 维系统的维度降低到了 1 维。现在需要询问的重要问题是：模型的更新规则 $(h(\varphi_t) = \varphi_{t+1})$ 是什么样子？这个问题并非微不足道，将在以后讨论。

5.2 局部取样

在为群体机器人设计和编程控制器时，我们面临着一个共同的挑战，那就是缺乏信息。在许多情况下，了解全局情况是很有帮助的，例如群体的大小或当前最大的机器人集群的位置。然而，单台机器人只具有局部感知能力，且只能通过与邻居沟通收集一点信息。事实证明，在某些情况下，能力更强的智能体也面临类似的挑战。例如，每个曾经在国外城市迷路的人都知道：只知道两条相邻街道的名称，但没有城市地图，这些信息的作用就很有限。实际上，在更大的范围内，人类社会在 16 世纪也遇到了类似的问题，当时人们试图将地球与周围的恒星和行星联系起来进行定位。一个经常重复出现问题的例子是预测投票的结果。对所有潜在选民进行调查将是非常昂贵的，因此只能对民意的一个小的子集进行调查。而如何有效地选择子集则是一个科学问题。市场研究中也有类似的挑战，例如，需要预测某种产品的客户数量，当然也不需要询问每一个潜在客户。

在定位时推断“全局”是机器人技术的一个标准问题。一种常用的方法被称为 SLAM（同步定位与建图），在机器人进行自身定位的同时生成全局地图。另一个例子是，在机器人世界杯足球赛中对球进行定位的重要任务。机器人球队通过分享每一台机器人的局部感知能力来合作。然后将局部图像合并为全局图像，以便对球的实际位置（多机器人传感器融合）做出准确的估计。在机器人世界杯中，这通常是由广播系统完成的，也就是无关范围的全局通信。

在群体机器人技术中，唯一的选择是进行局部取样，且只能与邻居共享信息，而不能与群体内的所有机器人共享信息。实际上，单个机器人通常依赖于自身能够收集的信息，而不需要通过通信获取更多信息。一个例子是“环境激发效应”，例如，基于信息素线索进行导航。智能体只知道局部的信息素浓度，该浓度值确定了方向，并携带了要去哪里的信息。另一个例子是成群行动时的对齐规则，其中单个机器人要检查邻居的方向并与它们对齐。这一过程的基本假设是，根据邻居的局部样本能够很好地估计群体的主要运动方向。为什么这样假设是有用的，以及它为什么并不总是以群体解散这样的灾难而告终是不简单的。

支持这些局部取样过程有效性的关键要素是自组织。例如，行人流中秩序的出现。尽管大多数行人最有可能被其他想法占据，而不是如何有效地组织人流，但经常会形成两股行进方向相同的行人流。此处的局部取样是指检测前方人员走动的方向。如果有人是按你的方向走，你就跟着走，如果这个人正在接近你，那么你就往一侧走。基于这些简单的局部规则形成有序的行人流是一种涌现的效果。

5.2.1　统计学中的取样

取样当然是一个在统计学中被明确定义的过程。首先，我们定义统计群体，即潜在测量值的集合。取样是指从此类统计群体中选出一个元素子集。不同类型的取样是已知的。在非概率取样中，群体中的某些元素没有机会被选中。在群集取样中，以组为单位选择元素。例如，某街道上的所有家庭都被选中，或者某所学校的某班学生被选中。在意外取样中，被选中的元素是“近在咫尺”的。例如，当在街道进行调查时，调查员无意中碰到的人并不是被特别选中的，他们仅是近在咫尺。很明显，确定一个衡量标准来定义取样的质量是非常有用的。取样最重要的质量是代表性。如果所选的子群体具有与全部群体“相似的属性”，则该样本具有代表性。对“类似”的定义在这里是至关重要的、绝不简单的，并且取决于具体情况下的相关内容。

以“文学文摘灾难”为例，可以说明挑选好的子群体是多么棘手，以及代表性是多么重要。当时的想法是对 1936 年美国总统竞选（阿尔夫·兰登对阵富兰克林·D·罗斯福）的结果进行民意测验。通过邮件和电话对一千万人进行了调查，其中240万人回答。其中60%的人支持阿尔夫·兰登，预测他将获得531张选举人票中的370张（记住，美国的投票制度是罕有的以选举人为基础的）。然而，正如受过教育的读者所知，实际结果却大相径庭。事实证明，兰登仅赢了两个州（佛蒙特州和缅因州，也就是仅8张选举人票）。由于一些事实，取样的代表性并不高。该取样为非概率取样，因为样本来自注册登记的汽车和电话的拥有者，以及杂志（文学文摘）的订阅名单。这些家庭大多是富裕的家庭，是典型的共和党人（兰登）。此外，多数投票人回答了民意测验，表明他们对投票的兴趣高于平均水平。不幸的是，反对罗斯福的选民比支持罗斯福的选民对选举有更强烈的感受，后者倾向于不回答民意测验。

5.2.2 群体的取样

由于群体机器人中的样本必须是局部的，因此这种样本是一种非概率和任意取样。不能选择距离太远的群体成员，而选择邻居是因为它们近在咫尺。因此取样的代表性至少是有待商榷的，存在着一些困难。该机器人可能是某个机器人集群的一部分，而这个集群对群体来说不具代表性。机器人的状态及其邻居的状态可能不是独立的，也就是说，它们可能是相互关联的。这也可能得到机器人行为的支持，机器人行为可能会直接实现这一相关性。最后，群体的密度可能太低，因此样本可能非常小，这样就会带来很大的偏差。

我们从第一个群体机器人取样的简单例子开始，类似于第3章中讨论的情景。假设在某机器人群体中，机器人具有黑色和白色两种状态，而机器人必须估计当前群体中黑、白色机器人在全局中所占的比例。机器人的传感器作用范围有限，这定义了其邻域范围。实例见图5.2。总共有13台黑色机器人（52%）和12台白色机器人（48%）。左上角被考虑的机器人（标有圆点）只能局部取样。它可以检测到4台黑色机器人（66.6%）和2台白色机器人（33.3%，包括自己）。很明显，机器人所测得的估计结果与真实情况不同。然而，在这里机器人还是相对幸运的，估计结果较好。在场地上的其他区域，机器人最终的估计可能更差。

第二个例子则更为复杂。任务是在不对区域进行明确测量的情况下估计区域的大小，因为我们假设这超出了一台群体机器人的能力（即没有激光扫描仪、摄像机等）。如何才能做到这一点呢？一种方法是测量一或两个边的边长，例如以恒定速度沿直线移动并记录时间。然后假设面积为方形或矩形，并相应地进行计算。相关的方法是测量平均自由路径的长度，即两个避撞事件之间的平均时间。

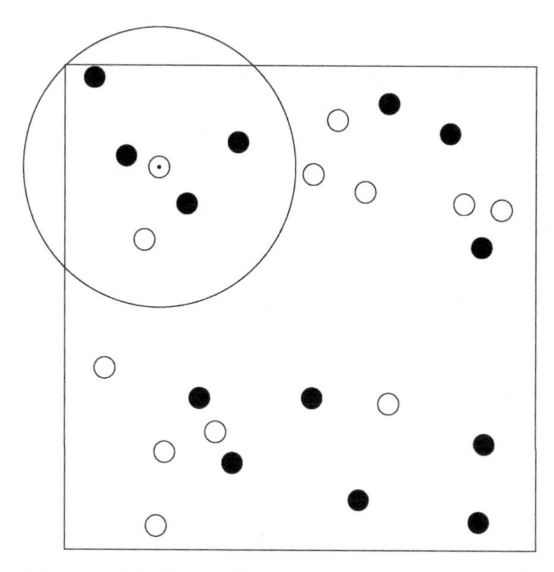

图5.2　在机器人群体中进行局部取样的简单示例

事实证明，自然系统中有关于如何解决这一任务的有趣的例子。对蚂蚁物种 Leptothorax Albpennis 和它们如何寻找巢穴的观察解释了这个事实。有可能这些蚂蚁遵循的程序类似于所谓的蒲丰投针。下文将对如何与估算面积大小相关的内容进行说明。蒲丰投针是一种统计实验。长度为 b 的针被随机丢到平面上，平面上刻有间隔为 s 的平行直线（见图5.3）。我们假设 $b<s$。针与直线相交的概率为 $P=2b/(s\pi)$。我们在此未提供证明过程，但您可以从 Ramaley 的工作[322]中开始补充阅读。

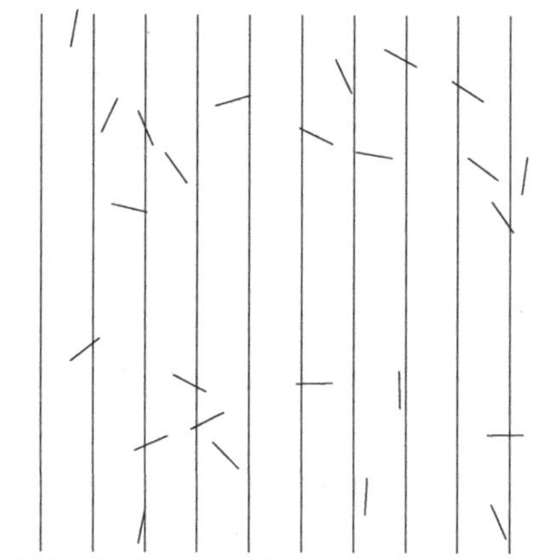

图5.3　蒲丰投针的配置示例。长度 $b=7$，线距 $s=10$，取样14个交叉点和11个非交叉点，得到的概率 $\hat{P}=14/25=0.56$，而根据理论得出 $P=(2\cdot 7)/(10\pi)\approx 0.446$

我们对取样误差感兴趣，这可以解释为取样的代表性。此处的代表性只取决于样本集的大小，因为样本之间没有个体差异（与上述民意测验的例子相反）。首先，我们注意到，投针实验是一种二项式实验：针要么与线相交，要么不相交。其次，我们假设有一个基于有限数量 n 的实验（投针）的估计概率：$\hat{P}$ 。现在，我们用二项式比例置信区间来估算取样误差。二项式分布用正态分布近似表示。如果选择 95% 的置信度，则可得出

1.96 是标准正态分布的适当百分位数（基于表格查询）。图 5.4a 中给出了按照式（5.5）假设正确的 $\hat{P}=0.446$ 在实验次数为 n 的置信区间的上限。好消息是，随着实验次数增加，该区间迅速缩小了。因此，可能仅需要几个样本就可以很好地进行估算。

$$\hat{P} \pm 1.96\sqrt{\frac{1}{n}\hat{P}(1-\hat{P})} \tag{5.5}$$

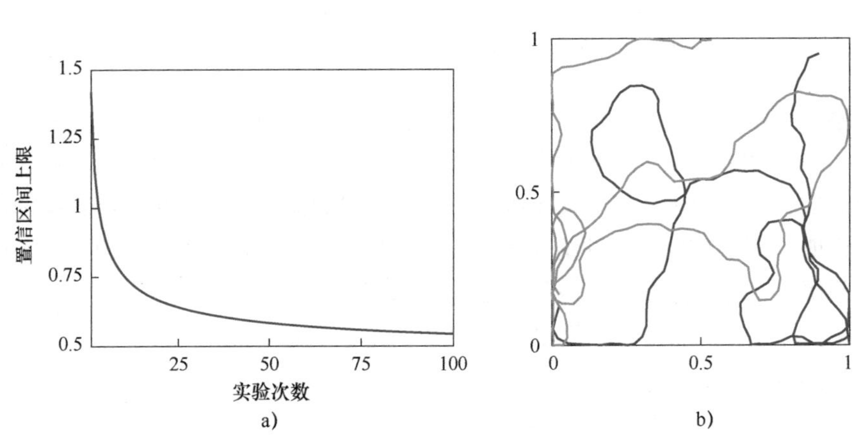

图 5.4　置信区间的上限，式（5.5）和两组路线

a）图 5.4a 中给出了按照式（5.5）假设正确的 $\hat{P}=0.446$ 在实验次数为 n 的置信区间的上限
b）两组路线及其相交点

蚂蚁的行为是通过蒲丰投针问题的变体来描述的，该变体基于随机分散的线条，如图 5.4b 所示。假设有两组线。第一组线的全长为 L_1，第二组的全长 L_2。不同组的线的交叉点数量为 n。两组线所在区域的面积可以估算为

$$A = 2L_1L_2/(n\pi) \tag{5.6}$$

蚂蚁的行为与以下方式相关。当原有的巢穴遭到破坏时，被称为侦察蚁的单只蚂蚁将被派出去对某个区域进行探索，以找到大小合适的可能的筑巢地点。它们更喜欢岩石上的扁平裂缝。对一个可能的筑巢地点至少进行两次访问。第一次

访问时，侦察蚁就部署了一种特殊的信息素，但在第二次访问时则不会。第一次访问的信息素轨迹定义了线集 L_1，而第二次访问的轨迹定义了线集 L_2。

Mallon 和 Franks[247] 报告了大量实验。在其中一次实验中，一个蚁群需要在两个筑巢地点之间选择：一个为“标准大小”，另一个较小的为“标准大小的”八分之五（62.5%）。它们在 15 次选择中 15 次都选择了标准尺寸筑巢地点。

尽管该方法基于单个智能体的行为，而不是多个智能体的团体合作，但它仍然提供了一个很好的例子，说明局部取样是多么强大。蒲丰投针方法不采用高科技和昂贵的传感器，而是基于简单有效的方法。此外，由于不使用特殊硬件进行测量，因此该方法也很灵活。最后，与标准工程设计相比，本方法为自然界非直观问题解决方案提供了一个很好的例子。然而，问题仍然是，如果不知道蚂蚁行为的例子，这种方法如何能被发现和设计出来。

5.3 建模方法

在群体机器人领域，我们仍在寻找合适的通用建模技术。这就是为什么已经发布了许多不同的群体机器人建模方法的原因。没有一种方法能模拟所有典型的群体机器人用例。因此，当你想对一个特定的群体系统建模时必须选择正确的建模技术。使用哪种取决于与群体任务相关的基本系统特性。有时空间可以抽象，但例如在斑图形成中，其又非常重要。以下列出的模型是不完整的，但希望具有代表性。

5.3.1 速率方程

速率方程是一种建模方法，至少在群体机器人技术初期普遍采用。Martinoli[251,252] 和 Lerman[235-239] 发表的速率方程是最重要的早期研究成果。速率方程通常被应用于化学系统模型，特别是化学反应及其反应速率。一个简单的速率方程是 $r = kAB$。这个方程模拟了两种反应物之间的化学反应。化学物种的浓度由 A 和 B 给出。k 为速率系数。假设有化学反应 $A + B \rightarrow C$，那么对于浓度 A、B 和 C，一个常微分方程（ODE）由下式反应速率定义

$$\frac{\mathrm{d}C}{\mathrm{d}t} = kAB \tag{5.7}$$

像这样写出式（5.7）是由所谓的质量作用定律支持的，质量作用定律是一个化学基本定律。然而，这似乎也非常直观，例如，一旦我们把浓度 A 和 B 解释为遇到这些反应物的概率，那么两者的乘积就相当于在某个地点找到它们，这就

导致了反应的发生，而化学反应又以速率 k 发生。

我们想对集体机器人系统进行模拟，而不是进行化学模拟，因此必须对速率方程进行不同方式的解释。我们没有各种化学物种的浓度，而是有处于不同状态的机器人群落。设想用有限状态机对机器人进行编程，那么上述 A 和 B 指的是状态机处于 A 和 B 状态的机器人。我们没有化学反应，而是有由于机器人之间的相互作用而发生的状态转变。机器人状态机中的状态转变可能因为遇到另一台处于某种状态的机器人而被触发。该建模方法是宏观的、概率的和非空间的建模方法，即我们采用的是充分混合的假设。

由于速率方程的基本概念非常简单，因此我们立即从 Lerman 和 Galstyan[236] 的一个小例子开始。他们想要对机器人的觅食行为进行建模（见 4.8 节）。在这种觅食行为中，机器人需要收集冰球，然后将其运回家。机器人必须避开包括其他机器人在内的障碍物，最初它们四处游走寻找冰球。为了方便起见，我们忽略了觅食所需的其他各种行为，如探测冰球、归巢、进入巢穴和逆归巢。我们专注于两种简单状态：搜索冰球和躲避障碍/机器人（见图 5.5）。

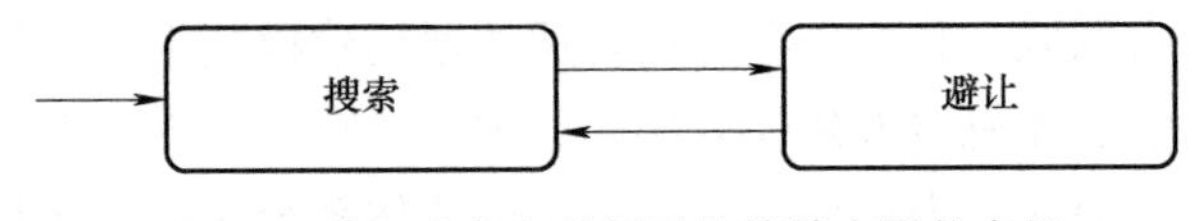

图 5.5　关于速率方程例子的简单有限状态机

为了给这个简化的系统建模，我们把 $N_s(t)$ 定义为在 t 时间处于搜索状态的机器人的数量。$N_a(t)$ 为在 t 时间处于躲避状态的机器人的数量。我们可以安全地假设一个简单的守恒定律。机器人总数保持不变，因此得到：

$$N_s(t) + N_a(t) = N \tag{5.8}$$

此外，我们定义 $M(t)$ 为在 t 时间未收集的冰球数量。我们说 α_r 是探测到另一台机器人的速率系数，而 α_p 是探测到冰球的速率系数。这些比率到底定义了什么，而它们又来自何处？机器人的所有具体属性及其如何探测其他机器人都被编码到 α_r 中，α_p 也类似。显然，这可能相当棘手，但是它可能是（例如）简单的几何因素，例如传感器的开口角度及其范围等。如果我们更换机器人的传感器或更换机器人的平台，那么我们希望能够在模型中反映这一情况。这可以通过这些速率系数来实现。

这还没完，因为我们还需要对时间流进行建模。如果一台搜索机器人探测到障碍物（如另一台机器人或墙），则在一个时间段 τ 内执行避让行为，然后恢复搜索。在通常的避免碰撞行为的实现中，这一时间段实际上并不是恒定的，然而为了简单起见，我们在这里假设如此。现在，我们必须研究实际速率方程。首先考虑两个处于特定状态的机器人相遇后会发生什么。当两台搜索机器人探测到对方时，搜索机器人的数量 N_s 会减少，然后开始进行避让机动。我们也不应该忘了，当搜索机器人探测到另一台处于避让状态的机器人时，N_s 也会减少的情况。我们知道，当机器人从避让状态返回并恢复搜索时，N_s 也会增加。这发生在 t 时间，如果它们在 $t-\tau$ 时间（即 τ 时间之前）开始避让行为。现在我们可以对 N_a 进行类似的考虑。然而，我们不需要一个方程来描述避让机器人 N_a 的动态，因为我们可以用机器人总数 N 的守恒来计算这个量。为了给出速率方程，我们定义了群体的比例

$$n_s = N_s/N \tag{5.9}$$

代表处于搜索状态的机器人比例，而

$$n_a = N_a/N = 1 - N_s/N = 1 - n_s \tag{5.10}$$

代表处于避让状态的机器人比例。这些比例还可以解释为机器人的集中度或找到它们的概率。

我们从表示减少的项 n_s 开始。这取决于速率系数 α_r，如果两台搜索机器人彼此靠近，两台机器人就会转换，即一次有两台；另外的可能性是搜寻和避开机器人彼此接近。因此，得出

$$-2\alpha_r n_s^2 - \alpha_r n_s n_a \tag{5.11}$$

不写 n_a，而写 $1-n_s$，展开，求和，得到

$$-\alpha_r n_s^2 - \alpha_r n_s \tag{5.12}$$

写为

$$-\alpha_r n_s(n_s + 1) \tag{5.13}$$

缺少的是表示增加的项 n_s。我们真的需要长时间考虑它应该是什么吗？其实不用，因为在 t 时间从避让状态返回的机器人的数量直接与在 $t-\tau$ 时间离开的机器人数量相对应。后一种情况是我们已经建模的情况，可以重复使用上述项（5.13），将符号倒置，并使用不同的时间 $t-\tau$。一旦将包括时间在内的所有事情整合在一起，就得到：

$$\frac{\mathrm{d}n_s(t)}{\mathrm{d}t} = -\alpha_r n_s(t)(n_s(t) + 1) + \alpha_r n_s(t-\tau)(n_s(t-\tau) + 1) \tag{5.14}$$

这实际上是一个时滞微分方程，一般来说很难求解。然而，这不应该困扰我们，因为我们可以很容易地使用简单的数值求解器。与 n_s 和 n_a 类似，我们还可以定义尚未收集的冰球的比例 $m(t)$，并定义冰球的速率方程

$$\frac{\mathrm{d}m(t)}{\mathrm{d}t} = -\alpha_p n_s(t) m(t) \tag{5.15}$$

我们可以使用式（5.14）和式（5.15）将任意初始值问题定义为示例。假设我们定义 $\alpha_r = 0.6$，$\alpha_p = 0.2$，而 $\tau = 2.0$。作为初始值，我们设定 $n_s(0) = 1$（所有机器人都在搜索），$m(0) = 1$（还未收集到冰球）。可以简单地对方程进行数值求解[316]。因此，我们可以对模型进行预测，如图 5.6 中所示的群体和冰球的比例。

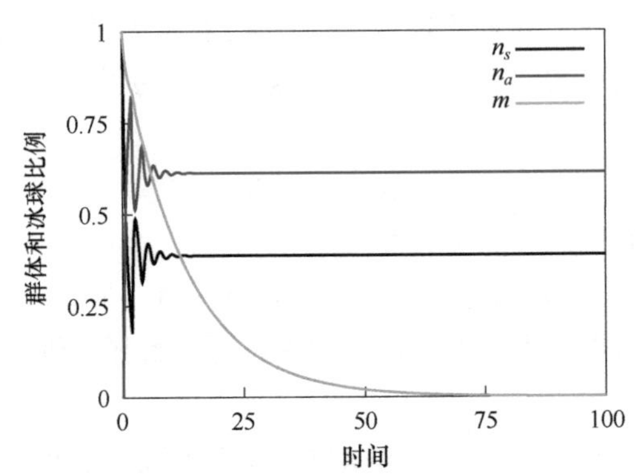

图 5.6　速率方程法的示例，初始值问题（$\alpha_r = 0.6$，$\alpha_p = 0.2$，$\tau = 2.0$，$n_s(0) = 1$，$m(0) = 1$）的数值解

$t<15$ 的初始振荡可能很奇怪，但它们实际上应该是对时滞微分方程的预期，而且很可能在群体机器人的实验中平均观察到这些数值。还应注意 n_s 和 n_a 之间的完全对称性，因为守恒定律 $n_s = 1 - n_a$。我们的小研究到此结束，但对 Lerman 和 Galstyan[236] 的觅食情景，需要建立更多的模型。

5.3.2　空间方法的微分方程

上述速率方程方法使用微分方程来模拟群体比例的动态。这些是时间导数。现在，我们研究微分方程来建立空间模型，即明确表示空间的群体模型。微分方程可以连续地表示空间，也就是说，与流行但有问题的网格世界模型相比，我们用它们实现了更高的精度。在此我们使用微分方程的数学工具，特别是随机微分方程（SDE）和偏微分方程（PDE）。

在开始之前，我们必须首先研究群体机器人运动建模的一个特殊性。按照 Rosenblueth 等人[330] 的观点，生物系统的行为以及机器人的行为可按几种方式进行分类。我们可以区分主动和被动行为：主动驱动的机器人或随波漂流的机器人。这种行为可以是有目的的，也可以是随机的：一台机器人驶入房间进行探索，或者一台机器人从墙边随机转过来。如图 5.7 所示，有目的的与随机的区分可以做得更加精细[165,176]。只有获得了适当信息的群体机器人才能选择有目的的行为，否则只能随机移动。如果提供了信息，它仍可以选择忽略信息并进行随机移动。最后，即使有信息和使用信息的意图，物理限制也可能要求做随机移动，例如为了避免碰撞。因此，对群体机器人有目的和随机的行为进行建模可能会很有帮助。

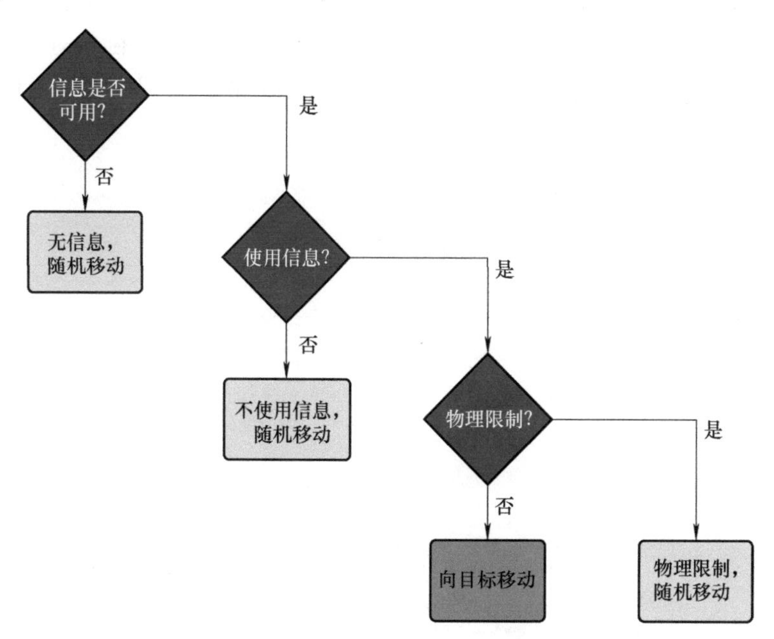

图5.7 机器人随机移动的类别[165,176]

我们从建模开始我们的旅程，这个模型目前只代表一台机器人。为了激励这种方法，我们将机器人的轨迹解释为变量序列 X_t，也就是说，暂时假设一个离散时间模型。此外，假设群体机器人的移动相当不稳定，因此可以公平地说其移动是随机的。然后，我们可以将时间序列 X_t 建模为一个随机变量序列。因此，我们有一个随机变量的集合，由代表时间的集合 T 来索引：

$$\{X_t : t \in T\} \tag{5.16}$$

如果我们现在假设机器人的运动是完全随机的，那么可以使用完全随机的模型来表示机器人的随机运动。假设机器人在时间 t 的位置为 $R(t)$ 。我们用随机微分方程来模拟机器人的运动轨迹

$$\frac{\mathrm{d}R(t)}{\mathrm{d}t} = \dot{R}(t) = X_t \tag{5.17}$$

式中，X_t是一个随机过程，是机器人的随机位移（轻推）。然而，这个模型并不好，因为机器人通常不会完全随机移动。我们使用一个带漂移的随机模型来改进

方法。添加一个确定性的项，例如一个常数 c

$$\dot{R}(t) = X_t + c \tag{5.18}$$

机器人在每个时间步长内仍会发生随机位移，但也会在由 c 确定的方向上持续前进。例如，我们可以定义一个二维随机模型，在 x 方向上的漂移量为 $c=0.1$，机器人从（10,10）开始移动。在图 5.8 中，我们给出了随机过程的两种实现方式（也称为蒙特卡洛模拟）。这是通过将上述方程扩展到机器人坐标为 R_x 和 R_y 的二维情况下实现的

$$\dot{R}_x(t) = X_t + c_x \tag{5.19}$$

$$\dot{R}_y(t) = Y_t + c_y \tag{5.20}$$

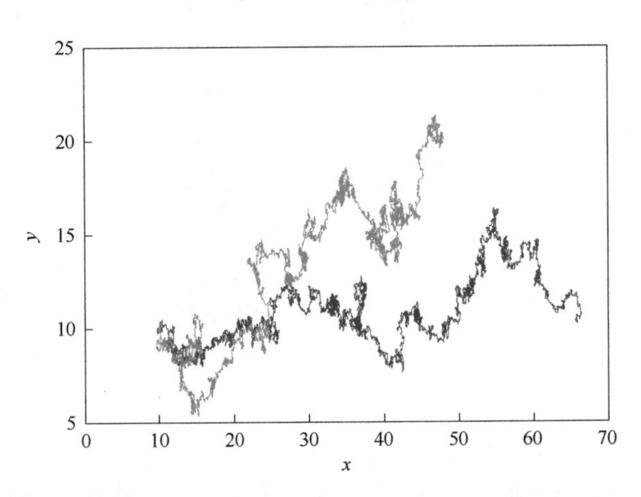

图 5.8 随机模型 $\dot{\boldsymbol{R}}(t) = \boldsymbol{X}_t + c$ 的两种实现方式，x 方向上的漂移 $c=0.1$，轨迹从（10,10）开始

用向量符号可改写为

$$\dot{\boldsymbol{R}}(t) = \boldsymbol{F}_t + \boldsymbol{C} \tag{5.21}$$

为方便以后使用，我们用 $\boldsymbol{F}_t$ 代替 $\boldsymbol{X}_t$，并应用定义

$$\boldsymbol{R} = \begin{pmatrix} r_x \\ r_y \end{pmatrix}, \quad \boldsymbol{F}_t = \begin{pmatrix} X_t \\ Y_t \end{pmatrix}, \quad \boldsymbol{C} = \begin{pmatrix} c_x \\ c_y \end{pmatrix} \tag{5.22}$$

通过进一步扩展式（5.21），我们现在可以引入朗之万方程。根据朗之万方程，机器人的轨迹由下式给出：

$$\dot{\boldsymbol{R}}(t) = \boldsymbol{A}(\boldsymbol{R}(t),t) + B(\boldsymbol{R}(t),t)\boldsymbol{F}(t) \tag{5.23}$$

对于随机过程 $\boldsymbol{F}(t)$（例如白噪声），$\boldsymbol{A}$ 将机器人的位置 $\boldsymbol{R}(t)$ 和时间 t 作为输入；它描述并衡量机器人的确定性行为。B 则描述和衡量非确定性行为。注意，$\boldsymbol{A}$ 是向量，因此也给出了方向信息；而 B 是标量，因此只对由 $\boldsymbol{F}(t)$ 定义的不确定性过程进行标度。例如，下列情况可能的选择 $\boldsymbol{A}$，

$$\boldsymbol{A}(\boldsymbol{R}(t),t) = \nabla P(\boldsymbol{R}(t),t) \tag{5.24}$$

这定义了势场 P 中的梯度上升。朗之万方程最初用于对布朗运动建模。我们将其作为一般通用模型来描述单台群体机器人的运动轨迹。

下面探讨所谓的福克–普朗克方程。福克–普朗克方程是宏观上与朗之万方程所描述的微观方法相对应的方程。这对方程最有趣的特点是，它们是极少数微观和宏观行为进行数学联系的例子之一。朗之万方程可以从数学上推导出福克–普朗克方程，尽管推导过程相当复杂。福克–普朗克方程与朗之万方程的结合建立了直接的微观–宏观数学联系。

该方程可追溯到两位物理学家：福克[123]和普朗克[310]。从物理学角度看，该方程与布朗运动，特别是与带有漂移的布朗运动的关系非常重要。因此，它描述了一个扩散过程，而如果没有额外的假设，那么从长远来看，我们可以预计这些系统会出现所谓的热死亡。例如，如果我们最初将一些相距很近的粒子定位，让它们扩散，那么预计它们会随着时间的推移接近均匀分布。

Haken[161]可能给出了最容易遵循的推论，而 Risken[329]则用一整本书来讨论这个方程。从朗之万方程中得出福克–普朗克方程需要某些假设，例如随机过程 $\boldsymbol{F}(t)$ 作为白噪声（即高斯分布和零平均），被建模的粒子需要在很短的时间间隔内接受足够的碰撞等。从我们在这里的应用角度来看，这是一种相当罕见的特殊情况，甚至只是一种抽象的理想化情况。即使是这种特殊情况的数学困难，也让我们一窥可能不仅是数学上的复杂性，而且是创建微观–宏观联系的一般复杂性。

现在，我们想更仔细地探讨一下。福克–普朗克方程是描述概率密度的时间动态的偏微分方程。而该密度又反过来，在原来的物理环境中描述了在某一特定区域内发现粒子的概率（例如，在一维情况中，通过在一个考虑的区间内进行积分）。我们将在下文中以一种略有不同的方式来解释这一点。该方程与朗之万方程直接对应，是一个漂移项与扩散项之和

$$\frac{\partial \rho(\boldsymbol{r},t)}{\partial t} = -\nabla(\boldsymbol{A}(\boldsymbol{r},t)\rho(\boldsymbol{r},t)) + \frac{1}{2}Q\,\nabla^2(B^2(\boldsymbol{r},t)\rho(\boldsymbol{r},t)) \tag{5.25}$$

ρ 是在时间 t 时位置为 $\boldsymbol{r}$ 的单个粒子的概率密度。在我们群体机器人技术的

应用中，我们将其解释机器人群体中所有同时存在的机器人的密度。也就是说，当我们在一个区域 W 内进行积分时

$$s(t) = \int_{r \in W} \rho(\boldsymbol{r},t) \tag{5.26}$$

那么我们就可以得出在时间 t 时，该区域内群体的预期比例 $0 \leqslant s(t) \leqslant 1$ 。所谓的 nabla 算符 $\nabla = \left(\frac{\partial}{\partial r_1},\frac{\partial}{\partial r_2},\cdots\right)$ 是基于空间导数得出梯度的。它根据预期的偏移对概率密度的“流动”进行建模。漂移项将密度推向漂移方向 $\nabla(\boldsymbol{A}(\boldsymbol{r},t)$ 。∇^2 基于第二空间导数，称为拉普拉斯算符

$$\boldsymbol{\Delta} = \nabla \cdot \nabla = \nabla^2 = \frac{\partial^2}{\partial r_1^2} + \frac{\partial^2}{\partial r_2^2} \tag{5.27}$$

并为扩散建模。这也与预期的效果相同，即概率密度中的峰值被降低，这些峰值周围的斜率变缓，而密度中的谷值增加。式（5.25）中的常数 Q 来自随机过程 $\boldsymbol{F}$ 的特殊属性，我们可以说它是离子上撞击强度的模型。第一个和是漂移项，它模拟了机器人行为的确定性部分。第二个和是扩散项，它模拟了机器人行为的非确定性部分。

图 5.9 给出了朗之万和福克–普朗克方程的实现方式的例子。这个图还清楚地表明了朗之万方程的微观属性（机器人的具体轨迹）和朗之万方程的宏观属性（整个群体的空间概率密度）。

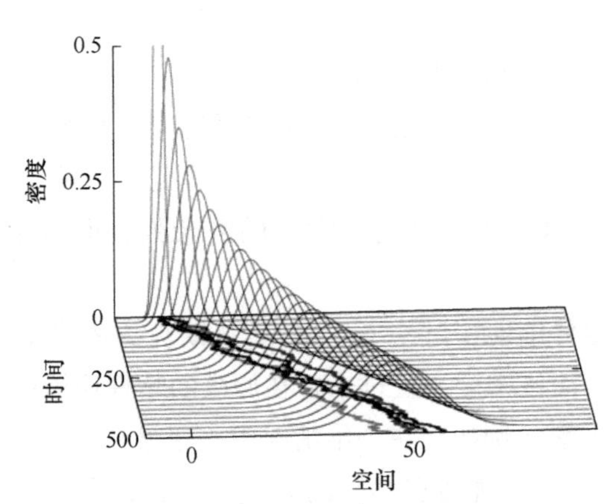

图 5.9 由福克–普朗克方程（式（5.25））建模的概率密度的演变。在一维空间中的例子，漂移项 $A=0.1$ 和扩散项 $B=0.3$。下面给出了相应的朗之万方程的概率密度和四个实现示例

朗之万方程和福克–普朗克方程的微观–宏观二元性也在应用中持续存在。假设，我们已有 A 和 B 的适当定义，那么可以选择使用微观模型（郎之万）还是

宏观模型（福克–普朗克）。对于微观方法，意味着为每台机器人引入一个朗之万方程来模拟机器人的运动。实际仿真实现的是这些多重的、相互作用的随机过程。机器人的相互作用需要明确地加以处理。例如，一旦一台机器人有5个以上的邻居，它的运动方式就会有所不同。朗之万法只能通过测量机器人之间的实际距离和计算邻域大小来实现。

对于宏观方法，我们只需要一个福克–普朗克方程，就可以一次性地模拟整个群体。机器人的相互作用可以用密度ρ来建模。例如，上述由5个以上邻居触发的行为可以转换为触发上述行为的最小密度。还应注意，该技术本质上引入了一个连续体的方法。密度从5台机器人、5.1台机器人、5.2台机器人等对应的数值开始连续增加。这一连续体应被解释为概率，例如：总共有10个案例，其中9个案例中的机器人有5个邻居，1个案例中机器人有6个邻居。

这种福克–普朗克/郎之万智能体建模方法是受Schweitzer[354]的“布朗智能体”启发的。Hamann[165]将该方法应用于机器人群体，而Prorok等人[320]则报告了通过机器人实验进行的验证。有关“布朗智能体”的更多详细信息，请参见参考文献［114,186,353,355,356］。Milutinovic和Lima[277,278]报告了另一种将偏微分方程应用于控制机器人组的方法。这种方法深受控制理论影响，利用了混合系统理论，并有很强的理论基础。

5.3.3　网络模型

群体机器人系统可以被解释为以机器人为节点的网络，而边表示相互之间的邻接关系。图论提供了更为传统的建模技术。此外，还有更多最新的技术，可以被概括“网络科学”。建模技术本身是相似的，但重点已经转向更为复杂的拓扑特征和动态网络，其中边被允许随着时间的推移出现和消失。在群体机器人技术中，我们观察邻域的动态变化。一台机器人可能有一些邻居，但几秒钟之内它们就会消失，而新的邻居可能出现。

5.3.3.1　随机图

图G被定义为一个元组$G=(V,E)$；有节点集V和边集E。在群体机器人技术中，节点代表机器人，边代表通信连接，或机器人处于彼此传感器范围之内。作为移动机器人，我们的机器人会移动，因此节点也会移动。然而在图模型中，这通常不被支持。相反，图表示的是系统配置在某个特定时间的快照。此外，我们通常不关心某一特定的图形组态或拓扑结构，而是对某一给定特征（如群体密度）的一般特性感兴趣。给定的群体密度会引起两个机器人/节点之间出现一条边。为了研究这些一般特性，我们只随机生成给定参数的图形。

Erdö 和 Rényi[115]发布了第一个随机图模型。Erdö-Rényi 随机图是无向图 $G(X;p)$，有一个节点集 $X = \{0,1,2,\cdots,N\}$。每条可能的边都被独立地包含在内，概率为 p。有了概率 p，我们可以模拟群体的密度。如果 p 接近 1，那么图中增加的边较多，群体是密集的。如果 p 接近 0，那么图中增加的边很少，群体是稀疏的。增加边的概率的影响是非线性的，例如，如果我们观察到图中连接的最大部分的大小。如果 p 较小，最大的连通分量也小。随着概率 p 增加，最大的连通分量的大小也迅速增加，直至整个图都成为最大的连通分量的一部分。如果 $N \rightarrow \infty$，则这种快速增长将成为相变，即从几乎没有节点是最大连通分量的一部分，离散跳跃到几乎所有节点都是最大连通分量的一部分。

随机图的一个缺点是它们不代表群体的任何空间结构。节点之间没有空间相关性。例如，如果节点 A 与节点 B 相连，而节点 B 与节点 C 相连，则节点 A 似乎很可能也与节点 C 相连。

几何图填补了这一空白，明确表示了空间。几何图的定义为节点集 $X \subset \mathcal{R}^d$ 的非定向图 $G(X;r)$。在二维情况下，有 $X \subset \mathcal{R}^2$，节点 $x \in X$ 和 $y \in X$ 通过一条无向边相连，如果 $\| x - y \| < r$，在 $\mathcal{R}^2$ 上有一个范数 $\| \cdot \|$。范数基本上是衡量节点间的距离（例如，欧几里得距离）。通过不等式 $\| x - y \| < r$，我们实现了所谓的单位圆盘模型，也就是说，我们假设机器人的传感器范围是对称的（圆盘）。例如，在无线电通信的情况下，已知它与实际情况有很大不同[4,436]。然而，就我们的目的而言，它是一个充分的模型。

我们再次转向随机图，只是这次是随机几何图。随机几何图是通过从一个概率分布（例如均匀分布）中取样 X 而产生的。举个例子，在二维场景中，我们随机抽样两个坐标 $x_1 \in [0,1]$ 和 $x_2 \in [0,1]$，形成 $x = (x_1, x_2)$。如上所述，通过 $\| x - y \| < r$ 检查 x 和 y 节点之间的距离来确定边。示例如图 5.10 所示。则边不再像在 Erdös-Rényi 随机图中那样独立。相反，我们得到了空间相关性，形式为“边 $e_1 = (A,B)$ 和 $e_2 = (B,C)$ 使边 $e_3 = (A,C)$ 更有可能”，正如上面所讨论的。这使得随机几何图成为更适合群体机器人技术应用的网络模型。通过随机几何图，我们可以研究与群体机器人相关的特征，如连通分量（合作的机器人群组）的平均大小、孤立节点（没有合作机会的机器人）的平均数量以及平均节点度（可能是鲁棒性的衡量标准）。随机几何图是静态模型，因此只能代表群体配置的快照，特别是初始条件。

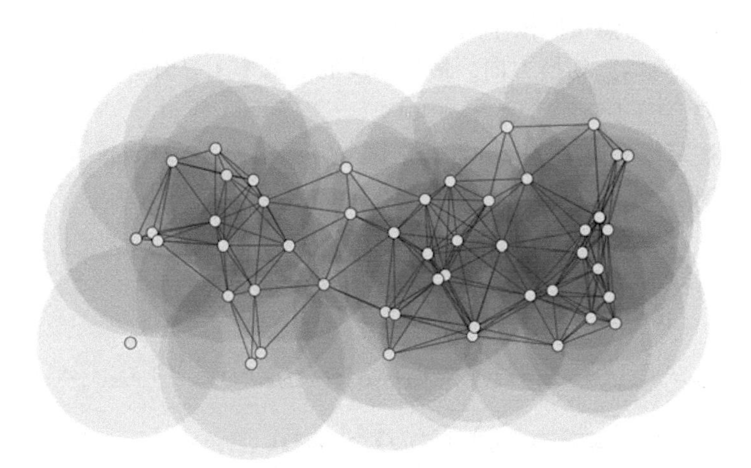

图5.10　随机几何图，蓝色圆圈（或圆盘）表示传感器的范围，如果相邻节点位于该圆盘上（使用 Friedrich Groe 脚本创建），则存在一条边

5.3.4　网络科学和自适应网络

我们在这里把超越随机图和随机集合图的模型总结为网络科学。网络模型更注重拓扑结构的具体特征，如复杂网络和小世界网络[366,407]。为了保持简明扼要，我们将跳过在所有研究领域都有所应用的大多数通用网络模型。相反，我们重点关注了 Gross 和 Sayama 所定义的一个特殊子类，即自适应网络[156]。自适应网络与大多数其他网络模型的区别在于，自适应网络可以对其拓扑结构进行动态更新。自适应网络的一个应用实例是 Sood 和 Redner[360]在异构图上使用投票模型（见6.5.2节）进行集体决策的工作。

这里我们密切关注 Huepe 等人[191]的研究。他们为蝗虫实验[59,431]提出了一个简单的自适应网络模型。Huepe 等人[191]对网络模体（即子网络）进行建模，在这种情况下，最多有四个节点。我们引入变量 x_L 代表左行机器人的密度（即群体中处于左行状态的机器人的比例）和变量 x_R 代表右行机器人的密度。同样地，我们为所有左、右行机器人的组合引入变量代表非定向边的密度（及不区分右向左还是左向右）：x_{RR}，x_{RL} 和 x_{LL}。对于三台机器人的可能组合也引入变量：x_{RRR}，x_{RRL}，x_{RLL} 和 x_{LLL}。对四台机器人的可能组合也如此，将其记为 $x_{R\cdot L\cdot RR}$，$x_{R\cdot R\cdot LL}$ 等，其中所考虑的节点加点（·）。

下面我们引入参数，来模拟拓扑结构的变化[191]。$R-L$ 之间链接上的各个节点按速率 a_{RL} 随机添加。$R-L$ 之间链接上的各条链接按速率 d_{RL} 随机删除。节点间方向相同的链接上的节点按速率 a_{RR} 随机添加，链接按速率 d_{RR} 随机删除。对于

每条 $R-L$ 链接，节点按照概率 s_{RL} 切换方向。对于每条 $L-R-L$ 和 $R-L-R$ 链路，节点按照概率 s_{RRL} 切换方向。最后，我们按概率 s_{noise} 引入噪声，模拟智能体自然切换方向。

该模型被写作类似于速率方程的常微分方程组，详见 Huepe 等人[191]。对于 x_R，我们得到

$$\frac{d}{dt}x_R = s_{\text{noise}}(x_L - x_R) + s_{RRL}(x_{RLR} - x_{LRL}) \tag{5.28}$$

对于 x_{RR}，我们得到

$$\frac{d}{dt}x_{RR} = s_{\text{noise}}(x_{RL} - 2x_{RR}) + s_{RL}(x_{RL} + 2x_{RLR} - x_{RRL}) + s_{RRL}(2x_{RLR} + 3x_{R\cdot L\cdot RR} - x_{R\cdot R\cdot LL}) + a_{RR}x_R^2 - d_{RR}x_{RR} \tag{5.29}$$

对于 x_{LL} 也类似。我们没有为 x_{RL} 写一个明确的方程，而是写一个所有两节点模体的和

$$\frac{d}{dt}(x_{RL} + x_{RR} + x_{LL}) = a_{RL}x_Lx_R + d_{RL}x_{RL} + a_{RR}x_R^2 + a_{LL}x_L^2 - d_{RR}x_{RR} - d_{LL}x_{LL} \tag{5.30}$$

上述 ODE 系统可通过使用以下三联体和四联体模体的近似值来封闭和简化（详见 Huepe 等人[191]）

$$x_{RLR} = \frac{x_{RL}^2}{2x_L} \tag{5.31}$$

$$x_{RRL} = \frac{2x_{RL}x_{RR}}{x_R} \tag{5.32}$$

$$x_{R\cdot L\cdot RR} = \frac{x_{RL}^3}{6x_L^2} \tag{5.33}$$

$$x_{R\cdot R\cdot LL} = \frac{x_{RL}^2x_{RR}}{x_R^2} \tag{5.34}$$

而对于对称变量（L 和 R 交换），也同样如此。因此，我们最终得到的是一个只对单一节点和成对节点建模的系统。

图 5.11a 所示为初始条件 $x_R = 0.55$ 和 $x_L = 0.45$ 时上述方程的数值积分结果。图中显示了随时间变化的情况，直到收敛。图 5.11b 所示为 x_R 在参数 a_{RL}（随机添加 $R-L$ 链接的速率）上的分叉图。在 $a_{RL} < 0.5$ 的情况下，系统保持不确定性。通过这个简单的基于群体的网络模型和非空间方法，我们可以分析参数并检测系统何时倾向做出集体决策。Huepe 等人[191]还分析了系统在决定状态下预计保持多长时间。

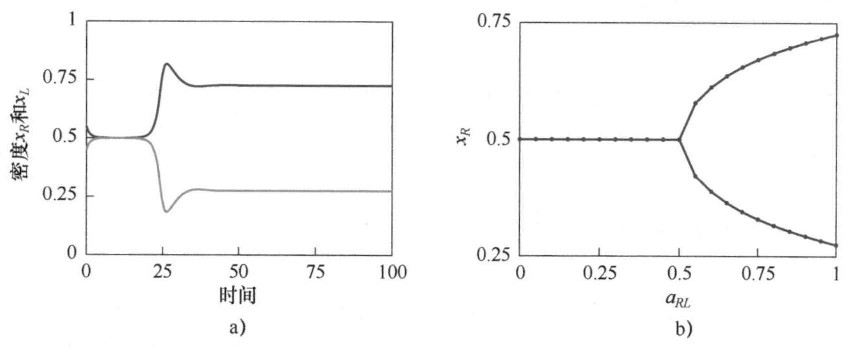

图 5.11　自适应网络的群体模型、密度随时间演变的数值结果和分叉图；参数：$d_{RL}=0.25$，$d_{RR}=0.1$，$s_{RRL}=s_{RL}=0.2$ 和 $s_{\text{noise}}=0.1$

a）密度 x_R 和 $x_L(a_{RL}=1)$ 随时间的演变；b）x_R 随参数 a_{RL} 的分叉图

5.3.5　作为生物模型的群体机器人

我们不应该只从生物学中获取灵感来发展机器人技术的生物启发方法，也应该投桃报李。有一些关于使用机器人甚至群体机器人作为生物模型的研究。这个相当惊人的想法的动机是将机器人用作现实世界的模型。生物学家，尤其是在行为生物学方面的生物学家，会提出需要进行测试的假说。测试并不总是可以通过动物实验进行，特别是当需要对一个行为模型进行证伪时。抽象的数学或计算模型以及仿真可能是有效的，但其可信度有限，并且可能会丢失现实的重要特征。因此，机器人作为现实世界模型的优点有：机器人在现实世界中运行，机器人技术专家 Rodney Brooks 曾有一句名言："现实世界是其自身最好的模型"。一旦在现实环境证明了观点，就很难再争辩说你丢失了什么东西（与仿真不同）。选择机器人对选择可用模型产生了积极的约束，排除了无效的选项[409]。有助于迫使你具体说明完整的生物系统，并帮助你产生实际可测试的假说[408]。使用机器人可以研究复杂的智能体-环境相互作用。

一项研究实例是 Webb 和 Scutt[410] 的研究。他们调查了蟋蟀的一种行为。雄性蟋蟀发出鸣叫，雌性蟋蟀识别这些叫声并接近雄性蟋蟀。这被称为"趋音性"(即跟随声音)。蟋蟀的鸣叫通常由音调相当单一的［……］短促爆破音［……］组合成独特的模式[410]。蟋蟀的每条前足内各有一只耳朵，可以确定两者之间的方向差别。雌性蟋蟀表现出更复杂的行为，而不仅是转向反应最为强烈的一侧。所提出的行为模型是复杂的，并以蟋蟀神经生理学的已知事实为基础。Webb 和 Scutt[410] 比较了前一个复杂模型，该模型依靠一个网络来比较两耳的信号幅度。还使用低通和高通滤波器对信号进行分析。这与一个较简单的模型相比较，该模型由于触发开始时的相对延迟而有效，并且“泄漏积分”作为低通滤波器，使得快速的时间模式看起来是连续的。这在机器人上进行了测试，似乎合理的是，声音传播、感知和处理的物理模型比任何仿真都更可靠。经证明，较简单的模型是有效的，因此对较复杂的模型提出了质疑。

5.4 形式化的设计方法

群体机器人系统的设计具有挑战性[165]，尽管个体的行为很简单。设计者必须将全局定义的任务以“字里行间”的方式编入各个机器人的局部感知中。众所周知，设计自适应的群体行为是很困难的[256]，同样设计突发行为更是如此[255,364]。为了避免使用幼稚的试错法来设计群体系统，我们必须在设计过程中想方设法为设计人员提供支持。可选方案是预测给定控制算法的预期行为的模型，或（如可能）自动设计过程的预期行为的模型。

任何工程系统一般都有两大类设计方法。可以按自上而下或自下而上的方法设计系统。Crespi 等人[79]指出：

> 在自上而下的方法中，设计过程从确定全局系统状态开始，并假设每个组件都对系统拥有全局知识，就像集中式方法一样。然后，通过将全局知识替换为通信，将解决方案进行分散处理。另一方面，在自下而上的方法中，设计从确定单个组件的要求和能力开始，全局行为被认为是由各组件之间，以及组件与环境之间的相互作用中产生的。

在设计群体系统时，这两种角度通常交替出现。任务是在宏观层面上全局定义的，但机器人的行为及其要求是在微观层面上局部定义的。

下文将讨论用于解决微观-宏观问题的多尺度建模方法。我们会简要了解自动生成群体行为的选项。然而，这些方法是多种多样、复杂的，因此本书不详细论述。然后，我们还会讨论经典软件工程在群体领域的应用。最后，我们还会介绍一些为数不多的用于机器人群体编程的形式化方法。

5.4.1 算法设计的多尺度建模

即使在不成熟的试错法中，我们通常也不会直接在机器人上测试控制算法。相反，我们在仿真中研究产生的群体行为。因此，我们已经有了一种多尺度的方法，因为我们首先在抽象模型中对软件进行测试，然后在真实的系统（即细节最丰富的系统）中对软件进行测试。除了“细节程度”之外，我们还有微观和宏观尺度。如上所述，设计人员必须在微观层级和宏观层级上交替操作。细节程度不局限于两个（仿真和现实），但可以是一个复杂程度不断增加的整体级联，如图 5.12 所示。因此，单纯的试错法的直接先进性可以是一种迭代式的多层次或多尺度的方法。初始算法设计只在一个非常抽象的模型中进行测试，直到设计人员满意为止。只有这样，我们才会进入下一个细节更为丰富的层级，重新调整算法，直到算法正常运行，然后继续。这种方法的希望在于每一步只需要小的增量调整，因此简化了整个方法。相反，直接从抽象模型到现实可能会带来一些根本性的问题，需要对算法进行重大修改。

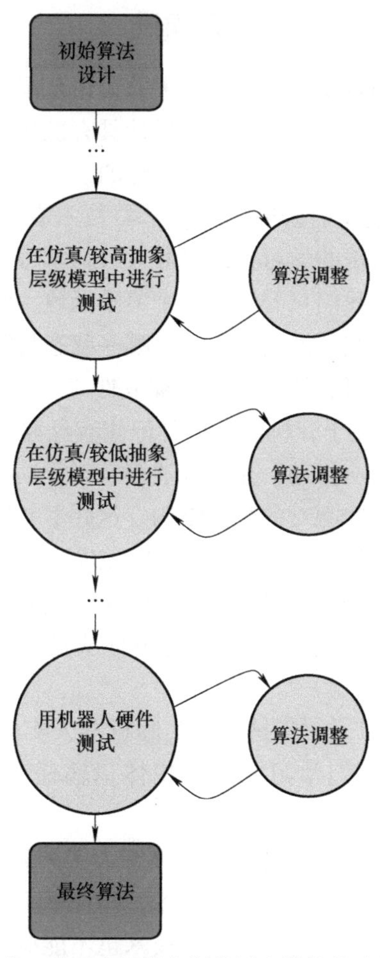

图 5.12　基于仿真、模型和机器人硬件层次结构的迭代算法设计方法；模式修改自参考文献［165］

多尺度方法经常被应用于群体机器人技术中。通常情况下，它们并不像图5.12中所示的那样精细，而仅限于几个甚至只有两个层级。典型的两个层级往往是概率性的微观模型和确定性的宏观模型。例如，Vigelius 等人[402]在微观层面上使用马尔可夫过程，在宏观层面上使用福克–普朗克方程与主方程相结合(此外还有仿真和机器人实验)。Valentini 等人[395]将马尔可夫链用于微观层面，将 ODE 系统用于宏观层面。微观层面上的郎之万方程和宏观层面上的福克–普朗克方程也遵循概率–确定性二分法[165]，以及速率方程方法（概率状态机和 ODE 系统)。

5.4.2 自动设计、学习和人工演进

群体机器人控制器的自动设计不在本书的讨论范围之内，但我们将很快了解最重要的方法。鉴于群体机器人控制器的设计具有挑战性，对甚至可能将整个问题作为黑箱来处理的自动方法进行检查是合理的。人工智能和机器学习的工具箱中有很多选项。因此，让我们研究学习。学习技术有几种，其中之一是强化学习。强化学习允许无人监督的学习，即机器人自行学习，不需要认真准备的带标记的训练数据集。相反，我们只需定义一个奖励函数，将效用值分配给某些系统状态，从而告诉机器人哪些状态是可取的，哪些状态是需要避免的。

虽然单台机器人的学习已经相对具有挑战性[337,370]，但多台机器人的学习则更具挑战性[257,414]。问题在于，机器人需要记住有经验的状态和选择的行动，以便利用以前经过测试的成功行动，并有效地探索新行动的效果。在机器人学习的同时，它正在建立一个这些配对的数据结构。这并不一定要明确地进行（即真正地存储每一个状态–行动对)，但也可以采用近似技术完成[415]。不过，在多机器人场景中，状态–动作对会随着群体规模的增加而爆炸式增长（每增加一台机器人就会有指数级的动作组合)，或者将其他群体成员视为环境，这使得学习任务本身变得更加困难。

Yasuda 和 Ohkura 的工作[430]是利用实际机器人实验将强化学习应用于多机器人场景的一个例子。他们学习了用于集体运输任务的机器人控制器（参考4.5节)。

其他学习技术包括，通过逆传播算法训练人工神经网络（ANN)[334]。然而，这是一种需要标记训练数据的监督学习技术。而几乎不可能获取机器人上的标记培训数据。同样，目前被炒作的深度学习技术也不能应用，至少不能以直观的方式直接应用。

除了标准的学习技术外，还有所谓的进化算法[109]。它们最初是受达尔文进

化论和自然选择所启发的优化技术。它们在机器人领域的应用被称为进化机器人技术[50]。在标准方法中，想法是使用 ANN，但这些不是通过学习进行优化的。相反，人们定义了一个适应度函数，类似于强化学习的奖励函数，以评估观察到的机器人的行为。最初，人们会创建一个随机生成的 ANN，然后在机器人模拟中甚至是在真实的机器人上进行测试。适应度函数应检测到组群的早期成功，然后选择、重新组合和调适这些 ANN。一个新的组群被创造出来，并对该算法进行了多代的迭代。尽管在有限时间内对 ANN 进行随机变化会产生有用的机器人行为这一点似乎违反常理，但这种方法是成功的[293]。

进化机器人技术在群体机器人中的应用被称为进化群体机器人技术，可以以一种更直接的方式实现[383]。评估时，不是把某个 ANN 上传给某一台机器人并对其进行测试，而是将同一个 ANN 上传给所有的群体机器人，并评估整个群体。因此，标准方法是一种同构方法，所有机器人都具有相同的 ANN（但实例不同）。异构方法是可能的，即每台机器人都在进化自己的 ANN，但更具挑战性。

有许多成功的关于进化机器人的研究。例如，聚集行为的进化[384]和机器人-机器人直接通信的进化[386]，这通常被证明是非常具有挑战性的。也可以用其他表示机器人控制器的方式代替 ANN。例如，König 等人[220]在一项导航任务中就使用了有限状态机。还有一些更复杂的算法，超出了进化算法的标准方法论。例如，Lehman 和 Stanley[230,231]的“新奇搜索”，用探索未知事物的愿望取代了适应度函数（即之前未曾看到过的新的机器人行为是比较理想的）。Gomes 等人[148]将该技术应用于群体机器人，并进化出聚集行为和资源共享行为。Ferrante 等人[118,119]利用标准进化算法演化出任务专业化和任务划分，但是是用行为规则系统代替了 ANN。

Francesca 等人[125]提出了一种基于预定义行为模块和概率有限状态机的机器人群体自动设计专用方法。在他们的论文中，Francesca 等人[125]将他们的自动设计方法的性能与五项任务中的机器人行为的手动设计进行了比较，并发现了自动设计方法的优势。

5.4.3　软件工程和验证

目前，基于智能体的系统的软件工程的研究被称为面向智能体的软件工程（例如 Lind[241]）。然而，这些研究更注重于软件智能体。仅有少数专门针对群体机器人的软件工程方法。Parunak 和 Brueckner[303]给出了一个非常粗糙的群体工程方法。同年，Winfield 等人[419]推动了“群体工程新学科”。

在软件工程中，有一些专注于验证的工作。验证是指检查软件是否符合其规范的过程，即检查软件是否做了它应做的事情。形式验证是证明软件（或算法）正确性的过程。在全分布式机器人系统的背景下，只有少数关于形式化验证的研究，就像我们在群体机器人领域一样。

Winfield 等人[420]针对紧急出租车[43]的例子，提出了一种形式化规范机器人群体的方法，另见 Dixon 等人[95]。他们使用了线性时间逻辑，通过一个时间参数扩展了常规逻辑。定义的逻辑模型为机器人的微观运动（然而，是离散的）及其传感器输入。该方法可能有助于制定一种先进的群体机器人设计方法。

Gjondrekaj 等人[145]根据称为“KLAIM”的形式化语言，提出了一种形式化验证机器人群体的方法[85]。KLAIM 是一种协调语言，允许将规范定义为基于一组基元的分布式系统的精确模型。人们定义的行为模块类似于基于行为的机器人技术（见 2.4.2 节）。每个模块从传感器或其他模块获取输入，并向其他模块或执行器提供输出。规范的分析可以通过使用称为 STOKLAIM[86]的 KLAIM 的随机变量进行定量分析。然后，可以为每个动作分配比率，模拟动作的持续时间。Gjondrekaj 等人[145]使用形式化工具（随机模态逻辑和模型检查）来分析群体系统的不同性能特征。他们提出了一个五步流程：①以 KLAIM 作为规格的形式化模型；②增加随机方面；③将规范转换为机器人的代码；④模拟测试；⑤在真实机器人上进行测试。

Brambilla[53]提出了一种采用属性驱动设计的自上而下的方法。他的想法是以一种系统的方式来设计机器人群体，以使机器人群体能够在设计中正确地工作。他应用了模型检查和分析工具的方法，如 Bio-PEPA[72]和 KLAIM（又一次）。Bio-PEPA 是一种过程代数，最初设计用于分析生化网络。它包括一些工具，如随机仿真、基于常微分方程（ODE）的分析，以及使用 PRISM 进行模型检查。PRISM 是一个概率模型检查程序[226]。虽然属性驱动的设计方法提供了如何开发群体系统的指导方针，但人类设计者仍然需要发挥创造性，以实现从宏观向微观的转换，并实现实际的机器人行为。

Reina 等人[324]遵循设计模式的概念，例如在集体决策的场景中[325]。其基本理念是，我们目前无法找到适用于群体机器人的通用设计方法，但可以为各大类问题（即设计模式）确定解决方案，也就是设计模式。Reina 等人[325]根据速率方程定义宏观模型（见 5.3.1 节）建立一个节点系统和一个基于概率有限状态发电机的微观模型。通过连接微观参数和宏观参数来建立微观-宏观链路（参见 3.3 节）。根据这些模型以及它们之间已知的关系，人们的想法是人类设计者完全了解微观设计的选择以及预期的宏观效果。

5.4.4　形式化的全局到局部编程

考虑到群体机器人系统的宏观和微观层面的概念，全局到局部编程的理念就很容易理解了。用户只需要输入对所期望的群体行为的全局描述，然后通过自动程序输出单台群体机器人的可执行程序代码。按照 Yamins 和 Nagpal 的模式形成示例[428]，我们只指定一个期望的全局模式，然后由编译器进行处理，编译器输出网格中各单元的局部规则（见图 5.13 和 4.3.1 节）。与解决群体机器人这一巨大挑战的难度相比非常简单，将这一概念写下来是如此的简单。然而，描述起来简单但实际很困难的问题才是最好的问题！

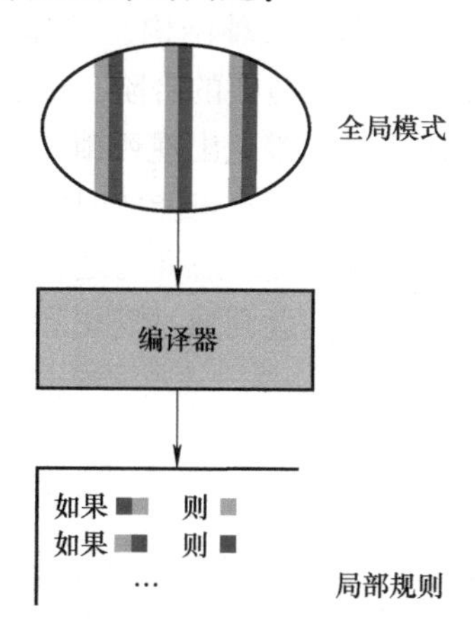

图 5.13　遵循 Yamins 和 Nagpal 的模式形成示例的全局到局部编程的示意图[428]

既然该问题很难，那么从简单之处着手，并尽可能地简化似乎是很好的做法。这基本上就是 Yamins 和 Nagpal[428] 正在做的事情，另见参考文献［426，427］。他们专注于一维网格世界中的模式形成，这比动态的机器人行为更容易实现。他们的想法是定义一套局部规则，以实现“虚拟自组织图灵机”[428]。这套规则是事先定义的，大量使用了人类的创造力。可以为“单选模式”定义简单的规则，这些规则是有约束的，因此可以简化系统在运行时对初始配置的处理。如果在如何形成模式方面只有一个选项（例如，最左边网格单元必须是蓝色的），那么这一个选项就由局部规则来实现。当然，更有趣的情况是：当对称性需要被打破时，网格单元必须集体同意就当前想要实现的模式达成一致。对称性打破的过程通常对网格的初始配置很敏感，但是关于相对参考框架的信息仍然需要在网格中传播。Yamins 和 Nagpal[428] 使用局部规则将信号作为梯度波通过网格传播。有了一套通用的局部规则，大部分工作就已经完成了，编译器只需将全局模式自动转换成适用于这些通用规则的适当实例。

Werfel 等人[413]采用了类似但更复杂的方法来实现集体建造（见 4.4 节）。机器人和建筑材料（砖块）的设计均使整个场景再次简化为一个网格世界，但现在是三维结构。同样，用户规定一个全局模式；这次是所要实现的建筑。编译器需要将这个蓝图转换为机器人的局部规则。Werfel 等人[413]通过在二维投影的网格单元上标注预先确定的路径来表示局部规则，机器人可以沿这些路径行进。这种表示方法被称为“结构路径”。每个网格单元都由至少一个指向相邻单元的箭头来标记。该箭头表示机器人允许的运动模式以及允许的轨迹。同时，几个相邻的单元也可以被标记为允许的目的地。进一步简化的方法是，一个种子块定义了施工侧的入口及其位置和方向。基于这种结构，编译器需要遵守许多限制条件。例如，机器人不能攀爬高度超过一块砖块的台阶，机器人不能将砖块放入仅有一块砖宽的空间。需要不惜一切代价来避免出现死锁。一台机器人不能被困在其他机器人之间。对于增量建造过程中的所有可能的时间配置，需要避免机器人过早地在特定位置放置砖块而堵塞某些区域。总而言之，编译器主要处理这些相当基本的约束条件，而实际的微观宏观问题则通过简化和限制来解决。

5.5 延伸阅读

关于群体机器人系统建模的书籍选择并不多。一个选择是由 Valentini[392]编写的书，但侧重于集体决策（见第 6 章）。另一个选择是 Hamann[165]的书，内容涵盖了基于福克-普朗克方程的群体模型概念。其他更具体的选择是 Galam[133]关于社会物理学（观点动力学）的书和 Gross 和 Sayama[156]关于自适应网络的书。

5.6 任务

5.6.1 任务：超越二元决策

在式（5.4）中，我们给出了一个二元决策系统的建模抽象：

$$f(\gamma)=\frac{|\{s_i|s_i=A\}|}{N}=\frac{[\text{选择选项}A\text{的智能体的数量}]}{N}=\varphi \tag{5.35}$$

对于有三个选项（A、B、C）的集体决策系统来说，有什么类似的情况？

5.6.2 任务：蒲丰投针

对于针长 $b=0.7$，线距 $s=1$，实现蒲丰投针。注意，无须在一个大的二维平面内模拟整个设定。相反，你可以将情况简化为宽度为 s 的单一线段，因为针的中间总是会在两条线之间。剩下的就是简单的几何形状，根据针的角度来决定针是否与两条线中的一条相交。

1）通过检查程序是否根据 $\pi=2b/(sP)$ 估计出好的 π 的近似值。

2）实验内容：抛出 n 根针。运行实验 $n\in\{10,20,\cdots,990,1000\}$ 的测试。对于每一个 n 的设定，进行实验 10000 次（即 $10000n$），并计算所产生的交叉概率集的标准差。绘制实验次数 n 的标准差。

3）对于不超过 $n=100$ 的实验，将目前测得的许多实验的概率与实验数 n 一起绘制成二项式比例 95% 置信区间。[⊖]

4）根据测量的概率，测量真实概率[⊜]在 95% 置信区间之外的实验的比率。绘制这个比率与实验次数 n 的关系图。对结果进行解释。

5.6.3　任务：群体的局部取样

我们有一个大小为 N 的机器人群体，机器人均匀地分布在单元方块上（机器人位置（x,y），$x\in[0,1]$，$y\in[0,1]$）。机器人要么是黑色要么是白色，概率相等。按照以下方法进行局部取样。一个特定的机器人能够感知邻域内所有机器人（包括自身）的颜色。邻域由传感器的范围 r 确定。如果距离小于传感器的范围 r，那么机器人就处于另一台机器人的邻域内。根据黑色机器人的局部比例，机器人估计出群体中黑色机器人的总数。

实施这个方案。对群体大小 $N\in[2,200]$ 和传感器范围 $r\in[0.02,0.5]$ 做实验。对于 N 和 r 的每组设置，进行 1000 次独立实验，并计算机器人对群体中黑色机器人的估计值的平均值和标准差。绘制某些有趣的设置的平均差和标准差。试想一下，这些测量结果对机器人群体实现的影响，因为机器人群体的有效性直接取决于这些局部取样。

5.6.4　任务：降维和建模

我们进行了蝗虫仿真（连续空间、离散时间）。蝗虫生活在一个周长 $C=1$ 的圆环上（$x_0=0,x_1=1$ 是同一个位置）。蝗虫以 0.001 的速度向左（$v=-0.001$）或向右（$v=+0.001$）移动。它们感知的范围 $r=0.045$。蝗虫会在以下两种情况

⊖ 从 5.2.2 节我们知道，二项式比例 95% 置信区间的定义为 $\hat{P}\pm1.96\sqrt{\frac{1}{n}\hat{P}(1-\hat{P})}$。

⊜ 从 5.2.2 节我们知道，真实的概率为 $P=2b/(s\pi)$。

下切换方向：

1）在其感知范围内的大多数蝗虫的运动方向与所考察的蝗虫的方向相反。

2）蝗虫自发地转换方向，每个时间步长的概率为 $P=0.015$。

最初，蝗虫呈均匀随机分布，向左或向右移动的概率相同。我们模拟了一个大小 $N=20$ 的蝗虫群，时间为500步。

1）实施和测试模拟。绘制一次运行中的向左移动的蝗虫的数量。

2）我们想取向左移动蝗虫的数量 L 作为我们的建模方法。因此，我们通过对多个系统配置进行平均，并将它们汇总为数量相等的向左移动蝗虫的组，来实现模型的降维。通过执行1000次样本运行，每次500时间步长，用模拟情况创建观察到的转换的直方图 $L_t \rightarrow L_{t+1}$（在一个时间步长内向左移动蝗虫数量的变化）。例如，你可以使用整数的二维数组 $A[\cdot][\cdot]$，每当观察到 $L_t \rightarrow L_{t+1}$ 的转换时，这个数组 $A[L_t][L_{t+1}]$ 的条目就增加1。绘制直方图。

3）此外，还要计算每个模型状态 L 出现的次数 $M[L]$，并利用这些数据使归一化直方图条目：$A[i][j]/M[i]$。这样我们就可以得出转换概率的近似值。利用这些近似值：$P_{i,j}=A[i][j]/M[i]$ 来对 L_t 在时间 t 上的演变进行取样。绘制 L 的轨迹。这与1）中绘制的图形相比，有何不同？

5.6.5 任务：速率方程

我们使用搜索和避让的速率方程模型：

$$\frac{\mathrm{d}n_s(t)}{\mathrm{d}t} = -\alpha_r n_s(t)(n_s(t)+1) + \alpha_r n_s(t-\tau_a)(n_s(t-\tau_a)+1)$$

$$\frac{\mathrm{d}m(t)}{\mathrm{d}t} = -\alpha_p n_s(t) m(t)$$

1）使用你选择的工具来计算这个常微分方程的时间过程（对于该系统，也可以从头开始实现简单的时间正向积分）。请注意，我们有延迟方程。如何在仿真的早期（$t<\tau_a$），该如何处理这些延迟？采用以下参数设置：$\alpha_r=0.6$，$\alpha_p=0.2, \tau_a=2, n_s(0)=1, m(0)=1$。计算 $t\in(0,50]$ 的 n_s 和 m 的值，并绘制图形。解释结果。

2）现在我们想对模型进行扩展。除了搜索和避让之外，我们还引入了第三种状态：返巢（n_h）。找到冰球的机器人会转换为归巢状态，并在其中保持一段时间 $\tau_h=15$。我们假设，由于不明确的原因，处于归巢状态的机器人不会相互干扰，也不会干扰到其他状态的机器人（假设：处于归巢状态的机器人不需要避让行为）。一段时间 τ_h 之后，它们已经抵达巢穴，并再次转换为搜索状态。增加

一个 n_h 的方程，并相应地编辑 n_s 的方程。计算 $t \in (0,160]$ 的 n_h 、n_s 和 m 的值，并绘制图形。在第二次计算中，将时间 $t=80$ 时的冰球比率重置为 $m(80)=0.5$ 并绘制结果。解释结果。

5.6.6　任务：自适应网络

我们对5.3.4节中给出的适应性网络的ODE系统进行数值求解。仔细阅读式（5.28）~式（5.34），写下ODE系统，并制定初始值问题（例如，$x_R(t_0=0)=0.6$ 和 $x_L(t_0=0)=0.4$）。实施简单数值积分方法（例如，时间上的正向积分），或使用标准数学软件工具对方程进行数值积分。

1）绘制结果并重新制作图5.11a。结果解释：对于网络中出现的边，有哪些可以说的？

2）扩展程序并进行必要的扫描，以重新绘制图5.11b中所示的分叉图。你需要根据不同的初始条件对系统进行积分，以观察所有的固定点。基本上，你必须按照在适当的时间步长下运行积分，并绘制最终观察到的系统状态。对于多个不同的参数值，重复上述步骤。结果对于我们集体决策的群体机器人系统意味着什么？

第6章
集体决策

它们以松散的群体形式存在……然而，在危险时刻，或者更确切地说，在发生任何突然变化威胁到它们的生存时，它们会团结起来。

——Stanislaw Lem，《无敌号》

然而，可变形机器人在个体基础上当然是有创造力的……只有当一个想法背后的冲动足够强烈时，也就是说，有足够多的人同时试图将它引入集体时，才可能考虑这个想法。

——Frank Schätzing，《群》

皇帝……有兴趣让你提出虚构的预言来稳定他的王朝……我只要求你完善你的心理史学技术，以便可以做出数学上有效的预测，即使这种预测只是统计性质。

——Isaac Asimov，《基地》

摘要 我们研究集体决策的方法——这是使群体变得自主性的一种重要能力。

集体决策是机器人群体的重要技能，以便在宏观层面上形成一个自主系统。我们从描述决策和理性行为体的传统方法开始。这里介绍了群体决策，并研究了集体运动作为决策过程的例子。通过集体决策的建模技术，如瓮模型、投票模型、多数规则、HK模型、藏本模型、伊辛模型、纤维束模型和塞尔吉·加拉姆的社会物理学等方法进行了广泛的研究。最后，我们讨论了群体机器人中集体决策的硬件实现。

群体机器人的主要目标之一是创造自主群体。这里的自主意味着做出独立的决定，因此有可能做出智能的行为。单个机器人理所当然应该是自主的，然而，群体作为一个整体也应该是自主的。不仅个体可以独立决策，整个群体也可以独立决策。因此，集体决策即使不是群体的最基本能力，也应是必不可少的能力。

我们每个人都知道决策是困难的。即使只有你自己必须做出决定，比如某个职业选择，也可能令人苦恼。一小群人做决策更具挑战性（“我们应该去湖边还是去看电影?”）从选举中可知，数百万人规模进行的决策可能令人惊骇。对于机器人群体来说，决策在某些方面更容易，但在其他方面更难。一方面，我们会给机器人编程，让它们遵循一个共同的目标。因此，它们比人类社会有更大的优势，在人类社会中，我们尊崇多样性，即使这会使我们的决策变得复杂。就共同的目标而言，我们使群体同步，但另一方面，我们仍然面临困难。在人类的决策过程中，例如选举，我们假设有几个全局沟通渠道。当然，不是所有的信息都是公开的，也不是每个人都有相同数量的信息，我们没有完全的透明度，但许多信息是全球共享的。在机器人群体中，我们没有全局渠道，相反，机器人只能与它们的邻居通信。这产生了许多问题。机器人需要知道当前有一个集体决策过程在运作。机器人的各个子群体可能有不同的信息，因此即使它们有相同的目标，也不能就最佳选择达成一致。群体可能会陷入死锁状态，甚至可能没有注意到该状态。最后，机器人可能不知道是否已经做出了决策。

在本章中，我们首先来研究一般性决策，以及在团队中是如何做决策的。然后，我们试图将集体运动理解为集体决策的一个例子，并列出了一些模型。群体机器人中实施的集体决策受到许多不同研究领域的影响。通常，我们明确地在系统中考虑随机性，以确保探索量最小。这会使得群体系统具有内在的随机性。统计物理学的模型可以代表集体决策。当然，意见动态领域的模型与其具有相关性。此外，材料科学模型和标准化模型也可以应用于集体决策。尽管从这些可选方案中选择最佳方案并坚持下去会很方便，但我们希望收集更广泛的知识并从所有这些知识中学习。集体决策的调查、建模和分析仍然是一个新兴领域，在现阶段对模型进行探索是值得的。

6.1　决策

任何一种自主机器人都必须在某个时间做出决策。决策是指在可能的行动之间进行选择。决策是从多个备选行动中选择某个行动的认知过程。完美决策是一个最优决策，意味着没有任何替代决策会产生更好的结果。

决策可以基于确定性进行，确定性意指影响决策的所有当前情况都是已知的。然而，我们的机器人通常工作的环境并不简单。相反，我们假设机器人必须在不确定的情况下做出决策，这才是真正的决策艺术。在不确定性下进行决策意味着机器人动作的当前状态和/或结果不是完全已知的。为了仍然有机会智能地动作，机器人需要知道在其动作的不同结果之间偏好哪些结果。我们假设机器人能够基于当前环境状态的不完整信息来估计其动作的结果。每个结果都有一定的效用，效用是对某个结果的有用性的衡量。理性决策是在一组约束条件（如不确定性）下进行的最优决策。当且仅当某个行为体选择了产生最高预期效用的动作时（对该动作的所有可能的结果进行平均），该行为体是理性的。这就是所谓的最大期望效用原则。

组织和表示决策的一种常见方法是决策树。图 6.1 给出了一个示例。

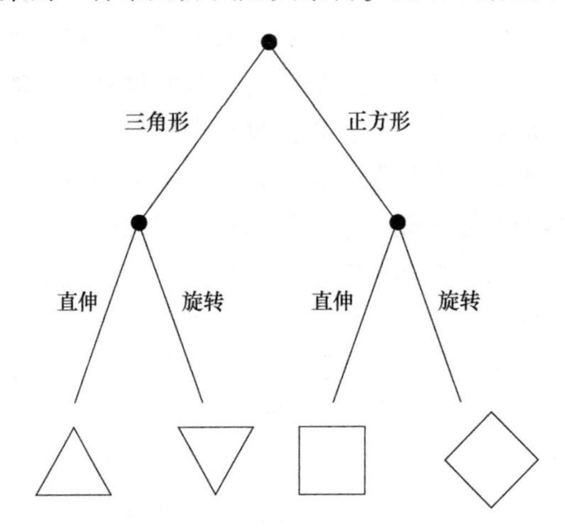

图 6.1　决策树示例（CC0 1.0）

在下文中，我们制定了一个通用的决策模型。机器人有 m 种可能的选择动作 $A_1,\cdots,A_m$ 可用，并且有 n 个可能的初始状态 $s_1,\cdots,s_n$。机器人知道每个动作 A_i 和状态 s_j 的效用 $N_{ij} \in \mathcal{R}$。这些效用定义了效用矩阵 $\boldsymbol{N} = (N_{ij})_{1\leqslant i\leqslant m,1\leqslant j\leqslant n}$。如上所述，在确定性下做出决策很容易，因此关于当前状态的确定性（即 j 给定）下的策略是清楚的：选择 $\hat{i} \in \{1,\cdots,m\}$，使得 $N_{\hat{i}j} = \max_i N_{\hat{i}j}$。然而，我们假设不确定性，即机器人不确定环境的当前状态，但可能知道处于某一状态的概率。我们定义不确定性情况下的三种决策策略。

使用谨慎策略（最大-最小-效用），机器人选择 $\hat{i} \in \{1,\cdots,m\}$，使得 $N_{\hat{i}j} = \max_i \min_j N_{ij}$。最小可能的效用（即假设的可能最差状态 j）在所有可能策略 i 上最大化。

使用高风险策略（最大-最大-效用），机器人选择 $\hat{i} \in \{1,\cdots,m\}$，使得 $N_{\hat{i}j} = \max_i \max_j N_{ij}$。最大可能的效用（即假设的可能最佳状态 j）在所有可能的策略 i 上最大化。

使用可选的谨慎策略（最小-最大-效用），机器人选择 $\hat{i} \in \{1,\cdots,m\}$，使得 $R_{\hat{i}j_i} = \max_i \max_j R_{ij}$，而 $N_j = \max_i N_{ij}$（状态 j 下的最大效用）和风险矩阵 $R_{ij} = N_j - N_{ij}$（状态 j 下动作 i 的风险）。可能的最大风险（即假设的最大风险状态 j）在所有可能的策略 i 下减小到最小。

6.2 群体决策

我们知道，在不确定性下做出决策已经是一项艰巨的任务。然而，在群体机器人中，我们有多个相互合作的机器人，因此也必须集体做出决策。当一群个体从备选方案中做出选择时，需要群体决策或协作决策。与单个行为体做出决策相比，群体决策更加复杂，可能会表现出社会影响的效果，例如群体极化。

在共识决策中，想法是避免决策的“赢家”和“输家”。虽然大多数人赞成此决策，但少数人同意服从此决策。这是通过赋予少数人否决任何决定的权利来实现的。显然，这一程序很复杂，因为每个人都能够知道谁参与了多元化群体中的共识决策流程。

当然，更常见的是基于投票的方法。即使有两个以上的选项，严格基于投票的方法也要求多数人（>50%）通过一项决定。相比之下，多数票法允许基于少于50%的人的决定，即仅由最大的群体决定。

群体决策存在许多困难，例如“群体思维”（1972年，Irving Janis）。群体思维是指一群人的心理现象，他们最大限度地减少冲突，达成一致的决定，而不需要对备选方案进行批判性评估。

个体决策和群体决策的区别在于，不是只有一个行为体决策，而是存在一组个体决策。如何将这些个体决策（微观层面）转化为群体决策是一个普遍的问题。

每个投票者都由它自己的关系 R_i 代表。$N(x,y)$ 是 xRy 的投票人数。我们用 $xMy \Leftrightarrow N(x,y) \geqslant N(y,x)$ 来定义多数关系 M。这样，M 总是自反和连接关系（计票总是有效），而并非总是传递关系。

有几个所谓的投票悖论。下面是这种投票悖论的一个最小示例。有三个候选人 $X = \{a,b,c\}$ 和三个投票人 $I = \{1,2,3\}$。每个投票人 i 通过关系 R_i：$R_1 = \{(a,b),(b,c),(a,c),(a,a),(b,b),(c,c)\}$，$R_2 = \{(c,a),(a,b),(c,b),(a,a),(b,b),(c,c)\}$，和 $R_3 = \{(b,c),(c,a),(b,a),(a,a),(b,b),(c,c)\}$ 来规定其偏好。这些偏好决定了具有循环 $M = \{(a,b),(b,c),(c,a),(a,a),(b,b),(c,c)\}$ 的多数关系。据说大多数人的偏好是 a 而不是 b，是 b 而不是 c，是 c 而不

是 a，这显然是矛盾的。

分析上述如何汇集个人偏好以实现群体决策的问题的科学领域被称为社会选择理论（也称为集体选择理论）。该研究的成果包括上述投票悖论。其他成果是阿罗不可能定理和奥斯特罗果尔斯基悖论。阿罗不可能定理指出，对于两个以上的候选人，没有排名顺序投票系统可以将个人的排名偏好转换为整个社区的排名，同时还满足一组特定的标准。奥斯特罗果尔斯基悖论涉及集合中的组合偏好问题。当选民对一组事实问题进行投票时，他们的态度会发生扭曲。

6.3 动物的群体决策

认识到群体决策很复杂且经常自相矛盾，我们推断动物群体做决策是一项挑战。此外，这些动物群体往往依赖于一致的决定，因为少数反对的群体可能会引发群体的分离，从而危及群体的生存。例如，动物群体必须决定选择哪个新的巢穴或休息地点，或者一群动物想往哪个方向移动。因此，出现了动物如何可能有效地达成一致决定的问题。有几个简化因素。通常群体的成员之间没有利益冲突。群体的福祉是其成员的利益所在。只存在进行最优化的宽松要求。只需逼近该要求通常就足够了。时间要求同样宽松，因此缓慢的迭代过程可能是可以接受的。

以蜜蜂选择巢穴举例。只有大约5%的蜂群作为所谓的侦察蜂分散开来，在附近寻找潜在的巢穴。一旦它们发现潜在巢穴，它们就会返回，通过和其他的侦察蜂跳舞来传达它们的发现。这些舞蹈的长度与产生积极反馈的巢穴质量相关(对于好的巢穴，跳舞时间长，从而被更多蜜蜂看到)。最终，侦察蜂达成共识，带领剩下的95%的蜂群去相应的巢穴。95%的蜂群对决策过程本身没有贡献。

第二个例子是确定成群迁徙的鸟的飞行路线。尽管科学知识有限，但似乎在很小的群体中，经验更丰富的鸟在决策过程中贡献更多。然而，也可能出现多数决定的情况。在相对较大的群体中，自组织过程似乎是可能的。

尽管许多不同的物种依赖于足以保证其生存的共识决策过程，但这些系统并不十分健全，可能会导致致命的灾难。一个糟糕的集体决策的例子是蚂蚁兜圈子。在某些物种中，可能使用信息素形成圆圈来诱捕一群蚂蚁。不幸的是，蚂蚁无法察觉到这种情况，会一直兜圈子，直到最后死亡。

自然群体中的集体决策是基于典型的群体原则，如就地沟通，行为体只与身边的邻居互动，或通过环境进行互动。因此，不能实现类似于在一群人中投票的直接投票过程。相反，这个过程是异步的，因为几个空间上分离的行为体必须同时开始进行决策。这些基于就地感知的就地决策可能会导致流程中发生死锁或振荡。死锁的一个例子如图6.2所示。

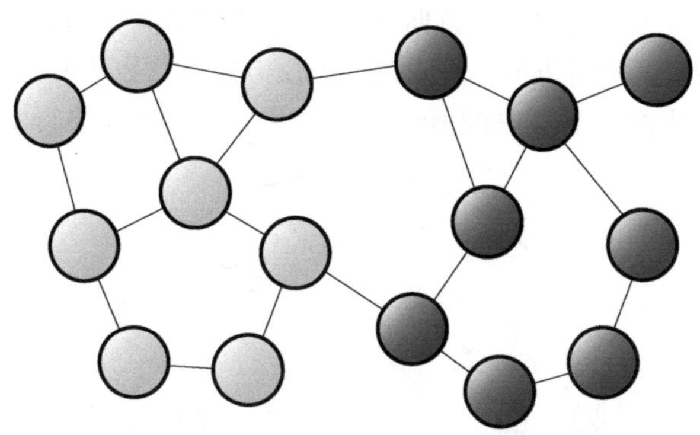

图6.2 群体的集体决策过程中的死锁情况。每个行为体都具有遵循局部多数规则的正确状态，但是最终的全局状态是未决定的对半状态

由于行为体不得不在没有全局知识的情况下操作，所以在群体的某个区域，某个行为体子组可能开始集中选择某个选项，该选项不同于在另一区域中的另一个子组所选择的选项。根据静态规定的流程，这可能会导致死锁。该过程类似于结晶，由于结晶在几个邻近区域开始，所以会出现杂质（特别是线缺陷）。然而，蜂群的适应行为不同于静态的结晶过程。这是一个动态的随机系统，因此这些杂质不会永远存在。即使是选择选项 A 和选项 B 的群体各占50%的完美平局，最终也会被打破。这是由于波动会扰动系统并使其脱离局部最优（不希望的有限使用状态）。

6.4 作为决策过程的集合运动

同样，一些本质上依赖于连续特征的集体现象可以简化为集体决策。群体中一致同意某个共同方向 α 可以被视为是从无限的选择项 $\alpha \in [0°,360°)$ 中做出的决定。也可以将群体的运动人为地限制在圆环上的伪一维环境中（见图6.3），这样就只剩下两个离散选项：顺时针运动和逆时针运动。

我们以沙漠蝗虫的行为为例，它在无翅若虫的生长阶段表现出集合运动，通常称为“行进乐队”。集合运动与密度相关，个体似乎会根据邻居的反应改变方向[59]。另一个有趣的特征是在这些群体中观察到的自发换向行为。在相对较小的群体中，蝗虫往往会改变它们集合运动的方向，即使它们先前大都排列成一行。

在实验中观察到，密度相对较低的蝗虫若虫群体（一些无脊椎动物（特别是昆虫）的未成熟形态，在达到成年阶段之前逐渐发生变态（半变态））严格排成一列，并沿着环形场地向一个方向行进长达 2h 或 3h。然后，它们在仅仅几分钟内会自发地改变其偏好方向，并再次向相反方向飞行数小时。在更高密度的实验中，行进的群体在整个 8h 的实验过程中都以相同的方向飞行。

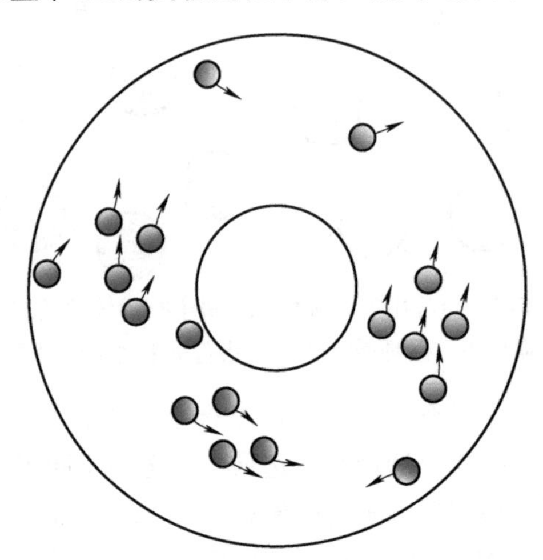

图 6.3　蝗虫在环形场地内移动的示意图

通过测量处于两种状态之一（顺时针或逆时针运动）的蝗虫的百分比，可以掌握这种行为的本质。可以在一段时间内对这些群体分数进行测量，获得如图 6.4所示结果。

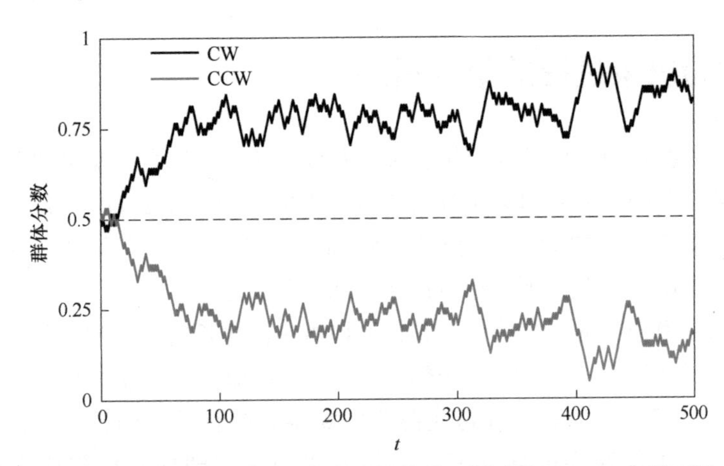

图 6.4　随着时间（模型的离散时间步长）的推移，顺时针（CW）和逆时针（CCW）移动行为体的百分比

Yates 等人[431]给出了许多独立实验的平均速度分布，该分布是对称的双峰分布（两个峰值，一个为正速度，一个为负速度）。须理解，上述分布并不对应于单个实验中正负速度（即顺时针和逆时针运动）的对称分布，而是给出了多次实验的平均值。因此，其不能显示在特定实验中观察到的运动方向的对称破缺，而是显示双峰分布。

6.5　集体决策过程的模型

如本章引言中所述，对于群体机器人中的集体决策建模，我们可以从许多不同的领域获得灵感。完美的通用模型似乎尚未面世。因此，我们试图收集关于候选模型的广泛知识，以便能够为给定的场景选择最合适的模型。这些模型的复杂性迥异，这意味着在理想情况下，我们可以适时使用很简单的模型。

在下文中，我们将尽可能地重复使用通用符号。假设群体必须决定一组选项 $O = \{O_1, O_2, \cdots, O_m\}$ ，共有 $m>1$ 个选项。机器人 i 在任何时间都有一个明确的选项，并与 $\mathcal{N}_i$ 个机器人相邻。该集合 $\mathcal{N}_i$ 包含机器人的 i 个邻居的所有索引，但不包括所考虑的机器人 i 的索引本身。机器人 i 是相邻 $\mathcal{G}_i$ 的机器人的成员。集合 $\mathcal{G}_i$ 包含机器人的 i 个邻居的所有索引，也包括所考虑的机器人 i 本身的索引。在典型情况下，群体的任务是就选项组 O 中的某一个选项达成共识（即100%的群体成员同意某个选项）。

集体决策过程是多达三个阶段的迭代过程：探索、传播和观点切换（见图6.5）。选项 O 可以具有不同的质量 $q(O_i)$ 。在特殊情况下，所有选项可能具有相同的质量 $\forall i,j: q(O_i) = q(O_j)$ ，因此，该任务是一个对称性破缺问题。所有选项的效用相同，但是群体仍然需要就其中的任何一个达成共识。在探索阶段，机器人 i 可以探索与其当前观点 o_i 相关联的区域（例如，潜在的施工现场）并收集关于其质量 $q(o_i)$ 的信息。

图6.5　集体决策是三个阶段的迭代过程：探索、传播、观点切换

在传播阶段，机器人通过明确的消息传递（例如，通过无线电或红外通信）

或通过给出提示（例如，点亮 RGB LED 指示灯）向其邻居发出其意见信号。机器人传播的持续时间可能因其意见的质量而异。例如，它可以与质量成正比（即质量翻倍时，传播时间也会翻倍）。然后，意见质量与传播时间的这种相关性可以触发正反馈循环。更多的机器人会感知到高质量的意见，并切换到高质量的意见，然后自己对高质量的意见进行传播。

在意见切换阶段，机器人遵循决策规则（如投票模型或多数规则）来切换它们的意见。机器人不必以同步的方式遵循探索、传播和观点切换这三个阶段。相反，除了在传播阶段的时间与意见质量相关的情况下须保持传播阶段的正确时间外，每个机器人可以遵循其自己的时钟。

下面的许多模型都是微观模型，也就是说，它们定义了单个机器人的某种行为。这些模型不能直接用来预测群体的预期行为。许多研究实际上都围绕着这样一个问题，即如何根据给定的局部决策规则来决定全局行为。Valentini[392] 给出了关于在机器人群体中达成共识的更多细节。

6.5.1 瓮模型

为了更好地理解像蝗虫系统这样的集体决策过程，我们开发了一个模型。我们的指导原则是简单化。因此，重点讨论一个选项 A 和 B 之间的简单二元决策过程，假设这两个选项之间没有偏差，即 A 和 B 的效用相等。因此，我们的系统收敛于两个选项中的哪一个并不重要，只要其确实收敛于一个选项。由于我们的简单性原则，我们将模型限制为单个系统变量 $s(t)$，该变量不失一般性地给出了支持选项 A 的群体分数。假设我们从一个完美的平局开始：$s(0) = 0.5$。下一步应该做什么？我们感兴趣的是 $s(t)$ 如何随时间变化。此外，根据我们的推测，该变化将取决于 s 本身，它可以用函数 $\Delta s(s(t))$ 来描述。例如，该函数 Δs 可以在模拟中测量。然而，我们的目标是更好地理解集体决策系统中的基本原则，因此需要建立一个定义 Δs 的过程模型。

首先，考虑空间在诸如蝗虫系统的决策系统中的影响。空间特征似乎会影响系统行为。例如，情况可能是相邻的行为体比随机选择的行为体更有可能分享相同的意见。然而，我们已经决定采用只有一个变量的模型，因此必须开发一个非空间模型。我们的模型忽略了行为体位置，这意味着该模型是基于混合充分这一假设。事实证明，非空间模型假设空间是不相关的，这相当于对混合充分的假设。基于空间特征的行为体之间没有相关性。如上所述，这种假设很可能是错误的，但我们坚持我们的简单化，并愿意接受由此产生的模型缺点。

6.5.1.1 埃伦费斯特瓮模型

下面，我们有一个有趣的想法。假设混合充分状态，研究一个群体的各个部分，将此系统建模成彩票抽奖如何？在彩票业，人们偏爱充分混合的设备。因此，我们决定用瓮中的弹珠来代表机器人。这些弹珠的分布遵循 $s(t)$ 的机器人状态。瓮模型在统计学中众所周知，也被用作各种系统的模型。例如，有 Pólya 瓮模型[246,312]，也有著名的埃伦费斯特瓮模型[108]，有趣的是其也被称为狗-跳蚤模型。在定义该模型时，他们进行了严肃的调查，给出了不少于热力学第二定律的解释。他们试图支持 Ludwig Boltzmann 的富有争议的观点。这里是符合埃伦费斯特瓮模型抽奖过程的定义。我们在一个瓮中装入 N 颗两种颜色的弹珠：蓝色和黄色。假设它们都是蓝色弹珠。现在我们开始抽奖。每当我们抽到一个蓝色弹珠时，我们就用一个黄色弹珠代替它。如果我们抽到一个黄色弹珠，我们用一个蓝色弹珠来代替它（见图 6.6 的顶部）。

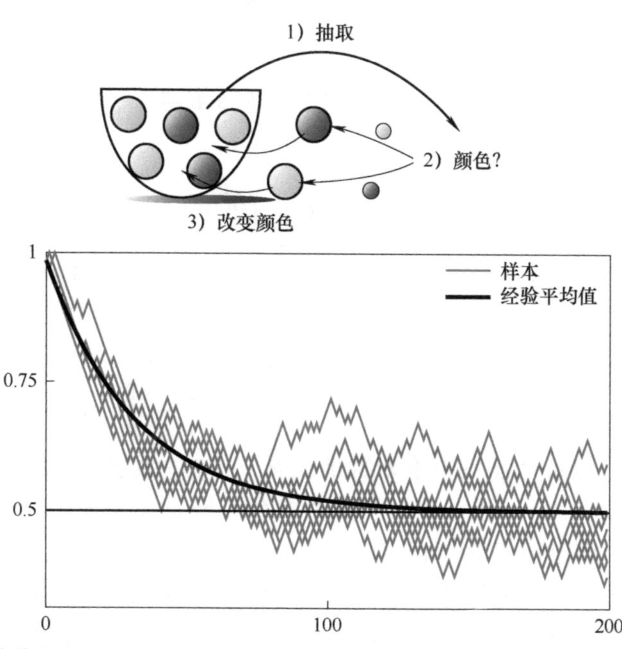

图 6.6　埃伦费斯特瓮模型，顶部：抽取规则，底部：瓮中蓝色弹珠（垂直方向）与重复抽取轮数（水平方向）的比率，最初所有弹珠都是蓝色

例如，我们取 $N = 64$ 个弹珠，最初它们都是蓝色，即 $s(0) = 1$ 。然后我们进行多轮上述抽奖过程。如果我们记录在所有轮数中瓮中蓝色弹珠的数量，我们可以绘制如图 6.6 所示的图。该图显示大量独立次数以及根据经验获得的平均值。经验平均值指示呈指数下降。下面我们更详细地分析该系统。

为形式化描述这一过程，我们记录了蓝色弹珠的数量（不失一般性）是如何根据当时瓮中蓝色弹珠的数量而变化的。可以凭经验判断，或者可以实际计算蓝色弹珠的平均预期“增益”。例如，假设在时刻 t，瓮中有 $B(t)=16$ 个蓝色弹珠，共有 $N=64$ 个弹球。因此，抽到蓝色弹珠的概率是 $P_B=\frac{16}{64}=0.25$ 。抽到蓝色弹珠的情况必须用 -1 加权，因为这是在该情况下蓝色弹珠的变化情况。抽到黄色弹珠的概率是 $P_Y=\frac{48}{64}=0.75$ ，使用 $+1$ 进行加权。

因此，每轮蓝色弹珠的预期平均变化 ΔB 取决于蓝色弹珠的当前数量 $B=16$ ，$\Delta B(B=16)=0.25(-1)+0.75(+1)=0.5$ 。对于所有可能的结果状态，都可以使用上述方法。

$$\Delta B(B)=-2\cdot\frac{B}{64}+1 \tag{6.1}$$

因此，此游戏的平均动态使用 $B(t+1)=B(t)+\Delta B(B(t))$ 给出。

递归 $B_t=B_{t-1}-2\frac{B_{t-1}}{64}+1$ 可以通过生成函数求解[150]。对于 $B_0=0$ ，我们得到母函数。

$$G(z)=\sum_t\left(\sum_{k\leqslant t}\left(\frac{62}{64}\right)^k\right)z^t \tag{6.2}$$

这个幂级数的第 t 个系数 $[z^t]$ 是 B_t 的封闭形式。我们得到

$$[z^t]=B_t=\sum_{k\leqslant t}\left(\frac{62}{64}\right)^k=\frac{1-\left(\frac{62}{64}\right)^t}{1-\frac{62}{64}} \tag{6.3}$$

因此，对于初始化 $B_0=0$ 和对称情况 $B_0=64$ ，系统以平均速度而不是很快地收敛到平衡状态 $B=32$ 。当然，此游戏的实际动态是一个随机过程，例如，对于噪声项 ξ ，可以使用 $B(t+1)=B(t)+\Delta B(B(t))+\xi(t)$ 来建模。

如上所述，埃伦费斯特瓮模型被设计为统计物理学应用中的玩具模型，特别是用于分析扩散过程的熵产生。为了完成对埃伦费斯特瓮模型的简短讨论，我们来看看这个系统的熵在几轮中是如何演化的。首先，我们需要对这个系统的熵进行定义。如何定义熵有很多选择。这里，我们选择基于 $s(t)$ 定义的香农熵。

$$H(t)=-s(t)\log_2(s(t))-(1-s(t))\log_2(1-s(t)) \tag{6.4}$$

代入 $s(t)=\frac{1-\left(\frac{62}{64}\right)^t}{1-\frac{62}{64}}$ ，得到单调增加的熵，如图 6.7 所示。Kac[204]证明了这种单调增加。

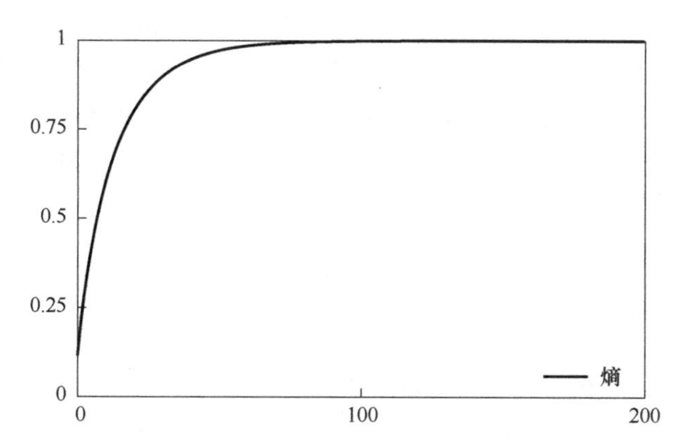

图6.7　对于埃伦费斯特瓮模型，香农熵（垂直轴，式（6.4））随轮数（水平轴）单调增加

6.5.1.2　Eigen 瓮模型

埃伦费斯特瓮模型不是集体决策系统的好模型，因为该模型平均收敛到未决定状态。这是必然的结果，因为当我们对自组织系统感兴趣时，该模型是一个扩散模型。应该强迫发生偏离平衡的波动。因此，我们基本上需要对模型求逆。事实是 Eigen 和 Winkler[112] 进行了求逆。Eigen 的模型被定义为显示正反馈的效果，其工作原理如下。我们在一个瓮中装入 N 个弹珠，弹珠有两种颜色：蓝色和黄色。假设最初有 50% 的蓝色弹珠和 50% 的黄色弹珠。与埃伦费斯特瓮模型相反，现在我们使用替换法进行抽奖。抽取一颗弹珠，注意它的颜色，然后把它放回瓮中。每当我们抽取一个蓝色弹珠，就用一个蓝色弹珠代替瓮中的一个黄色弹珠。如果我们抽取一个黄色弹珠，就用黄色弹珠替换瓮中的蓝色弹珠。

每轮蓝色弹珠的预期平均变化符合

$$\Delta B(B) = \begin{cases} 2\dfrac{B}{64} - 1, & B \in [1,63] \\ 0, & \text{其他} \end{cases} \tag{6.5}$$

与埃伦费斯特瓮模型不同，强迫发生波动，使弹珠的分布变成极端情况，如图 6.8 所示。Eigen 瓮模型有两种特殊构型。对于 $B = 0$ 和 $B = 64$，我们只能抽取蓝色（$B = 0$）或黄色（$B = 64$）弹珠，而实际上我们会被要求替换瓮中的其他一种颜色，在这些情况下这是不可能的。因此，一旦达到这两种状态之一，$B = 0$ 或 $B = 64$，我们就永远停留在该状态。与典型的集体决策系统相比，这似乎是不合适的，因为这些极端情况下的完美共识通常无法实现。

6.5.1.3　群体瓮模型

为了解决 Eigen 瓮模型的缺点，我们开发了瓮模型的一种变体，避免了完全共识，更适合机器人群体中的集体决策[166]。我们从 Eigen 瓮模型开始，但包括正反馈和负反馈之间的明确选择。该选择是基于正反馈的概率 P_{FB}。一轮抽取包括几个步骤：抽取并替换，注意颜色，确定这一轮我们是有正反馈（概率 P_{FB}）还是负反馈（概率 $1-P_{FB}$），最后一步是交换不同颜色的弹珠（见图 6.10，顶部）。

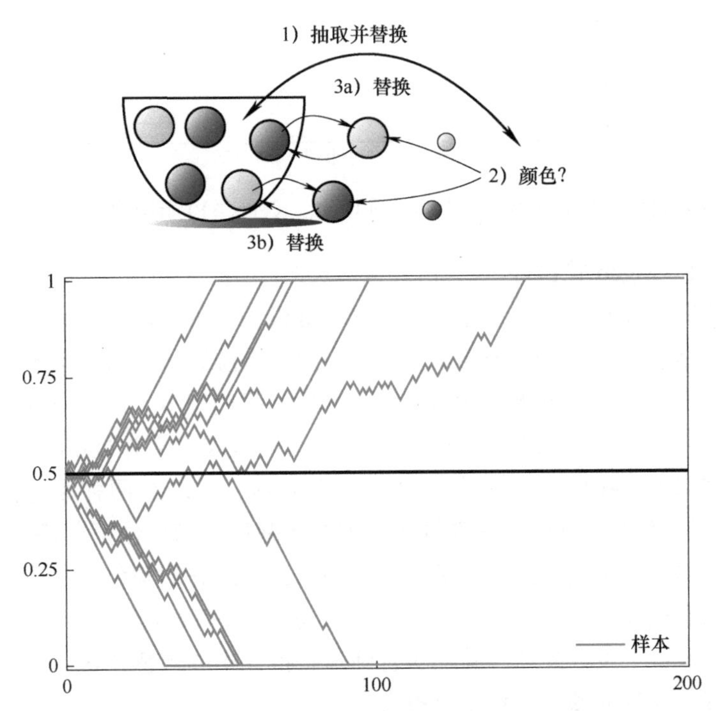

图 6.8 Eigen 瓮模型，顶部：抽取规则，底部：瓮中的蓝色弹珠比例（垂直方向）与重复抽取轮数（水平方向），最初 50% 的弹珠是蓝色

在研究典型的轨迹之前，先介绍正反馈概率 P_{FB} 的基本概念。再次考虑埃伦费斯特瓮模型，注意到 $P_{FB}=0$ 的正反馈概率恒定（见图 6.9a）。再次考虑 Eigen 瓮模型，注意 $P_{FB}=1$ 的恒定正反馈概率（见图 6.9b）。为了解决 Eigen 瓮模型中的一致性收敛问题，我们需要正反馈概率，其随当前系统状态而变化。需要接近 $s\approx0.5$ 的高速率正反馈，才能脱离基于波动的未定状态。需要较低速率的正反馈，即主要是接近 $s\approx0$ 和 $s\approx1$ 的负反馈，以远离一致状态。在许多可能的函数选择中，任意选择 $P_{FB}(s)=0.75\sin(\pi s)$（见图 6.9c）。图 6.10 底部给出了产生轨迹的例子。如所期望的一样，轨迹远离极端状态 $s\in\{0,1\}$，因为一旦它们接近，负反馈占优势（$P_{FB}<0.5$）。

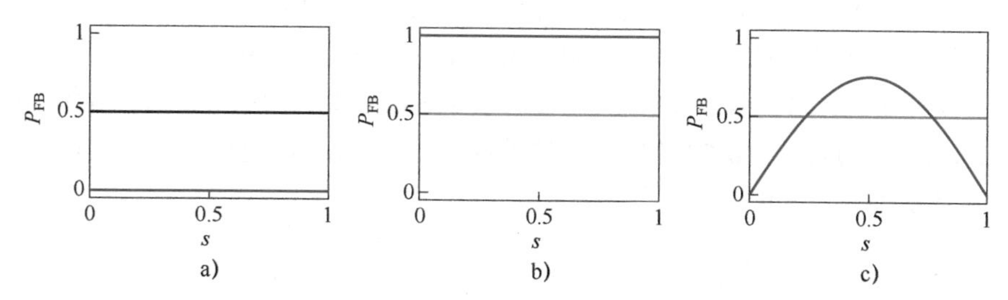

图6.9 以下情况下的正反馈概率函数 $P_{FB}(s)$：a）埃伦费斯特瓮模型（$P_{FB}(s)=0$）；b）Eigen 瓮模型（$P_{FB}(s)=1$）；c）群体瓮模型（$P_{FB}(s)=0.75\sin(\pi s)$）

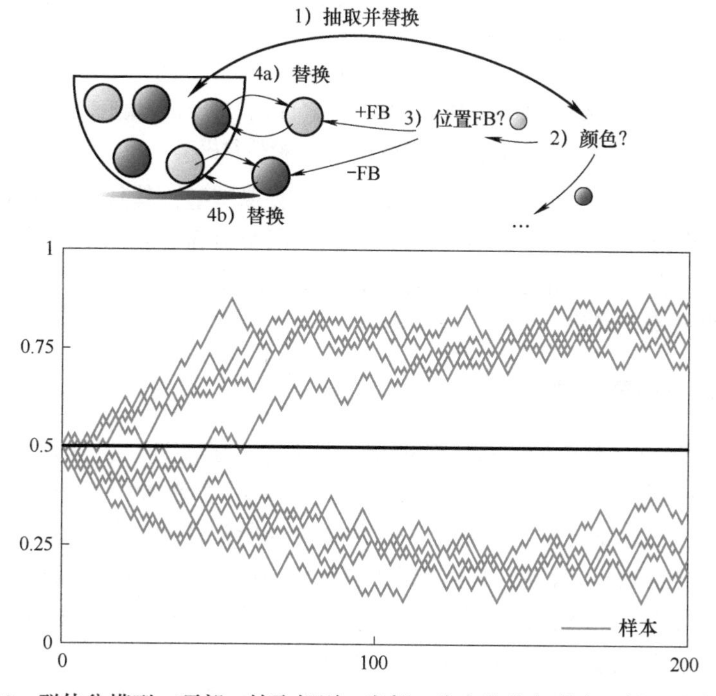

图6.10 群体瓮模型，顶部：抽取规则，底部：瓮中的蓝色弹珠比例（垂直方向）与重复抽取轮数（水平方向），最初50%的弹珠是蓝色

最后，观察一轮中状态变量 s 的预期变化：$\Delta s(s(t))$（见图6.11）。对于群体瓮模型，有以下方程

$$\Delta s(s)=4\left(P_{FB}(s)-\frac{1}{2}\right)\left(s-\frac{1}{2}\right)$$

对于埃伦费斯特瓮模型，有一个固定点 $s^*=0.5$。对于 Eigen 瓮模型，有两个

固定点：$s_1^* = 0$ 和 $s_2^* = 1$。对于群体瓮模型，有两个固定点：$s_1^* \approx 0.23$ 和 $s_2^* \approx 0.77$。在 $s \approx 0.23$ 和 $s \approx 0.77$ 之间，由于正反馈群体变得远离 $s = 0.5$。在 $s \approx 0.23$ 和 $s = 0.5$ 之间，群体被推向 $s = 1$。在 $s = 0.5$ 和 $s \approx 0.77$ 之间，群体被推向 $s = 1$。在 $s = 0$ 和 $s \approx 0.23$ 之间，群体被推向 $s = 0.5$，以及在 $s \approx 0.77$ 和 $s = 1$ 之间，群体被推向 $s = 0.5$。

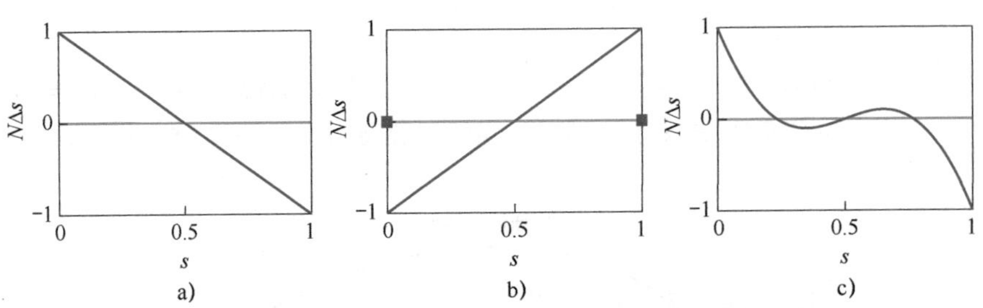

图 6.11 一轮中状态变量 s 的预期变化：$\Delta s(s(t))$，对于 a）埃伦费斯特瓮模型；b）Eigen 瓮模型；和 c）群体瓮模型

对于群体瓮模型，现在有简单的集体决策宏观模型，其甚至有可能代表微观模型，如一个机器人说服另一个机器人。此瓮模型明确地表示了反馈，也有助于更好地理解 1.3.1 节中介绍的正反馈和负反馈。群体瓮模型尽管简单，但有可能适用于群体机器人场景。

6.5.2 投票模型

投票模型[73]是简单的集体决策模型，具有惊人的特性。机器人 i 考虑其相邻机器人的当前意见 $o_j, j \in \mathcal{N}_i$。该机器人随机挑选一个邻居 j，并将其自己的意见转换为该邻居的意见（如果机器人先前的意见与所挑选的邻居的意见相同，则其仅保持自己的意见）。现在，你可能会问自己，随意听取邻居的意见是一种什么样的无意义行为。当然，你不希望在下次选举中采用这种方式。然而，此模型的目的不仅仅是给出最简单行为的基线，相反，它证明了投票模型的竞争力。投票模型实施缓慢的决策过程，但其非常准确，换言之，有助于群体就正确的决策[395]达成共识。这种基于随机选取邻居的高度准确性可能是违反直觉的，但可以理解为过程缓慢，同时不太注意系统的当前状态。如果某个观点有多数人支持，那么该观点更有可能被选中。然而，没有确定的过程可以强迫当地多数人获胜。因此，决策过程相当稳健。

6.5.3 多数规则

多数规则是集体决策的另一个简单模式。与投票模型相比，它似乎更直观。

机器人 i 检查其邻域组 $\mathcal{G}_i$ ，并对每个选项 O_j的出现次数 w_j 进行计数。然后，机器人将其选项切换到最频繁的选项 O_k，$k = \operatorname{argmax} w_j$ ，即其邻域组内的多数。与投票模型相比，多数原则准确性较低，但速度较快[395]。直观上，这可以通过以下方式来理解。例如，我们有一个极端的情况，每个机器人都有一系列覆盖整个群体的非典型传感器。例如，只有两个选项 O_1 和 O_2，最初每个机器人有 50-50 的机会选择其中一个作为选项。那么群体中两种选项的总体分布也接近 50-50 的情况。因此，初始多数是随机确定的，但所有机器人都会更新它们的意见，并遵循随机确定的初始选项。在 50% 的情况下，这种最初的多数将是两者中较糟糕的选项。对于投票模型，即使具有如此众多传感器的机器人也只会从群体中随机选择一个机器人，然后转换到自己的选项。如果传播与选项的质量相关，群体仍有机会做出正确的集体决策。

6.5.4 Hegselmann-Krause

许多不同研究领域普遍采用的一个模型是 Hegselmann-Krause 模型[183]。考虑到其简单性，该模型直到 2002 年才发布着实令人惊讶。机器人从定义在 $x \in [0, L]$，$L \geqslant 1$ 上定义连续个可能的选项 x。因此，机器人直接对自己定位，尽管间隔 $[0,L]$ 不需要与真实世界空间中的位置直接相关联。这里的概念是每个机器人都移动到它的邻域组的质量中心。机器人 i 在每个时间步长中的更新规则由式（6.6)给出

$$x_i = \frac{1}{|\mathcal{G}_i|}\sum_{j \in \mathcal{G}_i} x_j \tag{6.6}$$

式中，$\mathcal{G}_i = \{1 \leqslant j \leqslant N: \| x_i - x_j \| \leqslant 1\}$ 。此外，假设所有行为体同时更新它们的位置，这并不意味着定义和研究异步 Hegselmann-Krause 的其他变体是非法的。机器人倾向遵循此模式。它们很快与邻居聚集在一起，但不会探究在它们的视野后面是否有更多的同伴。结果，对于合理的 L 值、群体规模 N 和观点的初始分布，人们得到许多小的聚集机器人集群（见图 6.12 的左部)。为了获得对群体机器人更有用的模型，可以添加噪声项 ε_i [102]，该噪声项例如可以从区间 $\varepsilon_i \in [-0.5, 0.5]$ 取样，从而得到

$$x_i = \frac{1}{|\mathcal{G}_i|}\sum_{j \in \mathcal{G}_i} x_j + \varepsilon_i \tag{6.7}$$

然后，噪声项 ε_i 执行探索行为，使机器人能够（暂时）移出这些小集群，并最终加入其他集群（见图 6.12 的右部)。

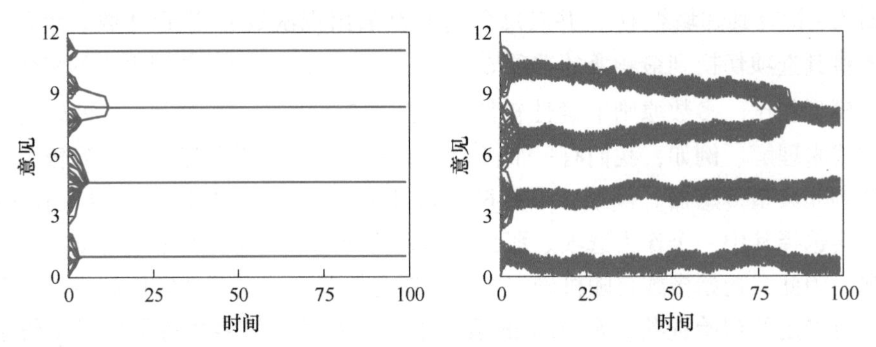

图 6.12 原始 Hegselmann-Krause 模型的“意见空间”中的轨迹示例（左），式（6.6）；带勘探的变体（右），式（6.7）；使用的参数设置：$L=12$，群体大小 $N=100$，初始机器人位置通过 $[0,12]$ 的随机均匀分布采样

6.5.5 Kuramoto 模型

Kuramoto 模型通常用于描述耦合振荡器[225]的同步过程。机器人使用振荡器（例如，来自经典力学或甚至更简单的谐振子）表示，并且机器人通过耦合到其他机器人来“通信”。每个机器人 $i \in \{1,2,\cdots,N\}$ 具有内部状态，其当前相位为 $\theta_i \in [0,2\pi]$。在标准 Kuramoto 模型中，相位通过以下方程更新：

$$\frac{\mathrm{d}\theta_i}{\mathrm{d}t} = \omega_i + \frac{K}{N}\sum_{j=1}^{N}\sin(\theta_j - \theta_i) \tag{6.8}$$

对于机器人的优选频率 ω_i 和耦合强度 K。然而，标准模型具有全局耦合，即每个机器人与所有其他机器人对话。相反，我们更喜欢局部耦合

$$\frac{\mathrm{d}\theta_i}{\mathrm{d}t} = \omega_i + \frac{K}{|\mathcal{G}_i|}\sum_{j\in\mathcal{G}_i}\sin(\theta_j - \theta_i) \tag{6.9}$$

$\mathcal{G}_i = \{1 \leqslant j \leqslant N : \mathrm{dist}(\theta_i,\theta_j) \leqslant r\}$，对于某些（传感器）范围 r，且 dist（·）遵循类似圆环的弧度概念

$$\mathrm{dist}(x,y) = \min(\|x-y\|, 2\pi - \|x-y\|) \tag{6.10}$$

最初，所有机器人都始于随机阶段。该耦合引入了推动同步的反馈。所以这类似于流行的节拍器实验（通常是一个让音乐系学生跟上节奏的工具）。例如，你可以把五个异步节拍器放在一块板上，把这块板放在两个饮料罐上。然后开始轻微地前后移动该板，对所有节拍器施加一个力，这基本上是一个全局耦合，使它们同步。有了更好的同步，该板移动量更大，从而对节拍器施加更大的力（正反馈）。最终所有节拍器同步。

Kuramoto 模型可能有许多变体，人们已经提出这些变体。可以使用距离对该

耦合进行加权，添加噪声，以一维或二维振荡器阵列的形式实行一种结构等。

使用耦合振荡器的概念来模拟在伦敦千禧桥上观察到的现象[36,367]。由于最初的波动，桥开始横向来回位移。在桥上行走的人对这种位移的反应是无意识地使他们的步态同步。当人群规模超过临界阈值时，桥梁的运动得到加强（正反馈），开始移动的位移量更大。这是一个自组织系统，也是群体效应的一个很好的例子。人们发现，对于千禧桥，只有当群体大小超过临界值 $N_c = 160$ 时，才观察到这种现象。O'Keeffe 等人[297]的工作也与此相关，因为它允许振荡器在同步时移动和群集。Moioli 等人[283]给出了 Kuramoto 模型在机器人技术中应用的一个例子。他们用这个模型作为基准。

6.5.6 Axelrod 模型

Axelrod 的文化传播模型[21]是对文化传播的抽象。假设有 $L \times L$ 的正方形网格。在每个格子里居住着一个有文化的行为体，其特征在于有 n 个特征（定义区间上的整数）的列表。所有行为体都按随机文化进行初始化。每个时间步中的更新按以下方式完成。首先，随机选择一个行为体 i。其次，随机选择行为体 i 的邻居 j。行为体 i 和 j 以概率 $P = s/n$ 相互交互，其中 s 是行为体 i 和 j 相同的文化特征的数量。行为体 i 选择行为体 j 的与其自身不同的文化特征，并用行为体 j 的值覆盖其自身的值。此过程一直持续，直到所有相邻行为体都具有相同的文化或具有完全不同的文化（即 $P = 0/n = 0$）。Axelrod 模型的主要信息是“局部趋同可能导致全局极化”和“简单的变化机理可能会产生违反直觉的结果”（几乎没有极化的大区域）[21]。

6.5.7 伊辛模型

我们的起点是众所周知的伊辛模型，该模型最初是作为一个玩具模型开发的，用于研究铁磁性和相变[429]。伊辛模型在各个领域都大受欢迎，物理学家们引用 Sznajd-Weron 和 Sznajd[371]，取笑那些将其应用于替代系统的人：

> 伊辛自旋系统无疑是统计力学中最常用的模型之一。最近，此模型也成为最受欢迎的物理学向生物学、经济学或社会学等“其他科学分支”输出的文章。有两个主要原因：由诺贝尔奖获得者 PeterB. Medawar 首次用语言表达了上述原因——“物理嫉妒”，这是一种出现在一些研究人员身上的综合征，他们希望具有像物理学家所建模型一样的完美而相对简单的模型（例如伊辛模型）。

最初的伊辛模型是在一个晶格上定义的，换言之，每个点都定位规则，例如，每个点与四个相邻点相连（正方形晶格，见图6.13）。通常假设该晶格是静态的，也就是说，每个点的相邻点始终不变。除了晶格之外，这些点中的每一个点都有一个所谓的自旋 s，自旋是二元的，只能取两个值中的一个：+1 或 −1。伊辛模型的标准定义是通过给出系统总能量的哈密顿量 H 来完成的。于是：

$$H = -J\sum_{\langle ij \rangle} s_i s_j - B\sum_i s_i \tag{6.11}$$

对于耦合常数 J，具有常数 B 的外部磁场，项 $\langle ij \rangle$ 给出了由晶格定义的所有相邻自旋对，假设有 N 个自旋，因此 $i \in \{1,2,\cdots,N\}$ 。这里，不需要外部场，并且设置 $B = 0$ ，于是有

$$H = -J\sum_{\langle ij \rangle} s_i s_j \tag{6.12}$$

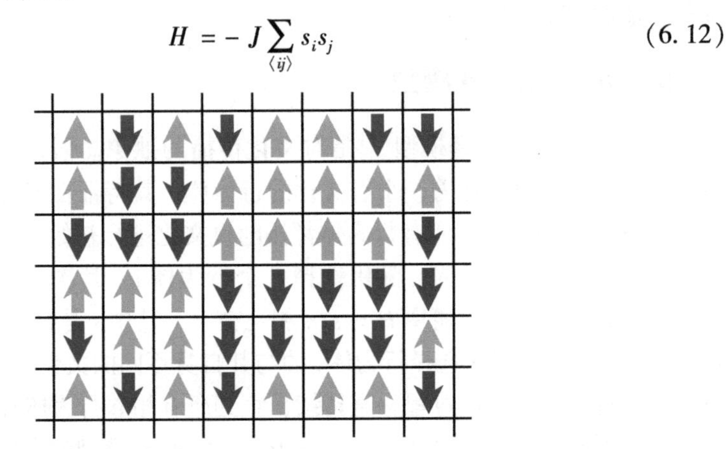

图6.13　二维伊辛模型的配置示例。红色箭头代表自旋 $s = +1$ ，蓝色箭头代表自旋 $s = -1$

有趣的是，哈密顿量并不描述单个自旋的局部行为；相反，物理学家最初满足于只知道全局系统状态。这里的文化冲突在于，群体机器人技术专家必须设计机器人行为，而物理学家发现了只需要建模的设计容易的系统。伊辛模型描述的实际物理系统（即铁磁系统）基于波动和局部相互作用自发地改变其自旋。因此，自旋行为与机器人的行为相差不大，机器人也通过随机动作探索它们的环境，并与邻近的机器人合作。

接下来，我们通过蒙特卡罗模拟（马尔可夫链蒙特卡罗模拟[39]）来定义自旋的行为。虽然物理学家只使用模拟来计算自旋系统的某些特性，而不想用它来描述自旋的实际行为，但我们把模拟的局部规则作为行为体行为的定义。我们使用梅特罗波利斯算法的数值方法作为我们对行为体行为的定义。

梅特罗波利斯算法定义了所谓的单自旋翻转动力学，并试图在每个时间步翻转单个自旋，实现从配置 v 到下一个配置 w 的切换。为此，我们选择具有同质选择概率 $g(i) = 1/N$ 的随机位置 i，并计算考虑的翻转将导致的能量变化

$\Delta E = E_w - E_v$。然后我们在以下条件下接受翻转：①如果 $\Delta E \leqslant 0$，概率为1；以及②如果 $\Delta E > 0$，仅具有取决于下式定义的 ΔE 接受概率 A

$$A(v,w) = \exp(-\beta(E_w - E_v)) = \exp(-\beta\Delta E) \tag{6.13}$$

$\beta = (kT)^{-1}$，对于玻尔兹曼常数 k 和温度 t，为了简单起见，也因为我们不想模拟实际的物理系统，通常设置 $k = 1$。负能量差（$\Delta E < 0$）对应于行为体的多数决定，正能量差（$\Delta E > 0$）对应于少数决定。对于 $T > 0$，少数决定的概率不为零，而对于 $T=0$，少数决定的概率为零。温度决定是否有自由能可以用来做探索性的动作，也就是说，不减少总能量的动作。

下面是一个有趣的设置。我们用 $T = \infty$进行初始化，该方程给出了自旋的随机不相关初始化。然后设定 $T = 0$，即对系统进行冷却，因为我们需要均匀的系统状态。受此影响并根据式（6.13），不接受会增加能量的自旋翻转（即少数决定）。因此，我们获得了一个不断进行局部优化的系统。感兴趣的读者可以从这里继续阅读 Galam[131] 的一篇论文，该论文将伊辛模型与群体决策直接联系起来。

6.5.8 纤维束模型

纤维束模型可以追溯到 Peires[305]。例如，Raischel 等人给出的现代概述[321]。假设有一种材料，在规则的晶格中包含 N 根平行的纤维。我们研究了纤维束对拉动这些纤维的力的反应。每根纤维 i 是弹性的，在拉动时伸长，直到在单独的断裂阈值 θ_i 断裂。每根纤维的单独阈值 θ_i 是独立的同分布随机变量。选择分布是一项建模决策。典型的选择是威布尔分布

$$P(\theta) = 1 - \exp\left(-\left(\frac{\theta}{\lambda}\right)^m\right) \tag{6.14}$$

式中，m 是威布尔指数，λ 是标度参数。在某根纤维失效后，其负荷必须由其余完好的纤维分担。我们区分两种分担负荷的方式。在全局负荷分担中，负荷平均地重新分布在所有完好的纤维上。在局部负荷分担中，失效纤维的全部负荷被平均地重新分配到其局部相邻的纤维。例如，我们可以选择一个冯·诺依曼邻域，并在四根（尚未断裂）相邻的纤维（北、南、东、西）之间分配负荷。在这个模型中观察到的一个有趣的效应是断裂雪崩的发生。我们可以计算在这样的雪崩事件中有多少纤维断裂，从而定义了雪崩规模 Δ。规模为 Δ 的雪崩分布 D 遵循指数为 5/2 的幂律分布[321]

$$D(\Delta) \propto \Delta^{-5/2} \tag{6.15}$$

在群体机器人的背景下，我们可以将纤维束模型解释为集体决策的时间模型。例如，任务不是从几个选项中选择，而是决定何时选择一个选项（例如，逃

跑或者何时开始施工等）。那么“断裂”将被重新解释为机器人想要采取或现在采取行动的各自决定的积极事件。该决定可能会触发其相邻机器人的决定。各断裂阈值 θ_i 对应于机器人的个体灵敏度。雪崩相当于决策在群体中的快速传播。雪崩规模 Δ 的幂律分布会给我们一个提示，告知我们每次预期有多少机器人做出决定。

纤维束模型的缺点是纤维是静止的，相邻纤维固定不变。断裂阈值 θ_i 引入了一个有趣的异质性，这可能对机器人群体有积极的影响，但此关系并不清楚。

6.5.9 Sznajd 模型

Sznajd 模型也称为 USDF 模型（“合则存，分则亡”）。个体 i 有 $S_i = -1$ 的否定意见或 $S_i = 1$ 的肯定意见，每个个体有两个邻居。在每个时间步中，随机选择两个个体 S_i 和 S_{i+1} 。它们的邻居 S_{i-1} 和 S_{i+2} 的选项然后按照以下两个规则更新：

- 如果 $S_iS_{i+1} = 1$ ，则 $S_{i-1} = S_i$ 及 $S_{i+2} = S_i$ 。
- 如果 $S_iS_{i+1} = -1$ ，则 $S_{i-1} = S_{i+1}$ 及 $S_{i+2} = S_i$ 。

该系统总是以一致的状态或者僵持的状态（不一致）结束。发现决策时间分布指数为 -1.5 的幂律。

6.5.10 巴斯扩散模型

巴斯扩散模型[31]是对创新产品首次发布后消费者如何采用该产品进行的抽象。潜在的假设是，关于该产品的消息以口头传播的方式从过去的使用者传播到尚未使用者。产品使用是指首次购买该产品。这与 Arthur 的“锁定”概念[15]有关，例如，当互不兼容的专有格式之间发生“格式之战”时（例如，Betamax 和 VHS 之间的录像带格式之战）。然而，在巴斯扩散模型中，我们只关注一种产品以及它如何在整个市场中传播。使用者（有意识或无意识地）说服尚未使用者的口碑传播过程可以解释为集体决策过程，有两个选项：买或者不买。使用巴斯扩散模型，我们可以研究随时间推移的过程。

在时刻 t 采用新产品的市场份额是 $f(t)$ ，在时刻 t 已经采用新产品的市场份额是 $F(t)$ 。“在［时刻］t 的潜在市场份额（假设它们还没有被采用）等于先前采用者的线性函数。”㊀我们有

$$\frac{f(t)}{1-F(t)} = p + qF(t) \tag{6.16}$$

㊀ http：//www. bassbasement. org/bassmodel/bassmath. aspx.

式中，p 是创新系数，q 是模仿系数。对于一个规模为 N 的（潜在）市场，得到销售额为 $S(t)=Nf(t)$，它可以仅根据 p、q 和 N 来表示[31]。

$$S(t)=N\frac{(p+q)^2}{p}\frac{\mathrm{e}^{-(p+q)t}}{\left(1+\frac{q}{p}\mathrm{e}^{-(p+q)t}\right)^2} \tag{6.17}$$

销售高峰期 t^* 的时间由 $t^*=\frac{\ln q-\ln p}{p+q}$ 给出。图6.14显示多年销售曲线图的例子。市场规模 N 可解释为群体规模，$S(t)$ 指定了在时刻 t 有多少机器人经确认选择“购买”。

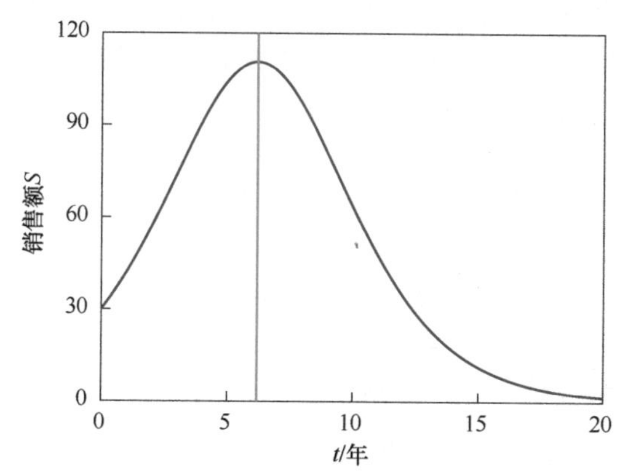

图6.14　巴斯扩散模型中的销售额，市场规模 $N=1000$，创新系数 $p=0.03$，模仿系数 $q=0.38$，销售高峰期 $t^*\approx6.19$

6.5.11　社会物理学和逆向思维者

Galam[133]称他几十年来开发的模型集为“社会物理学”。Galam专注于集体决策、投票和意见动态。从他的许多作品[132-136]中，我们选择一个集体决策模型，其中包含了所谓的逆向思维者[132,133]。“逆向思维者是故意决定反对其他人的主流选择的人，不管该选择是什么”[132]。在机器人群体中，逆向思维者可能是有缺陷的机器人，也可能是蓄意破坏的入侵者，还可能是故意加入群体的第二个机器人群体的一部分（因此使它成为一个异类群体），以防止群体达成共识。

逆向思维者模型的思想是假设群体中有一部分逆向思维者 $0\leqslant a\leqslant1$。系统状态为 $0\leqslant s\leqslant1$，即对于二元判定问题 $O=\{O_1,O_2\}$，支持选项 O_1 的行为体。根据当前的系统状态 s_t，逆向思维者总是反对当前的多数。我们要考察这个系统

的演变，即一个时间序列 $s_0,s_1,s_2,\cdots$ 。行为体如何转换观点的过程是基于简单的假设。我们说，在每个时间步长中，形成任意的行为体群体 $\mathcal{G}$ 。这些群体有一个定义的常量规模 $|\mathcal{G}|=r$ 。忽略行为体和它们的意见之间任何可能的空间相关性。我们还假设在这些群体中，多数原则决定意见的转变。现在我们对所得到的系统状态 s 的更新规则感兴趣。开始时没有逆向思维者，即 $a=0$。我们必须做组合学，寻找规模为 r 的两种方案 o_1 和 o_2 群组的所有可能组合。对导致方案 o_1 的多数决定的所有组合求和，并得到更新规则

$$s_{t+1} = \sum_{m=\frac{r+1}{2}}^{r} \binom{r}{m} s_t^m (1-s_t)^{r-m} \tag{6.18}$$

为了增加逆向思维者的影响，我们只需要加入一个基本上反向的项。这就是那些大多数成员支持选项 o_2，但由于逆向思维者而导致该选项被否决的群组出现的原因。然后，将这两项使用逆向思维者 a 进行加权，得到

$$s_{t+1} = (1-a)\sum_{m=\frac{r+1}{2}}^{r} \binom{r}{m} s_t^m (1-s_t)^{r-m} + a\sum_{m=\frac{r+1}{2}}^{r} \binom{r}{m} (1-s_t)^m s_t^{r-m} \tag{6.19}$$

例如，对于群组规模 $r=3$，得到

$$s_{t+1} = (1-a)(s_t^3 + 3s_t^2(1-s_t)) + a((1-s_t)^3 + 3(1-s_t)^2 s_t) \tag{6.20}$$

图6.15 中给出了对应于不同 $a \in \{0,0.05,0.1,0.25\}$ 的结果函数 $s_{t+1}(s_t)$ 。函数 $s_{t+1}(s_t)$ 与对角线 $s_{t+1} = s_t$ 之间的交叉点是不动点。取决于逆向思维者分数 a，存在质变情况。对于 $a \in \{0,0.05,0.1\}$ ，数值 $s_1^* \approx 0$ 和 $s_2^* \approx 1$ 是稳定不动点，而 $s_3^* = 0.5$ 是不稳定不动点。然而，对于 $a = 0.25$ ，只有一个稳定的不动点 $s_1^* = 0.5$ ，这意味着群体收敛于50% 支持选项 o_1 和50% 支持选项 o_2 的未定状态。一小部分逆向思维者就足以阻碍决策过程。另外，函数 $s_{t+1}(s_t)$ 的陡度决定群体需要多少时间来达成共识（陡度越大，时间越快）。一小部分逆向思维者 $a=0.05$ 已经减缓了这个过程。

如上所述，在机器人群体中使用逆向思维者可以避免达成共识。在一个动态的环境中，总是希望有一小部分机器人与大多数机器人有不同的观点。例如，这些机器人不断访问和探索与他们的观点相对应的区域，因此会检测到质量动态提高。自适应群体必须避免达成共识，或者以另一种方式进行探索。逆向思维者的概念类似于 Merkle 等人[272] 所说的“反行为体”。例如，在聚合场景中，反行为

体试图阻止聚合。Merkle 等人[272]建议使用反行为体来防止群体中不希望出现的紧急效应。

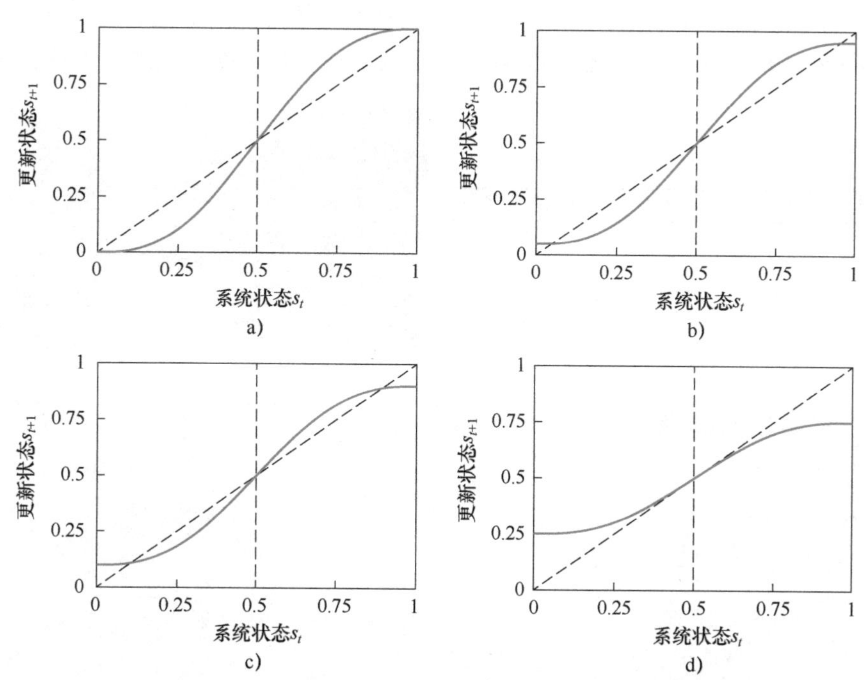

图 6.15　社会物理学和逆向思维者[132]，系统状态 s 的变化（支持选项 o_1 的行为体比例）取决于群体中逆向思维者 a 的比例，群体规模 $r=5$，式（6.19）。a）逆向思维者 $a=0$；b）逆向思维者 $a=0.05$；c）逆向思维者 $a=0.1$；d）逆向思维者 $a=0.25$

6.6　实施

6.6.1　100 个机器人的决定

直到最近，机器人群体才变得更大。自 2014 年以来，已报告的群体机器人硬件实验已增加到 1000 个机器人[332]。这里，我们研究一个包含 100 个 Kilobot 机器人的群体[331]，假设它们探索两个潜在的目标区域，并集体决定应该选择哪一个目标区域。在一系列研究中，Valentini 等人调查了投票模型和多数规则对机器人群体集体决策的影响[395-398]。机器人群体的任务是在蓝色场地和红色场地之间进行选择（见图 6.16）。最初，将机器人定位在场地的中央，将它们初始化为具有相等概率的蓝色或红色选项，并且它们对这些区域的理想程度一无所知。然而，机器人知道如何找到它们。在红色场地的后面，有一个灯标（如果仔细看，可以看到图6.16中机器人各自的阴影）。机器人知道，当它们接近灯标（趋光性）时，它们会朝着红色场地运动并最终到达红色场地，如果它们接近光强度较低的区域（反趋光性），它们会朝着蓝色区域运动。在机器人到达某个场地后即

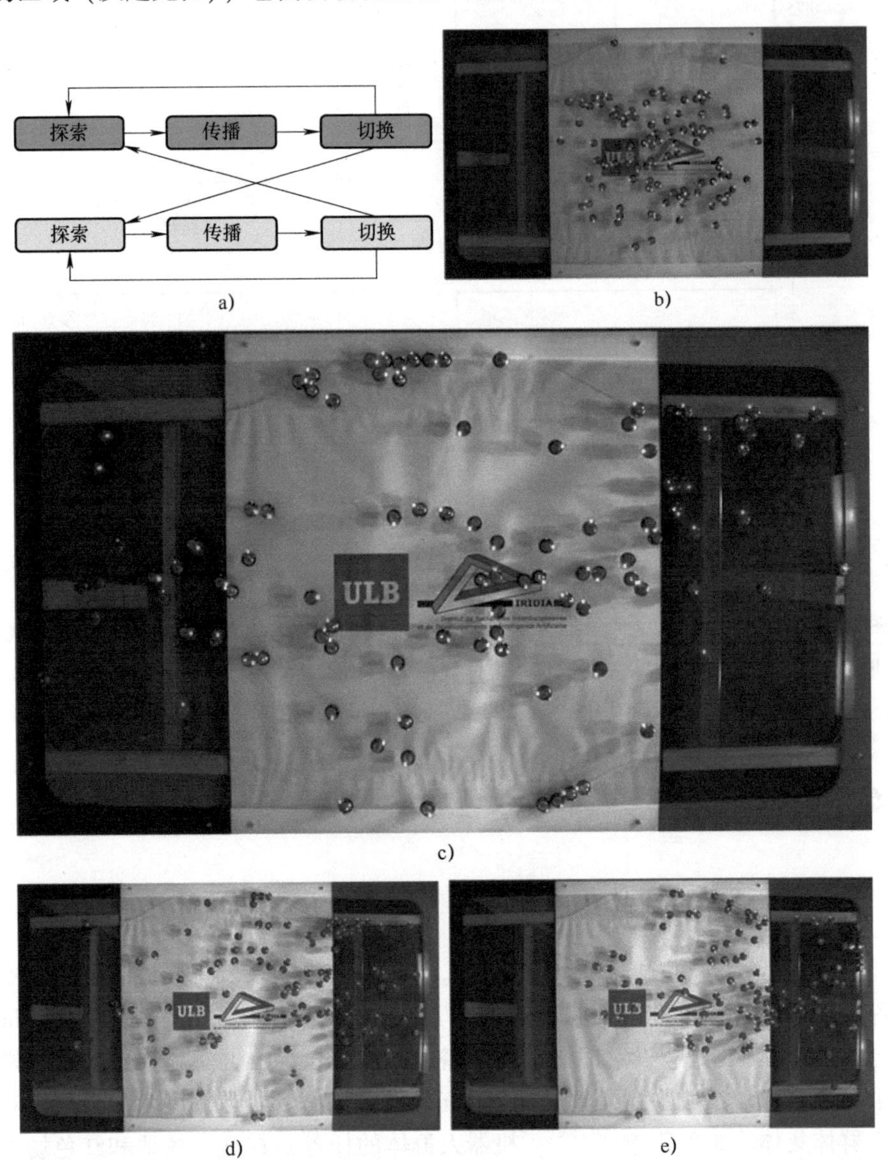

图6.16　100个Kilobot机器人的集体决策[395]。a）机器人行为的有限状态机；b）机器人实验的初始配置；c）机器人实验的早期配置；d）机器人实验的中间配置；e）机器人实验的后期配置

可以对其进行探索。在本实验中，只有该场地上的机器人可以接收红外信息。该消息包含实际场地质量的数值。这里，红色场地比蓝色场地的质量更高，因此，我们期待就红色场地达成共识。

如上所述，机器人遵循三个阶段的集体决策程序（见图6.5）。机器人由概率有限状态机（见图6.16a）控制，对于两个观点（红色和蓝色），该状态机具有探索、传播和切换状态。在探索状态下，机器人前进到其当前选项的相应位置，探索其质量，并返回到中间的白色区域。在随后的传播状态下，机器人在白色区域内随机移动，并将包含其当前观点的消息作为本地广播发送到它们的邻居，即它们周围的红外信号可以到达的区域（几厘米，而整个区域的大小为100cm×190cm）。最后，在切换状态下，机器人在白色区域内随机移动，倾听邻居的信息，计算两个选项中任何一个选项的信息数量，然后进行切换。对两个切换规则进行了研究。在使用投票模型时，机器人选择一条随机消息，并切换到该消息中传播的选项。在使用多数规则时，机器人比较“蓝色信息”和“红色信息”的数量，并切换到多数。

无论是使用投票模型还是多数规则，基于到目前为止给出的描述，不会偏好两个场地中的任何一个，因为测量的场地质量还没有产生影响。该偏好是通过取决于场地的测量质量改变传播状态所花费的时间来实现的。质量越高，传播时间越长。平均时间与质量成正比。这称为调制正反馈，因为机器人本身持续影响正反馈的程度。

用这100个机器人做一次实验需要90min，这可能看起来很长。Kilobot机器人不能用它们振动的小腿快速移动。此外，将探索阶段模拟为某个最短持续时间，尽管机器人在技术上可以更快地执行探索。如图6.16所示，以及Valentini等人[395]的报告，这种方法是有效的。最后，群体对红色达成共识。例如，此场景可能是群体构建的初始阶段。最初，群体必须就从哪里开始建造达成一致，以便将群体的所有力量集中在一个建筑场地上。

投票模型和多数规则的区别在于，投票模型更准确（即更频繁地发现正确的共识），而使用多数规则会导致决策过程更快[395]。这与在蚂蚁[126]和人类决策[46]案例中发现的情况非常一致。这就是所谓的速度与准确性的折中，似乎基本上是决策的自然法则。你决策速度很快，但不太准确，或者你决策很准确，但速度不会太快。我们大多数人都能从自己的经历中证实这一规律。当然，相反的情况不一定正确。在决策上花费大量时间并不总是能提高最终决策的质量。当在机器人群体中设计用于集体决策的机器人控制器时，人们必须决定对于各个应用，是准确度还是速度更相关。

6.6.2 集体感知作为决策

尽管 Valentini 等人[393]将他们的方法称为“集体感知”，但也可以将其视为集体决策情景。这里的探索阶段比上面的 Kilobot 机器人例子更加有趣。机器人必须决定它们所处环境的整体特征。机器人在铺有白色和黑色瓷砖的地板上移动（见图 6.17），使用一个地面传感器来检测亮度。群体的任务是确定黑瓷砖还是白瓷砖占多数。与上面的例子相反，机器人不必根据它们的意见导航到某个区域，而是可以永久地探索。黑白瓷砖的出现频率是环境的一个全局特征。任务难度可以通过选择一种瓷砖的明显多数（例如，如图 6.17a 中的 66% 黑色）或更接近 50-50 状态的关系（例如，如图 6.17b 中的 52% 黑色）来调节。

图 6.17 集体感知进行集体决策，机器人必须确定是黑色瓷砖还是白色瓷砖占多数；两种环境：用 66% 黑色表示容易，52% 黑色表示困难[393]。a）简单（66% 黑色）；b）困难（52% 黑色）；c）用 20 台 e-puck 机器人进行机器人实验

在本实验中，使用了 20 个 e-puck 机器人[285]。机器人进行随机行走，并测量它们的地面传感器检测到它们当前意见的块的时间（例如，在意见“黑色”的情况下，机器人测量它的地面传感器检测到黑色块的时间）。同样，传播时间

然后根据该测量进行调制，这在这里用作选择质量。Valentini 等人[393]再次测试了投票模型和多数原则。此外，还使用了一种称为“直接比较”的方法，该方法将直接比较质量度量，以确定机器人是否应该改变其观点。这三种方法都是有效的。总体结果喜忧参半。正如所料，多数原则会导致快速决策。直接比较法在相当小的群体中工作得很好，但是随着群体规模的增加，这种方法不能很好地扩展，并且对于更困难的任务也有困难。投票模型可以说是介于其他两种方法之间，但结果并不完全清楚[393]。

这种情况的独特之处在于集体决策与集体感知相结合。类似于当我们看图 6.17时在我们大脑中可能发生的情况，机器人必须集体估计大多数。所报告的方法[393]显然试图保持机器人之间的通信简单，但可以共享更多的信息。例如，机器人可以计算测量质量的平均值。随机行走可以用分散的方法来代替，同时仍然允许机器人混合。这样，机器人可以覆盖更多的区域，并可以收集更多的代表性样本。

6.6.3　作为隐式决策的聚合

我们可以将机器人群体中的聚合行为解释为集体决策。群体至少含蓄地同意在某个区域见面。因为空间是连续的，观点的数量可能是无限的。一旦机器人必须从一组给定的可能聚合区域中进行选择，决策方面就会变得更加清晰。如果所有这些区域都具有相同的效用，或者至少最好的区域具有相同的效用，那么群体就面临着对称性破缺的问题。机器人群体必须就其想要选择的等效区域达成共识。即使所有区域都有不同的效用，仍然可以通过集体方法来进行决策。

群体聚合算法的一个常见例子是 BEECLUST[17,19,211,212,344,349]。它实现一种自适应聚合行为，换言之，并不是空间中的所有位置对于聚合都具有相同的效用。相反，可以在空间的任何一点测量数值来确定该点的效用。例如，该参数可以是光、温度或化学物质的浓度。最初，该算法受到蜜蜂幼虫聚集行为的启发。该算法的一个关键概念是它依赖于不频繁的测量。亦即机器人跟随空间特征的斜率而不是实现梯度上升，机器人通过社会互动来确定高效用点。每当两台机器人相遇时，它们会测量局部特征，并停留一段时间，该时间与测量的特征成比例。在正反馈过程中，聚合的机器人集群大多靠近高效用区域。关于不同机器人平台的实施示例，参见图 6.18。这种方法的细节将在第 7 章中讨论。

通过将 BEECLUST 解释为一种集体决策方法，我们发现与上述标准决策过程相比有几个独特的属性。原则上，机器人可以从连续空间的无限多个位置中进行选择，而不是只有几个明确定义的选项。然而，通过形成集群，它们能产生虚拟的离散选项，这些选项至少能够被外部观察者区分。如果你愿意，聚合机器人会在“决策空间”中将位置标记为选项，并试图吸引其他机器人加入它们的观点。

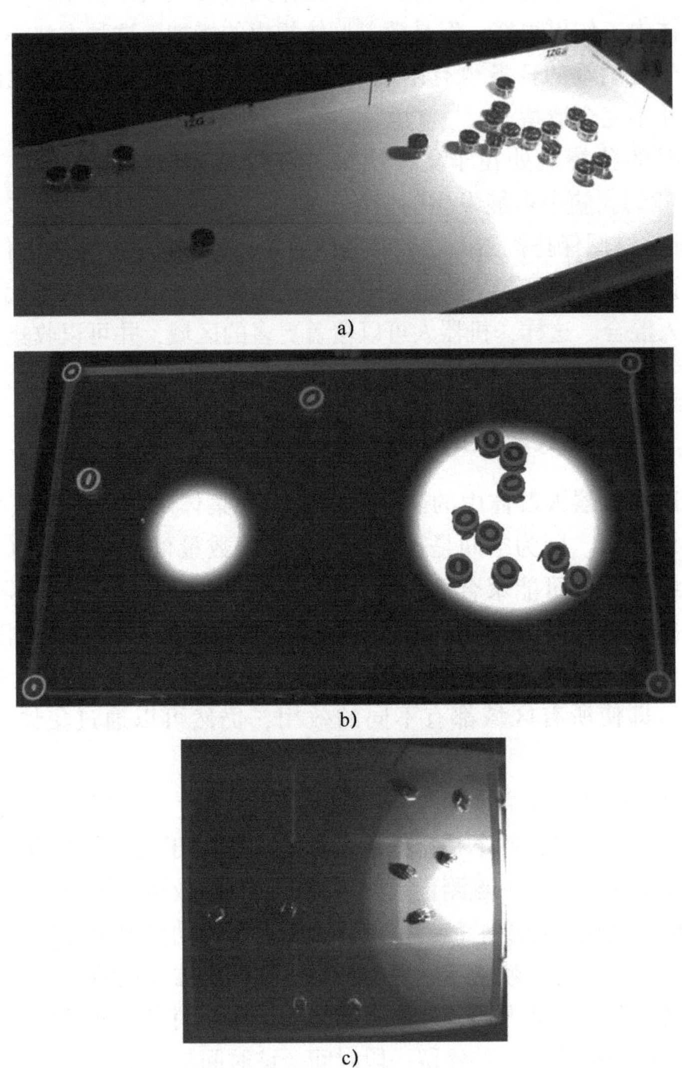

图 6.18 BEECLUST 算法在不同机器人平台上的实现。a）e-pucks（Ralf Mayet 和 Thomas Schmickl）；b）Arvin 等人的在 42in（107cm）液晶显示屏上的 Colias 机器人[18]；c）Wahby 等人的 Thymio Ⅱ机器人[406]

6.7　更多读物

Valentini 写了一篇很长的文章专门论述群体机器人的集体决策[392]。特别是介绍的概念值得一读，整体方法在很大程度上以理论为导向。Valentini 等人还有一篇较短的相关文章[394]。Serge Galam 在其“社会物理学”[132-136]中的工作超出了群体机器人的领域，但仍然专注于集体决策和意见动态。Castellano 等人[66]发表了一篇风格类似的论文，该论文从统计物理学的角度涵盖了与集体决策相关的各种模型。

此外，在文献中有很专业但相关的亮点。例如，Campo 等人[61]关于资源甄别的著作。Scheidler[340]为延迟产生的影响提供了很好的理论分析。类似地，Montes de Oca 等人[87]调查了群体中的延迟。Couzin 等人[76,77]的著作侧重于动物行为，具有高度相关性。Szopek 等人[372]报告了蜜蜂的有趣行为，Dussutour 等人[106]报告了噪声对决策的重要影响。Halloy 等人[163]给出了生物杂交系统中集体决策的一个例子。用人工群体影响自然群体是未来害虫控制的一个有趣方案。最后，Reina 等人[324]提出了用于集体决定机器人群体编程的软件工程方法。在最近的一篇论文中，Hasegawa 等人[180]研究了群体个体成员基于个体阈值的是/否决策与群体的宏观决策之间的联系。

6.8　任务

6.8.1　在规定地点聚合

我们从 4.15.1 节的解决方案开始。在该解决方案中，我们实现了群体行为，将群体聚集到某个未指定的地点。现在我们想在某个特定的地点（最亮的区域）聚集群体。

定义如上所述空间中的光分布。给机器人配备光传感器。现在，机器人保持停止的时间还受到光测量值的影响。光测量值如何影响？通过模拟实施影响，观察群体在明亮的区域之间是否分割。

6.8.2　用于蝗虫场景的瓮模型

再次使用蝗虫场景模拟。使用以下参数：周长 $C=0.5$，速度 0.01，感知范围 $r=0.045$，群体大小 $N=50$，每个时间步长的自发方向切换概率 $P=0.15$。

在模拟中，仍然需要按时间步长 t 跟踪左转者 L_t，并进行计数。我们感兴趣的是 L_t 自身的平均变化。换言之，我们在寻找一个函数 $\Delta L(L)$ 。为了测量此函数，在100个时间步长上模拟蝗虫。蝗虫需要这100个时间步长来组织自己。模拟另外20个时间步长，同时跟踪 L_t 。在每个时间步长 $t\in[101,120]$ ，我们“存储” L 在一个时间步长 $\Delta L=L_t-L_{t-1}$ 内的变化，例如，将其添加到一个数组中。之所以是数组，因为我们想测量取决于 L 自身的 ΔL 。因此，程序中可以有一个变量 deltaSum[ ]，对于每个时间步长 $t\in[101,120]$ ，执行：deltaSum[L_{t-1}] += deltaSum[L_{t-1}] + (L_t-L_{t-1}) 。此外，还要记录你向条目添加内容的频率（例如，变量 count [ ]），以便使测量标准化。多次重复这些操作——在实际操作中可能多达50000个样本。最后将测得的函数 $\Delta L(L)$ 的数据写到一个文件里以备后用。

1）绘制 $\Delta L(L)$ 的数据。$\Delta L(L^*)=0$ 的位置 L^* 的数学和特定域的含义是什么？

2）接下来，我们将群体瓮模型拟合到该数据。

$$P_{FB}(s,\varphi)=\varphi\sin(\pi s) \tag{6.21}$$

$$\Delta s(s)=4\left(P_{FB}(s,\varphi)-\frac{1}{2}\right)\left(s-\frac{1}{2}\right) \tag{6.22}$$

式中，P_{FB}是正反馈的概率，$\Delta s(s)$ 是所考虑的状态变量的预期平均变化。这里，这些蝗虫是向左者，因此 s 是向左者的比率，$s=L/N$ 。此外，我们必须在理想化的公式中引入一个比例常数 c，其结果为

$$\Delta s(s)=4c\left(P_{FB}(s,\varphi)-\frac{1}{2}\right)\left(s-\frac{1}{2}\right) \tag{6.23}$$

将此函数拟合到你的数据，换言之，尝试找到比例常数 c 和反馈强度 φ 的合适值。确保使 φ 保持在合理的区间内：$\varphi\in[0,1]$ 。

3）绘制数据和拟合函数。同时画出正反馈的结果概率 P_{FB}。对这些结果有什么意见？

第7章
案例研究：自适应聚集

“智能机器将首先考虑什么更值得去做：是执行既定任务，还是想出解决问题的办法。”

——Stanislaw Lem，未来学大会

摘要 我们尝试了不可能的事情，并总结了本书中所了解的几乎所有内容。

在这个小的案例研究中，我们试图整合所有不同的技术，以设计群体机器人系统。这项任务相当简单，我们将重点放在适应性聚集上，也就是说，群体必须在由环境特征决定的某个特定地点聚集。我们遵循生物角色模型，并应用标准的群体机器人建模技术。最后，控制算法和微观–宏观模型在机器人试验中进行了验证。

7.1 用例

让我们想象处于未来几年内，与此同时，你已经创立了一家成功的软件公司，主要生产机器人控制软件。当然，你的专业是群体机器人技术。通过模拟一些软件工程的演讲，我们说我们经历了一个群体机器人用例。假设一个客户向你订购软件，具体要求如下。该软件控制一个机器人群体，该群体聚集在由传感器输入确定的某个点上，并对动态环境保持灵活。传感器输入可以是任何东西，假设为温度。那么我们希望在最温暖的地方聚集。可能的场景取决于温度分布，如图7.1所示。然而，可能会出现更复杂的情况。温度分布可以有局部最佳的多个分散点，而不是仅有一个定义明确的平滑峰值。也可能有系统性的高原，但不能通过梯度提供任何信息（即空间导数为零，我们无法猜测可能在哪个方向找到峰值）。

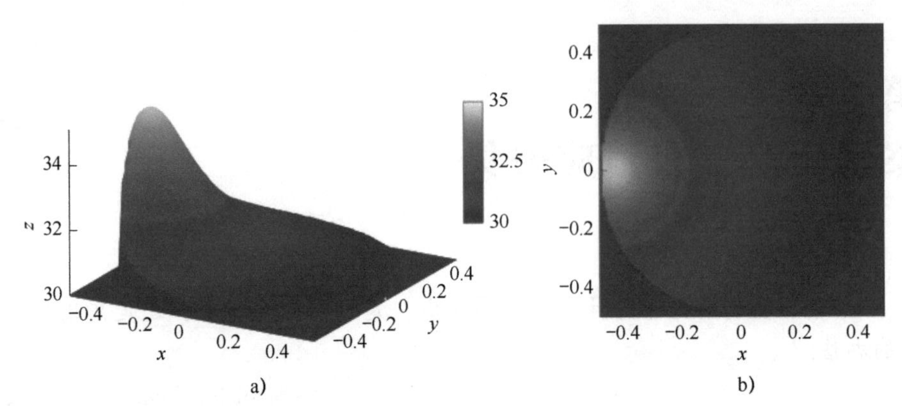

图 7.1 在最温暖点聚集的空间温度分布。a）侧视图；b）俯视图

7.2 替代解决方案

你可能想立即猜出一种有效的解决方案，但我们首先要研究几种替代解决方案。

7.2.1 临时性方法

一种简单的临时性方法可能是让机器人在测量时随机移动。机器人可以跟踪最大的测量值。一段时间之后，当机器人再次接近一个较大值时就会停下。在这种方法中，我们将忽略多机器人的设置。作为补充，我们可以在邻近的机器人经过时与它们分享最大的测量值。这种方法的缺点是需要大量使用传感器（可能需要额外的能量）。我们还需要相当坚固可靠的传感器，因为传感器读数错误可能会给我们一个距离很远的最大值。一旦机器人试图再次找到这个最大值，我们就会陷入僵局，因为机器人找不到这个值。还应注意，该方法的简化版本——在一段时间后发现一个相对较高的值时即停止——与所谓的秘书问题[129]直接相关。

7.2.2 梯度上升法

一个略有发展的方法是实施梯度上升，即机器人试图在某一特定位置或在两个相邻点之间探测温度的空间导数。这可以说是标准的工程方法。我们可以纳入多机器人设定，允许机器人向邻居传达它们确定的有希望的方向。这有一些要求。首先，该方法只有在梯度定义良好且温度分布相当平滑的情况下才有效，也就是说，没有或只有很少的尖峰。对于温度分布来说，这可能是一个公平的假设。然而，其次，我们要求不存在局部最优。不然的话，机器人就会被困在平缓的高峰上。第三，我们还需要可靠的传感器来检测梯度。我们要么需要两个传感器同时在不同位置进行两次测量，要么需要记忆通过移动机器人进行不同时间测量。使用两个传感器的方法尤其值得怀疑。如果选择在机器人上安装两个传感器，就需要双倍的硬件。另外，取决于群体机器人的尺寸，我们可能无法将传感器放置在足够长的距离内（例如，考虑到 Kilobot 机器人的 33mm 的直径，见 2.5.4 节）

7.2.3 正反馈

也许从一开始就把我们的方法设计成一种固有的集体方法是有益的。此外，我们还可以遵循自组织的定义（见 1.3 节），并增加一个重要组成部分：正反馈。将两者结合在一起，我们可以得到类似的东西。每台机器人都要寻找好的地方（例如一段时间内没有看到过的高温），一旦发现了，机器人就会在那里停留一段时间。如果没有其他机器人加入，这台机器人就会放弃，并试图寻找另一个地点。这在设计上是集体的，我们有正反馈，因为停止移动的机器人可能会形成集群并增长。然而，缺点可能是，机器人在全局无意义的地区花费过多的时间。此外，可能有太多的机器人会孤独地停下来，发现另一台机器人的概率很低，例如，如果群体密度相当低（参考拉棍子，见 4.6 节）。

7.3 生物学的启发：蜜蜂

为了详细说明正反馈的思路，我们查看生物系统以获得启发。结果表明，有一种动物的行为与我们所期望的机器人行为非常相似。幼蜂会在温度的影响下聚集在蜂巢中。这里“幼小”是指它们的年龄在 24h 以下，即这些小蜜蜂刚刚破茧而出，离开蜂窝。他们既不能飞，也不能蜇人——这是蜜蜂研究者非常欢迎的情况。所以它们只能在蜂巢内爬行。幼蜂喜欢特定的温度，这有助于它们烘干翅膀。它们待在蜂巢内，那里通常是完全黑暗的，并且有温度不同的区域。据观察，幼蜂会聚集在温度为 36℃ 的地点[372]。众所周知，幼蜂会对社会刺激做出反应，也就是说，如果遇到其他蜜蜂，它们会改变自己的行为。

生物学家设计了一项实验，以更多地了解幼蜂行为的社会方面。幼蜂被放入一个受控的环境中。这是一个圆形的区域，上面覆盖蜂巢，内部全暗，且温度分布经过仔细调整。左侧有一个最佳温度（36℃）点。最低温度位于右侧，温度略低，为30℃。整体温度分布相对均匀，诱导的梯度信息相当“平缓”，也就是说，蜜蜂应该很难确定温度上升的方向[209,372]。

利用红外照相机和蜂窝下方地面上的一系列温度传感器对实验进行监测并记录数据。先将幼蜂放在该区域的中心，然后放置约2h。对单只蜜蜂、几只蜜蜂或多只蜜蜂重复进行多次实验。有趣的结果是单只蜜蜂无法找到最佳位置。相反，它一直在四处游走，如图7.2所示（计算机模拟）。几只蜜蜂的效率也不高，但能找到最佳值。而一大群蜜蜂能很快地发现最佳位置。我们发现，随着团队规模的增加，个体表现会显著改善，因此我们得到了真正的群体效应（参见1.2.1节）。因此，我们可以得出这样一种假设，即某些社会互动是这种行为的关键要素。

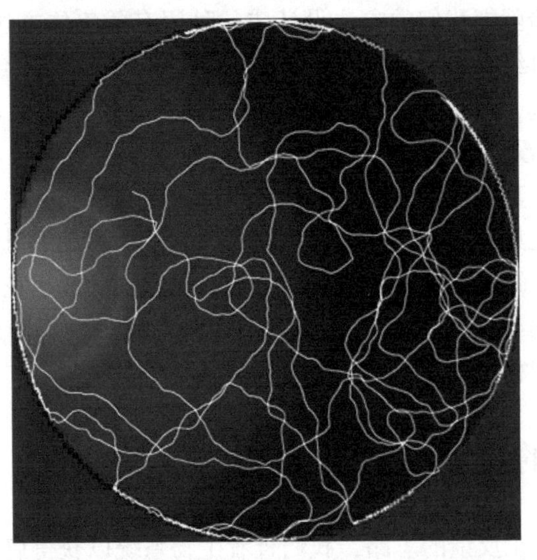

图7.2　例如，单只幼蜂在圆形区域内移动的轨迹，该区域的温度分布“平缓”，在36℃（左）到30℃（右）之间。所示轨迹为计算机模拟

如果我们想要找出缺失的环节——蜜蜂之间的什么样的社会互动有助于它们找到最佳选择？——那么，我们就必须更深入地研究生物学方法。挑战是，目前还没有已知的用于确定动物行为的还原主义的方法。将蜜蜂的大脑切片是无法学到很多东西的。当然，还有神经科学，但它也不能揭示蜜蜂行为的基本算法。相反，生物学家将行为模型定义为一种假设。对于我们在这里进行的小实验，行为模型可以是这样的[349]：

步骤1　直接向前移动

步骤2　周围是否有障碍物或机器人？

1）遇到障碍时：转身离开，回到步骤1

2）遇到机器人时：停止移动，测量温度，等待一段时间（温度越高，等待时间越长），回到步骤1

这实际上就是4.1节里提到的BEECLUST算法[212,344,349]。通过这种方法，机器人在较温暖的地区停留较长时间，因此，一旦其他机器人加入，就更有可能形成更多机器人聚集的集群。我们得到了正反馈效果（见1.3节），因为更大的集群更容易被机器人发现。此外，一旦集群达到一定的规模，机器人就有可能被困在集群中。这些机器人受到物理阻挡；即使它们想离开也不能了。我们注意到，正反馈取决于两个特征，一个是我们自己能够控制的特征（等待时间），另一个是我们无法控制的特征，因为它是一种自然效应（机器人被物理阻挡）。上述行为模型忽略了对蜜蜂（或我们的机器人）来说温度可能过高的区域。在变化情况下，如果测量的温度非常高，则我们可以缩短等待时间。

7.4　模型

接下来，我们要对这个场景进行建模。我们需要确定蜜蜂的行为是否真正为我们的情景提供了良好的启发，并检查该方法是否有效。我们至少有一个关键参数需要配置，即取决于温度的等待时间；有一个模型有助于以结构化的方式做到这一点。当然，为了练习，再次研究建模方法也是值得的。但首先，我们讨论以下建模方法的其他几个灵感来源。

7.4.1　聚集建模：跨学科方案

我们还没有开发出群体机器人技术的通用建模方法。对群体机器人系统进行建模仍然是一种艺术。从科学角度讲，这既是问题，也是令人感兴趣的挑战。我们应该接受挑战，把它当作开展跨学科工作的机会。同时，通过对其他研究领域的模型进行调整，还有助于通过检测类比其他的建模挑战来评估建模的难度。聚集是一个很好的例子。

除了对蜜蜂的调查外，还有更多关于几个物种聚集过程的模型：树皮甲虫[90]、蚂蚁[91,379]和蟑螂[7,91,163,199,234]。在此，我们不详细讨论生物模型。

关于建模聚集更有趣的是，不同的研究领域都有贡献。特别是在物理学中，有几个相关的概念。成核作用[342]研究了材料如何从一个热力学相转换到另一个热力学相。热力学相包括气体、液体、固体和等离子体。成核作用的一个例子是在过饱和蒸汽中形成的水滴（例如，夏季啤酒瓶上的水滴）。虽然这看起来无关紧要，但成核作用被用作描述诸如交通堵塞等聚集情况的模型[23]。

另一个热力学的例子是奥斯特瓦尔德熟化[301,405]，它描述了成核后的过程。系统不会立即进入平衡状态，而是形成几个团块（如水）。奥斯特瓦尔德熟化基本上描述了生长和溶解的不同团块之间的竞争。Vinković和 Kirman[403]报告一项将奥斯特瓦尔德熟化模型与 Schelling 模型（人口隔离模型）相结合的有趣研究。类似的方法也可用于模拟城市的形成和发展[250]。

显然，物理学对受重力作用的系统进行了深入研究，而且聚类也可能是重力作用的一种效应[181,279]。例如恒星的形成[221]和星系形成[362]。受引力影响的粒子或更普遍的物质形成决定性的系统，在一个重要特征上与群体是不同的。重力系统完全由初始状态决定，不能打破对称性，这与自主智能体相反。想象一下，静止小粒子在二维空间中均匀分布。现在增加两个相隔一定距离的较大的静止物体。小粒子被两个物体所吸引。然而，我们可以立即在两个大物体之间画出一条虚拟线。左侧的粒子接近左侧物体，右侧的粒子接近右侧物体。如果忽略在三体问题中观察到的任何复杂动力学[30]，那么我们可以得出结论：小粒子同样会在两个物体中间等分并向其中一个物体聚集。机器人群体则与之不同，我们可以对机器人编程，故意打破这种对称性，而只聚集在一个地方[168]。反过来，在斑图形成过程中，重力本身也可以作为打破对称性的手段，例如，在细胞中斑图形成的情况下[373]。

综上所述，可以说有许多备选方案可以获得群体机器人聚集模型的启发。从实际工程的角度来看，我们可以对任何有效的方法感到满意。任何能够成功支持我们设计群体机器人系统的模型都有其价值。是否有一种通用的模型方法始终有效是群体机器人技术的一个未决问题。

7.4.2 空间模型

在下文中，我们希望重新使用 5.3.2 节中的微观–宏观方法，并根据朗之万方程和福克–普朗克方程，建立单个机器人的微观模型和整个群体的宏观模型。我们定义了几个建模目标。该模型应当

- 代表具有“平缓梯度信息”的无效单一行为与群体的有效行为之间的差异。
- 在模型中直接代表智能体算法的参数。
- 代表空间特征。
- 与机器人群体实验表现出定量一致。

只有当模型能够区分无效的单一行为和有效的群体行为时，它才能显示由于

社会互动而产生的重要群体效应。只有当模型（尽管有其抽象层）能够与控制算法的实施方面相关时，群体机器人的建模方法才有用。在此，我们研究一种自适应聚集的场景，因此空间特征是很重要的。通常情况下，模型只显示与机器人实验的定性一致（例如，模型只反映现实的一般特征）就足够了，但如果我们能在合理的开销下推动定量一致（例如，模型预测直接与实验中的测量结果匹配），那么我们就应该这样做。

7.4.2.1 微观模型

我们逐步构建微观模型，即朗之万方程，为单个机器人的行为建模。从一般的朗之万方程开始，即式（5.23），用梯度 $\nabla P(\boldsymbol{R}(t))$ 代替 $A(\boldsymbol{R}(t))$，得到

$$\dot{\boldsymbol{R}}(t) = \alpha \nabla P(\boldsymbol{R}(t)) + B\boldsymbol{F}(t) \tag{7.1}$$

我们必须定义参数。记住，$\boldsymbol{R}$ 是机器人的位置，这里是二维的。我们使用势场 P 来建立温度场的模型。我们根据参数 α 定义一个梯度上升。$\nabla P(\boldsymbol{R}(t))$ 给出机器人当前位置的温度场的梯度。通过 $\alpha \in [0, 1]$，我们可以调节机器人的目标导向行为的强度。

如前所述，$\boldsymbol{F}$ 代表了模拟机器人随机行为的随机过程。我们假设机器人有意或无意地沿随机方向移动。这似乎很奇怪，因为它并不直接对应于行为模型的步骤1：“直接向前移动”。然而，事实证明这是一种可行的建模假设和简化方法。另一种建模方法是莱维飞行[248]，该方法允许更大的跳跃，可以代表直线运动。在这里，我们坚持采用布朗运动的方法，又称维纳过程，是莱维飞行的一个特例。如前所述，B 是随机行为强度的尺度。

在图7.3中，你可以看到使用式（7.1）的轨迹示例和参数 α 变化的影响。温度分布仍然与图7.1中相同，即理想的暖点位于左侧边界。对于 $\alpha = 0.01$，我们基本上看不出对最佳方案有任何偏差。然后，随着 α 的增加，机器人越来越直接地接近最佳状态，并保持在离最佳状态更近的位置。请注意，我们还没有定义停止的条件，因此机器人始终保持运动。

接下来，我们想对“平缓梯度信息”情况进行建模。问题是 α 正确的参数设置是什么。在幼蜂实验中，情况有些不清楚[209,372]。有些蜜蜂或多或少地直接接近暖点（所谓的“目标探测器”），但其目标指向强度不同。同时，其他一些幼蜂还会随意或沿边界移动[209,372]。为了简化方法，我们不打算对生物系统的不同结果进行建模，而是将重点放在可能的机器人实现上。我们进行了相当极端的假设，即忽略温度梯度和完全以目标为导向的行为。我们设定 $\alpha = 0$。这是一个强力的假设，因为为了在暖点实现所预期的聚集，我们完全依赖于涌现的宏观效应。如果仍然能够在没有个体目标导向行为的情况下将群体集合起来，那么我们

也简化了对机器人群体的（硬件）要求，因为机器人不再需要检测温度的差异。我们用 $\alpha = 0$ 的方式来关闭个体目标导向行为，可以得到

$$\dot{\boldsymbol{R}}(t) = \alpha \nabla P(\boldsymbol{R}(t)) + B\boldsymbol{F}(t) = B\boldsymbol{F}(t) \tag{7.2}$$

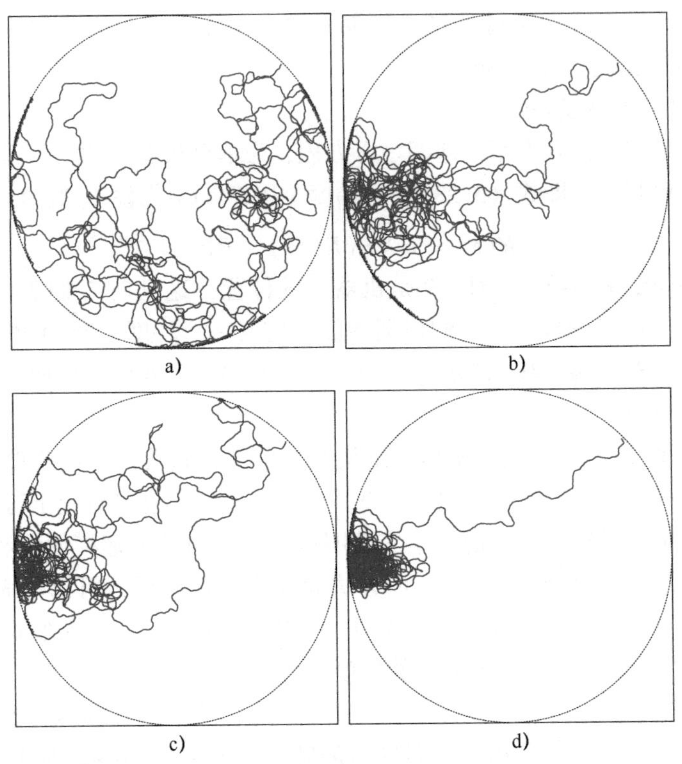

图 7.3 从朗之万方程［式（7.1）］中采样的轨迹示例，参数 $\alpha \in \{0.01, 0.025, 0.05, 0.1\}$ 有 4 种设置，调整机器人目标导向行为的强度。理想的暖点位于左侧边界。a) $\alpha = 0.01$；b) $\alpha = 0.025$；c) $\alpha = 0.05$；d) $\alpha = 0.1$

这意味着机器人完全是随机移动。从建模的角度来看，应该感谢这一点，因为它大大简化了我们的模型。

现在，我们必须跳出单纯的朗之万方程为我们提供的建模框架，因为我们要为机器人的停止行为建模。应允许机器人从移动状态转换到保持停止状态。因此，我们确定了两种状态，机器人要么移动要么停止。对于停止的状态，我们需要最终确定等待时间。我们定义了一个函数，该函数给出了给定位置 $\boldsymbol{R}$ 的相应等待时间及其相关温度 $P(\boldsymbol{R})$ 。按照 BEECLUST 的标准方法[344]，我们定义等待时间函数

$$w(\boldsymbol{R}) = \frac{w_{\max} P^2(\boldsymbol{R})}{P^2(\boldsymbol{R}) + c} \tag{7.3}$$

对于最大等待时间 $w_{\max}$，位置 $\boldsymbol{R}$ 处的温度 $P(\boldsymbol{R})$ 和缩放常数 c。图 7.4 是一个受 Schmickl 和 Hamann[344] 所描述的基于光分布而不是温度的设置启发的等待时间函数的例子。

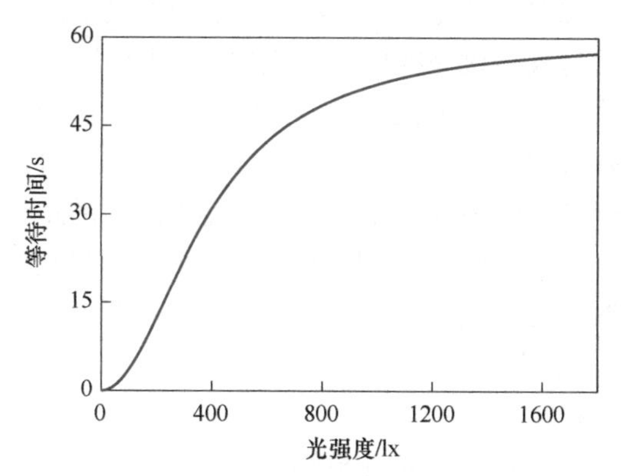

图 7.4　等待时间函数的例子，式（7.3），适用于用光照测量代替温度的设置[344]。参数设置为 $w_{\max} = 60$ 和 $c = 1.5 \times 10^5$

我们使用等待时间函数 $w(\boldsymbol{R})$ 来确定机器人在停止状态下要保持多久才能切换回移动状态。可以用一个有限状态机模拟我们的方法，如图 7.5 所示。移动→停止的转换是由邻近另一台机器人所触发的。我们用微观的朗之万模型的其他实例来模拟其他机器人。在状态转换时，机器人测量温度（或光）并决定其等待时间。模型的等待时间通过机器人位置 $\boldsymbol{R}$ 进行，而机器人本身并不知道它的位置，它当然可以测量局部温度。而由停止 →移动的反向转换则在等待时间已过后触发。

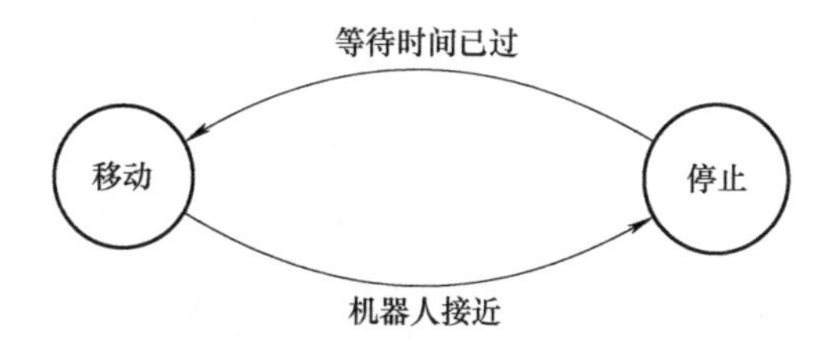

图 7.5　为我们的微观建模方法建模的有限状态机

每一种状态都与一个适当的朗之万方程相关联，以模拟机器人在该状态下的动力学特征。如上所述，对于移动状态，我们有

$$\dot{\boldsymbol{R}}m(t) = B\boldsymbol{F}(t) \tag{7.4}$$

对于停止状态则更简单，因为我们有

$$\dot{\boldsymbol{R}}s(t) = 0 \tag{7.5}$$

这个公式起到了它应有的作用：机器人在停止时不应移动。

我们的微观模型现在已经完成。机器人的动力学是通过简单的朗之万方程建模的，我们实际上已将其简化为纯粹的随机过程（随机行走）。该模型不是纯粹的数学模型，因为我们必须管理状态转换。此外，还有一个适用于每台机器人的模型实例，因此必须管理每台机器人的位置、状态和剩余等待时间。此外，我们还有一个计算上的开销，因为我们需要检查机器人之间的距离，这通常会随着群体大小 N 的变化而变化 $\mathcal{O}(N^2)$（除非创建一个特定领域的特殊数据结构）。然而，所有这些都是典型的微观模型，从本质上讲，微观模型总是接近于机器人的模拟。

7.4.2.2 宏观模型

我们构建了微观模型对应的宏观模型。借助朗之万方程和福克–普朗克方程之间的微观–宏观联系，我们可以通过一种图解方法来实现这一点。对于每个微观状态，我们定义了相应的概率密度。我们定义 $\rho_m(\boldsymbol{r},t)$ 为时间 t 时位于 $\boldsymbol{r}$ 处的无限小的区域内移动机器人的密度。同样，我们定义 $\rho_s(\boldsymbol{r},t)$ 为时间 t 时 $\boldsymbol{r}$ 处停止的机器人的密度。对于这两种密度，我们需要一个由相应的朗之万方程直接确定的运动模型。对于移动状态，我们得到

$$\dot{\boldsymbol{R}}_m(t) = B\boldsymbol{F}(t) \Rightarrow \frac{\partial \rho_m(\boldsymbol{r},t)}{\partial t} = B^2 \nabla^2 \rho_m(\boldsymbol{r},t) \tag{7.6}$$

这只是一个扩散方程，因为我们删除了朗之万方程中已经存在的任何目标导向的行为。对于停止状态，我们得到预期的简单结果为

$$\dot{\boldsymbol{R}}_s(t) = 0 \Rightarrow \frac{\partial \rho_s(\boldsymbol{r},t)}{\partial t} = 0 \tag{7.7}$$

与图 7.5 所示的有限状态机相似，我们需要宏观模型的对应物。福克–普朗克方法是连续的，迫使我们重新定义状态转换。我们可以通过将福克–普朗克方程扩展为所谓的主方程来做到这一点（例如，见 Schweitzer[354] 的著作）。主方程对不同状态之间的概率密度流动进行建模，几乎就像对液体的流动进行建模一样。因此，我们必须考虑有多少密度从移动的密度流向停止的密度，然后再流回去。如上所述，“等待时间过去”和“机器人接近”这两个微观和固有的离散转换需要转化为连续的对应物。

在移动 → 停止的转换中，我们不能确定单个的机器人是否接近对方，因为

我们只处理概率密度。我们必须确定一种概率方法，基本上是问：给定密度 $\rho_m(\boldsymbol{r},t)$ ，（至少）两台机器人相互接近的可能性有多大。为使建模方法简单，我们做出一个相对较强的假设，即两台机器人接近的概率与移动机器人的密度 $\rho_m(\boldsymbol{r},t)$ 成正比。因此，我们可以简单地定义一个停止率 φ 。我们说，乘积 $\rho_m(\boldsymbol{r},t)\varphi$ 为我们提供了正确的停止机器人的密度流—— 一种相当粗糙的方法，隐藏了如何以这种方式建立有效模型的所有细节[165,346]。

结果表明，我们可以用所谓的延迟方程（与我们在5.3.1节中速率方程的处理类似）来模拟停止→移动的流动。因此，利用等待时间函数，我们可以确定一个时间延迟 $w(\boldsymbol{r})$ 。这意味着机器人 $\rho_m(\boldsymbol{r},t)\varphi$ 离开移动状态，在等待环路中花费 $w(\boldsymbol{r})$ 时间，直至它们再次回到移动状态。由此产生的宏观模型的有限状态机如图7.6所示。

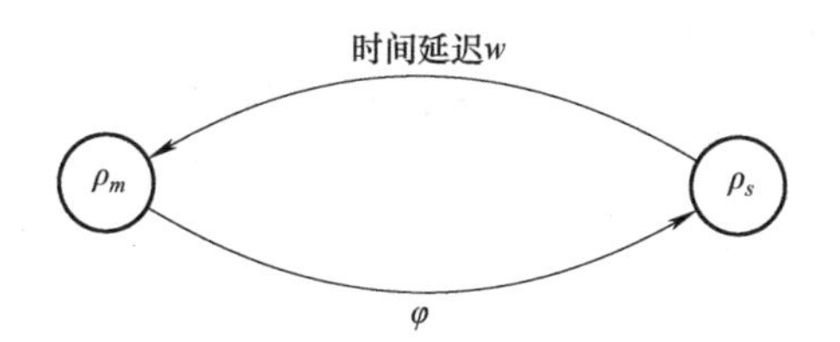

图7.6 有限状态机建模我们的宏观建模方法

实际上，停止的机器人的密度 ρ_s 在数学上不是必需的。机器人离开状态移动后只是在“涅槃”中度过一段时间，然后再回来。也可以说，它们在等待环路中停留时间为 $w(\boldsymbol{r})$（就像一架飞机正在等待降落许可）。因此删除 ρ_s ，使用时间延迟代替，如图7.7所示。在时间 t_0 时，从 $\rho_m(\boldsymbol{r},t_0)$ 中减去群体分数，在时间 $t_1=t_0+w(\boldsymbol{r})$ 时再次加到 $\rho_m(\boldsymbol{r},t_1)$ 。

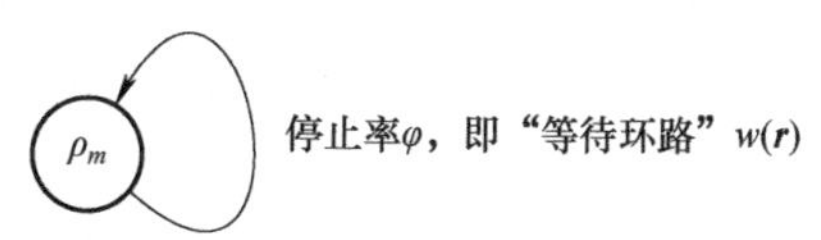

图7.7 简化的有限状态机为我们的宏观方法建模，单一机器人密度 $\rho_m(\boldsymbol{r},t)$ 及时间延迟

所产生的宏观模型完全由处于移动状态的机器人密度的时间演化来描述，给出的是

$$\frac{\partial\rho_m(\boldsymbol{r},t)}{\partial t}=B^2\nabla^2\rho_m(\boldsymbol{r},t)-\rho_m(\boldsymbol{r},t)+\rho_m(\boldsymbol{r},t-w(\boldsymbol{r}))\varphi \tag{7.8}$$

停止率 φ 如上所述，我们需要通过实验来确定 B。

如前所述，这并不是必要的，但为了完整和更好地理解，我们也给出了处于停止状态的机器人的密度

$$\frac{\partial \rho_s(\boldsymbol{r},t)}{\partial t} = \rho_m(\boldsymbol{r},t)\varphi - \rho_m(\boldsymbol{r},t - w(\boldsymbol{r}))\varphi \tag{7.9}$$

有了式（7.8），我们现在有了一个模型。在通常的使用情况下，我们按以下方式应用它。输入一个相关的初始状态，这里是处于移动状态的机器人的空间分布。由于时间延迟 $t - w(\boldsymbol{r})$，我们还必须定义模型的“时间零”之前最近的数值，以达到初始状态的完整描述。通常，人们会将该历史设定为 $\rho_m(\boldsymbol{r},t) = 0$，$t < 0$，以保持事情简单。也就是说，我们假设以前没有机器人在这个系统中停止过。在数学上，我们定义了一个需要现在解决的初始值问题。许多偏微分方程，特别是有时间延迟的偏微分方程，很难通过分析来解决。我们把自己限制在了一个此处不宜详述的数值解上。简单的方法是使用欧拉法进行时间上的正向积分。详情请参见（例如）Press[316] 和 Hamann[165]。

7.5 验证

最后，我们要通过机器人实验来验证我们的模型［式（7.8）］，以及算法（见 7.3 节）。我们密切关注 Schmickl 等人[346] 的研究以及 Kernbach 等人[212] 的类似研究。

在机器人实验中，我们使用 Jasmine[197] 机器人。Jasmine 是简单的小型群体机器人（$30 \times 30 \times 25\text{mm}^3$），带差动驱动。它有六个红外传感器，指向机器人的四周。顶部有两个传感器测量环境光。群体的大小为 15 台 Jasmine 机器人，在面积为 $150 \times 100\text{cm}^2$ 的矩形区域上运行。幼蜂的空间温度分布被光分布所取代。场地两侧各有一个指示灯。指示灯有三种工作模式：关闭、弱光和强光。机器人实验分为四个阶段，以测试机器人群体对动态环境的反应。这种方法也有助于验证模型。在四个阶段的每一阶段中，两个指示灯（左、右）被设定为

- 关闭、弱光。
- 强光、弱光。
- 弱光、强光。
- 弱光、关闭。

每个阶段持续 3min（180s）。机器人控制器是 7.3 节所述的幼蜂行为模型的实现。一个值得注意的细节是，机器人不能可靠地探测对方。对障碍物（墙）的探测和对机器人的探测都是基于红外线的。因此，机器人必须区分两者。这是

通过复杂的计时来完成的。如果机器人目前用红外传感器测量距离，那么输入的红外信号就被解释为反射。如果机器人目前不测量距离，但接收了红外信号，则其假定近距离有一台机器人。

对 15 台 Jasmine 机器人进行了 6 次独立实验，持续时间为 720s。最初，机器人均匀随机分布在矩形区域内，并设定为移动状态。同样，宏观的福克–普朗克模型［式（7.8）］，被初始化为在所有移动密度状态下的均匀分布。机器人实验中的聚集行为的效率是通过对两个灯下方的停止的机器人的数量来测量的，详情请参见 Schmickl 等人[346]。在福克–普朗克模型中，通过时间上的正向积分来解决初始值问题。为了在任何时候测量聚集的机器人的等效物，对灯下方各自区域的密度进行积分；详见 Schmickl 和 Hamann[344]。该模型使用式（7.8）中的单一自由参数 B 进行拟合，即随机行为的强度。请注意，这种随机行为的强度受环境、机器人行为以及机器人–机器人相遇的影响。机器人越频繁地接近对方，它们就越频繁地转向，这影响了它们在空间上的分布。这种分布在这里完全通过一个扩散过程建模。因此，我们需要在试验中确定参数 B，这只是通过将模型拟合到机器人实验中来进行事后分析。尽管拟合一个自由参数当然有助于在模型和实验之间获得更好的一致性，但如图 7.8 中给出的结果显示，机器人实验与福克–普朗克方法之间仍显示出出乎意料的良好匹配。

最初，机器人聚集在右侧弱光灯下。180s 后，左侧灯打开强光模式，迅速聚集了机器人，右侧灯下的机器人集群缩小。然后，右侧灯调高为强光模式，左侧灯变为弱光模式。正如所预料的那样，右侧灯下再次聚集了更多机器人，而左侧灯下的机器人则减少。最后，从 $t=540$s 开始，更多的机器人聚集在左侧灯下，右侧灯下的机器人集群消散了。

该模型在定性上准确地代表了所有的动态，定量上的一致性也很好。请注意，自由参数 B 基本上影响了扩散过程的速度，但对这些定性方面的影响有限。关于模型的空间预测的更多信息，请参见 Correll 和 Hamann[74] 和 Schmickl 等人[346]。

例如，在实际应用中，我们可以利用该模型来改进等待时间函数 $w(\boldsymbol{R})$。我们可能有某些要求，比如快速形成集群，或在弱光和强光中明确区分集群规模。我们可以使用该模型快速测试许多不同的设置，自动量化其性能，并选择合适的参数。也可以测试不同的温度或光场。然而，通过模型获得的结果需要通过模拟并最终通过硬件实验进行验证。该模型可能是高质量的，但它仍然是一个抽象概念，原则上不能代表所有的真实情况。

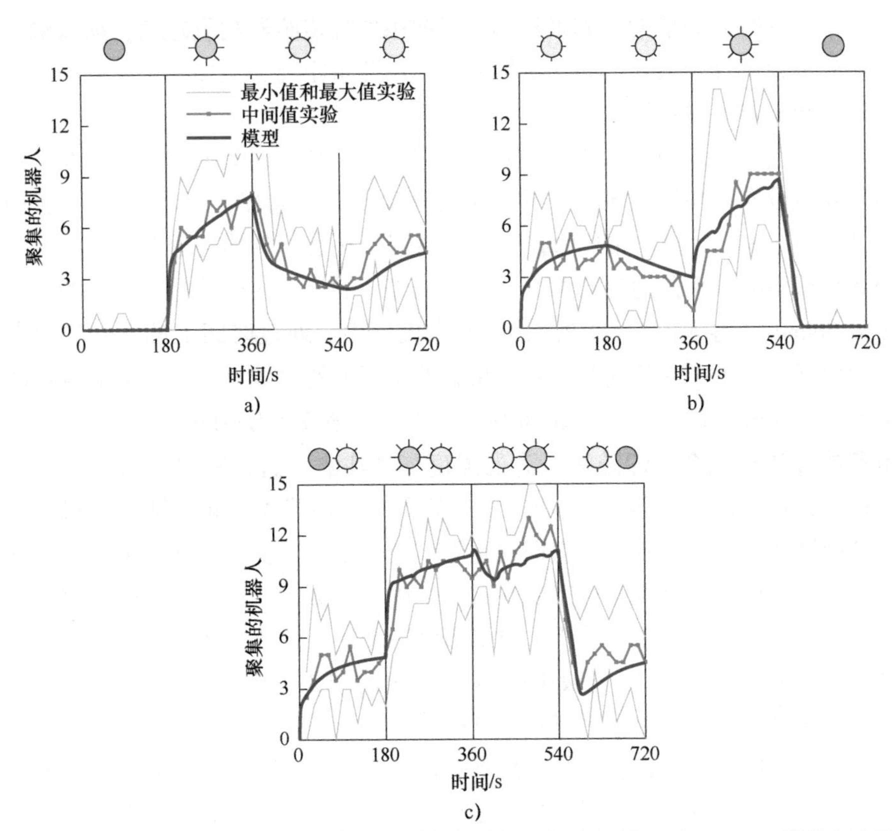

图 7.8　左侧、右侧和任何灯下聚集的机器人的数量。蓝线为用 15 台 Jasmine 机器人进行的 6 项独立的机器人实验的结果（最小值、中间值和最大值）。红线为式（7.8）中给出的福克-普朗克模型的结果[165,346]。a）左侧灯下聚集的机器人；b）右侧灯下聚集的机器人；c）两侧灯下聚集的机器人之和

7.6　简短总结

在本章中，我们试图一次完成整个群体机器人的设计过程。我们从客户的规范开始，一些生物的灵感很幸运地帮助我们定义了一种有效的算法。我们已经找到了一种使群体能够适应动态环境的控制算法。我们开发了一个空间模型，可以根据环境特征和算法的参数，模拟机器人的聚集之处。该模型与机器人实验有很好的一致性，我们可以用它来优化等待时间函数和停止率。因此，希望我们的客户满意。

7.7　延伸阅读

之后该怎么办？其实我深信，你可以从这里独自闯出一条路。你可以自由地探索丰富的群体机器人技术文献。不过，这里还是有一些与本章内容直接相关的文献的提示。关于 BEECLUST 的文献很多，而且内容丰富。从 Schmickl 和 Hamann 开始[344]，你可以阅读 Arvin 等人[17,18]和 Wahby[406]的最新著作。Meister[269]和 Bodi[44,45]还对几种相互作用的群体进行了有趣的研究。还有许多关于机器人和动物聚集的有趣的研究成果：Trianni 等人[384]、Soysal 和Şahin[361]和 Garnier 等人[137]。

尾　声

怀疑主义就像一个放大倍数不断增加的显微镜：一开始清晰的图像会最终消解，因为不可能看到终极事物：它们的存在只能被推断出来。

——Stanislaw Lem，《其主之声》

已经没有什么可说的了。希望本书能引发你的好奇心，让你迫不及待地去测试你的想法。群体机器人技术仍是一个年轻的领域，有许多东西需要揭示。随着未来几十年机器人技术的兴起，我们将看到越来越多的群体机器人技术在现场和实际应用中得到实现和应用。现在是群体机器人技术研究的激动人心的时刻。从理论角度看，似乎还有许多棘手问题等待合适的时机和人来解决。也许甚至存在一个统一的理论来解决微观-宏观问题，并解释了我们应该如何设计群体机器人技术系统。最后，我引用 Ed Yong[⊖]的一篇热情洋溢的文章：

所有这些相似之处似乎都指向一个关于群体的大一统的科学理论——一种将群体行为的各个方面结合在一起的基本超微积分。在一篇论文中，Vicsek 和一位同事思考是否可能存在“一些简单的基本自然法则（例如，热力学原理）产生所观察到的各种现象”。

请纠正我的错误，并传播你的知识。

⊖ Ed Yong, *How the Science of Swarms Can Help Us Fight Cancer and Predict the Future* on Wired. com, https：//www. wired. com/2013/03/powers-of-swarms/, 2013.

参考文献

1. Abbott, R. (2004). Emergence, entities, entropy, and binding forces. In *The Agent* 2004 *Conference on: Social Dynamics: Interaction, Reflexivity, and Emergence*, Argonne National Labs and University of Chicago, October 2004.
2. Abelson, H., Allen, D., Coore, D., Hanson, C., Homsy, G., Knight, T., et al. (2000). Amorphous computing. *Communications of the ACM,* 43(5), 74–82.
3. Adamatzky, A. (2010). *Physarum machines: Computers from slime mould*. Singapore: World Scientific.
4. Akhtar, N., Ozkasap, O., & Ergen, S. C. (2013). Vanet topology characteristics under realistic mobility and channel models. In 2013 *IEEE Wireless Communications and Networking Conference (WCNC)* (pp. 1774–1779). New York: IEEE.
5. Allwright, M., Bhalla, N., & Dorigo, M. (2017). Structure and markings as stimuli for autonomous construction. In 2017 18*th International Conference on Advanced Robotics (ICAR)* (pp. 296–302). New York: IEEE.
6. Allwright, M., Bhalla, N., El-faham, H., Antoun, A., Pinciroli, C., & Dorigo, M. (2014). SRoCS: Leveraging stigmergy on a multi-robot construction platform for unknown environments. In *International Conference on Swarm Intelligence* (pp. 158–169). Cham: Springer.
7. Ame, J.-M., Rivault, C., & Deneubourg, J.-L. (2004). Cockroach aggregation based on strain odour recognition. *Animal Behaviour,* 68, 793–801.
8. Anderson, C., Boomsma, J. J., & Bartholdi, J. J. (2002). Task partitioning in insect societies: Bucket brigades. *Insectes Sociaux,* 49, 171–180.
9. Anderson, C., Theraulaz, G., & Deneubourg, J.-L. (2002). Self-assemblages in insect societies. *Insectes Sociaux,* 49(2), 99–110.
10. Anderson, P. W. (1972). More is different. *Science,* 177(4047), 393–396.
11. Arbuckle, D. J. (2007). *Self-assembly and Self-repair by Robot Swarms*, University of Southern California.
12. Arbuckle, D. J., & Requicha, A. A. G. (2010). Self-assembly and self-repair of arbitrary shapes by a swarm of reactive robots: Algorithms and simulations. *Autonomous Robots,* 28(2), 197–211. ISSN 1573-7527. https://doi.org/10.1007/s10514-009-9162-7.
13. Arkin, R. C. (1998). *Behavior-based robotics*. Cambridge, MA: MIT Press.
14. Arkin, R. C., & Egerstedt, M. (2015). Temporal heterogeneity and the value of slowness in robotic systems. In 2015 *IEEE International Conference on Robotics and Biomimetics (ROBIO)* (pp. 1000–1005). New York: IEEE.
15. Arthur, W. B. (1989). Competing technologies, increasing returns, and lock-in by historical events. *The Economic Journal*, 99(394), 116–131.

16. Arvin, F., Murray, J., Zhang, C., & Yue, S. (2014). Colias: An autonomous micro robot for swarm robotic applications. *International Journal of Advanced Robotic Systems,* 11(7), 113. http://dx.doi.org/10.5772/58730.
17. Arvin, F., Turgut, A. E., Bazyari, F., Arikan, K. B., Bellotto, N., & Yue, S. (2014). Cue-based aggregation with a mobile robot swarm: A novel fuzzy-based method. *Adaptive Behavior,* 22(3), 189–206.
18. Arvin, F., Turgut, A. E., Krajník, T., & Yue, S. (2016). Investigation of cue-based aggregation in static and dynamic environments with a mobile robot swarm. *Adaptive Behavior,* 24(2), 102–118. https://doi.org/10.1177/1059712316632851.
19. Arvin, F., Turgut, A. E., & Yue, S. (2012). Fuzzy-based aggregation with a mobile robot swarm. In *Swarm intelligence (ANTS'12). Lecture notes in computer science* (Vol. 7461, pp. 346–347). Berlin: Springer. ISBN 978-3-642-32649-3. https://doi.org/10.1007/978-3-642-32650-9_39.
20. Augugliaro, F., Lupashin, S., Hamer, M., Male, C., Hehn, M., Mueller, M. W., et al. (2014). The flight assembled architecture installation: Cooperative construction with flying machines. *IEEE Control Systems,* 34(4), 46–64.
21. Axelrod, R. (1997). The dissemination of culture: A model with local convergence and global polarization. *Journal of Conflict Resolution,* 41(2), 203–226.
22. Bachrach, J., & Beal, J. (2006). Programming a sensor network as an amorphous medium. In *Distributed computing in sensor systems (DCOSS'06, extended abstract).*
23. Bak, P. (2013). *How nature works: The science of self-organized criticality*. Berlin: Springer Science & Business Media.
24. Bak, P., Tang, C., & Wiesenfeld, K. (1988). Self-organized criticality. *Physical Review A,* 38(1), 364–374. https://doi.org/10.1103/PhysRevA.38.364.
25. Balch, T. (2000). Hierarchic social entropy: An information theoretic measure of robot group diversity. *Autonomous Robots,* 8(3), 209–238. ISSN 0929-5593.
26. Ball, P. (2015). Forging patterns and making waves from biology to geology: A commentary on Turing (1952) 'the chemical basis of morphogenesis'. *Philosophical Transactions of the Royal Society of London B: Biological Sciences,* 370(1666), 20140218. ISSN 0962-8436. https://doi.org/10.1098/rstb.2014.0218.
27. Ballerini, M., Cabibbo, N., Candelier, R., Cavagna, A., Cisbani, E., Giardina, I., et al. (2008). Interaction ruling animal collective behavior depends on topological rather than metric distance: Evidence from a field study. *Proceedings of the National Academy of Sciences of the United States of America,* 105(4), 1232–1237.
28. Baluška, F., & Levin, M. (2016). On having no head: Cognition throughout biological systems. *Frontiers in Psychology,* 7, 902. ISSN 1664-1078. https://www.frontiersin.org/article/10.3389/fpsyg.2016.00902.
29. Baran, P. (1960). *Reliable digital communications systems using unreliable network repeater nodes*. Technical report, The RAND Corporation, Santa Monica, CA.
30. Barrow-Green, J. (1997). *Poincaré and the three body problem.* American Mathematical Society, London: London Mathematical Society.
31. Bass, F. M. (1969). A new product growth for model consumer durables. *Management Science,* 15(5), 215–227.
32. Bayindir, L. (2015). A review of swarm robotics tasks. *Neurocomputing,* 172(C), 292–321. http://dx.doi.org/10.1016/j.neucom.2015.05.116.
33. Bayindir, L., & Şahin, E. (2007). A review of studies in swarm robotics. *Turkish Journal of Electrical Engineering and Computer Sciences,* 15, 115–147. http://journals.tubitak.gov.tr/elektrik/issues/elk-07-15-2/elk-15-2-2-0705-13.pdf.
34. Beckers, R., Holland, O. E., & Deneubourg, J.-L. (1994). From local actions to global tasks: Stigmergy and collective robotics. In *Artificial life IV* (pp. 189–197). Cambridge, MA: MIT Press.
35. Bekey, G., Ambrose, R., Kumar, V., Lavery, D., Sanderson, A., Wilcox, B., et al. (2008). *Robotics: State of the art and future challenges*. Singapore: World Scientific.

36. Belykh, I., Jeter, R., & Belykh, V. (2017). Foot force models of crowd dynamics on a wobbly bridge. *Science Advances,* 3(11), e1701512. https://doi.org/10.1126/sciadv.1701512.
37. Beni, G. (2005). From swarm intelligence to swarm robotics. In E. Şahin & W. M. Spears (Eds.), *Swarm Robotics - SAB* 2004 *International Workshop*, Santa Monica, CA, July 2005. *Lecture notes in computer science* (Vol. 3342, pp. 1–9). Berlin: Springer. http://dx.doi.org/10.1007/978-3-540-30552-1_1.
38. Berea, A., Cohen, I., D'Orsogna, M. R., Ghosh, K., Goldenfeld, N., Goodnight, C. J., et al. (2014). IDR team summary 6. In *Collective behavior: From cells to societies*. Washington, DC: The National Academies Press.
39. Berg, B. A., & Billoire, A. (2007). Markov chain Monte Carlo simulations. In B. W. Wah (Ed.), *Wiley encyclopedia of computer science and engineering*. New York: Wiley. https://dx.doi.org/10.1002/9780470050118.ecse696.
40. Berman, S., Lindsey, Q., Sakar, M. S., Kumar, V., & Pratt, S. C. (2011). Experimental study and modeling of group retrieval in ants as an approach to collective transport in swarm robotic systems. *Proceedings of the IEEE,* 99(9), 1470–1481. ISSN 0018-9219. https://doi.org/10.1109/JPROC.2011.2111450.
41. Biancalani, T., Dyson, L., & McKane, A. J. (2014). Noise-induced bistable states and their mean switching time in foraging colonies. *Physical Review Letters,* 112, 038101. http://link.aps.org/doi/10.1103/PhysRevLett.112.038101.
42. Bjerknes, J. D., & Winfield, A. (2013). On fault-tolerance and scalability of swarm robotic systems. In A. Martinoli, F. Mondada, N. Correll, G. Mermoud, M. Egerstedt, M. Ani Hsieh, L. E. Parker, & K. Støy (Eds.), *Distributed autonomous robotic systems (DARS* 2010*). Springer tracts in advanced robotics* (Vol. 83, pp. 431–444). Berlin: Springer. ISBN 978-3-642-32722-3. http://dx.doi.org/10.1007/978-3-642-32723-0_31.
43. Bjerknes, J. D., Winfield, A., & Melhuish, C. (2007). An analysis of emergent taxis in a wireless connected swarm of mobile robots. In Y. Shi & M. Dorigo (Eds.), *IEEE Swarm Intelligence Symposium*, Los Alamitos, CA (pp. 45–52). New York: IEEE Press.
44. Bodi, M., Thenius, R., Schmickl, T., & Crailsheim, K. (2011). How two cooperating robot swarms are affected by two conflictive aggregation spots. In *Advances in Artificial Life: Darwin Meets von Neumann (ECAL'09). Lecture notes in computer science* (Vol. 5778, pp. 367–374). Heidelberg/Berlin: Springer.
45. Bodi, M., Thenius, R., Szopek, M., Schmickl, T., & Crailsheim, K. (2011). Interaction of robot swarms using the honeybee-inspired control algorithm BEECLUST. *Mathematical and Computer Modelling of Dynamical Systems,* 18, 87–101. http://www.tandfonline.com/doi/abs/10.1080/13873954.2011.601420.
46. Bogacz, R., Brown, E., Moehlis, J., Holmes, P., & Cohen, J. D. (2006). The physics of optimal decision making: A formal analysis of models of performance in two-alternative forced-choice tasks. *Psychological Review,* 113(4), 700.
47. Bonabeau, E. (2002). Predicting the unpredictable. *Harvard Business Review,* 80(3), 109–116.
48. Bonabeau, E., Dorigo, M., & Theraulaz, G. (1999). *Swarm intelligence: From natural to artificial systems*. New York, NY: Oxford University Press.
49. Bonani, M., Longchamp, V., Magnenat, S., Rétornaz, P., Burnier, D., Roulet, G., et al. (2010). The marXbot, a miniature mobile robot opening new perspectives for the collective-robotic research. In *IEEE/RSJ International Conference on Intelligent Robots and Systems (IROS)* (pp. 4187–4193). New York: IEEE.
50. Bongard, J. C. (2013). Evolutionary robotics. *Communications of the ACM,* 56(8), 74–83. http://doi.acm.org/10.1145/2493883.
51. Bonnet, F., Cazenille, L., Gribovskiy, A., Halloy, J., & Mondada, F. (2017). Multi-robot control and tracking framework for bio-hybrid systems with closed-loop interaction. In 2017 *IEEE International Conference on Robotics and Automation (ICRA)*, May 2017 (pp. 4449–4456). https://doi.org/10.1109/ICRA.2017.7989515.
52. Braitenberg, V. (1984). *Vehicles: Experiments in synthetic psychology*. Cambridge, MA: MIT Press.

53. Brambilla, M. (2014). *Formal Methods for the Design and Analysis of Robot Swarms*. PhD thesis, Université Libre de Bruxelles.
54. Brambilla, M., Ferrante, E., Birattari, M., & Dorigo, M. (2013). Swarm robotics: A review from the swarm engineering perspective. *Swarm Intelligence,* 7(1), 1–41. ISSN 1935-3812. http://dx.doi.org/10.1007/s11721-012-0075-2.
55. Breder, C. M. (1954). Equations descriptive of fish schools and other animal aggregations. *Ecology,* 35(3), 361–370.
56. Brooks, R. (1986). A robust layered control system for a mobile robot. *IEEE Journal of Robotics and Automation,* 2(1), 14–23.
57. Brooks, R. A. (1991). Intelligence without representation. *Artificial Intelligence,* 47, 139–159.
58. Brutschy, A., Pini, G., Pinciroli, C., Birattari, M., & Dorigo, M. (2014). Self-organized task allocation to sequentially interdependent tasks in swarm robotics. *Autonomous Agents and Multi-Agent Systems,* 28(1), 101–125. ISSN 1387-2532. http://dx.doi.org/10.1007/s10458-012-9212-y.
59. Buhl, J., Sumpter, D. J. T., Couzin, I. D., Hale, J. J., Despland, E., Miller, E. R., & Simpson, S. J. (2006). From disorder to order in marching locusts. *Science,* 312(5778), 1402–1406. https://doi.org10.1126/science.1125142.
60. Camazine, S., Deneubourg, J.-L., Franks, N. R., Sneyd, J., Theraulaz, G., & Bonabeau, E. (2001). *Self-organizing biological systems*. Princeton, NJ: Princeton University Press.
61. Campo, A., Garnier, S., Dédriche, O., Zekkri, M., & Dorigo, M. (2011). Self-organized discrimination of resources. *PLoS One,* 6(5), e19888.
62. Caprari, G., Balmer, P., Piguet, R., & Siegwart, R. (1998). The autonomous microbot 'Alice': A platform for scientific and commercial applications. In *Proceedings of the Ninth International Symposium on Micromechatronics and Human Science*, Nagoya, Japan (pp. 231–235).
63. Caprari, G., Colot, A., Siegwart, R., Halloy, J., & Deneubourg, J.-L. (2005). Animal and robot mixed societies: Building cooperation between microrobots and cockroaches. *IEEE Robotics & Automation Magazine,* 12(2), 58–65. https://doi.org/10.1109/MRA.2005.1458325.
64. Carlsson, H., & Van Damme, E. (1993). Global games and equilibrium selection. *Econometrica: Journal of the Econometric Society,* 6(5), 989–1018.
65. Carneiro, J., Leon, K., Caramalho, Í., Van Den Dool, C., Gardner, R., Oliveira, V., et al. (2007). When three is not a crowd: A crossregulation model of the dynamics and repertoire selection of regulatory cd4+ t cells. *Immunological Reviews,* 216(1), 48–68.
66. Castellano, C., Fortunato, S., & Loreto, V. (2009). Statistical physics of social dynamics. *Reviews of Modern Physics,* 81, 591–646. https://link.aps.org/doi/10.1103/RevModPhys.81.591.
67. Cavalcanti, A., & Freitas, R. A. Jr. (2005). Nanorobotics control design: A collective behavior approach for medicine. *IEEE Transactions on NanoBioscience,* 4(2), 133–140.
68. Chaimowicz, L., & Kumar, V. (2007). Aerial shepherds: Coordination among UAVs and swarms of robots. In *Distributed Autonomous Robotic Systems* 6 (pp. 243–252). Berlin: Springer.
69. Chazelle, B. (2015). An algorithmic approach to collective behavior. *Journal of Statistical Physics,* 158(3), 514–548.
70. Chen, J., Gauci, M., Price, M. J., & Groß, R. (2012). Segregation in swarms of e-puck robots based on the Brazil nut effect. In *Proceedings of the 11th International Conference on Autonomous Agents and Multiagent Systems (AAMAS* 2012*)*, Richland, SC (pp. 163–170). IFAAMAS.
71. Christensen, A. L., O'Grady, R., & Dorigo, M. (2009). From fireflies to fault-tolerant swarms of robots. *IEEE Transactions on Evolutionary Computation,* 13(4), 754–766. ISSN 1089-778X. https://doi.org/10.1109/TEVC.2009.2017516.
72. Ciocchetta, F., & Hillston, J. (2009). Bio-PEPA: A framework for the modelling and analysis of biological systems. *Theoretical Computer Science,* 410(33), 3065–3084.
73. Clifford, P., & Sudbury, A. (1973). A model for spatial conflict. *Biometrika,* 60(3), 581–588. https://doi.org/10.1093/biomet/60.3.581.

74. Correll, N., & Hamann, H. (2015). Probabilistic modeling of swarming systems. In J. Kacprzyk & W. Pedrycz (Eds.) *Springer handbook of computational intelligence* (pp. 1423–1431). Berlin: Springer.
75. Correll, N., Schwager, M., & Rus, D. (2008). Social control of herd animals by integration of artificially controlled congeners. In *Proceedings of the 10th International Conference on Simulation of Adaptive Behavior: From Animals to Animats. Lecture notes in computer science* (Vol. 5040, pp. 437–446). Berlin: Springer.
76. Couzin, I. D., Ioannou, C. C., Demirel, G., Gross, T., Torney, C. J., Hartnett, A., et al. (2011). Uninformed individuals promote democratic consensus in animal groups. *Science,* 334(6062), 1578–1580. ISSN 0036-8075. https://doi.org/10.1126/science.1210280. http://science.sciencemag.org/content/334/6062/1578.
77. Couzin, I. D., Krause, J., Franks, N. R., & Levin, S. A. (2005). Effective leadership and decision-making in animal groups on the move. *Nature,* 433, 513–516.
78. Couzin, I. D., Krause, J., James, R., Ruxton, G. D., & Franks, N. R. (2002). Collective memory and spatial sorting in animal groups. *Journal of Theoretical Biology,* 218, 1–11. https://doi.org/10.1006/jtbi.2002.3065.
79. Crespi, V., Galstyan, A., & Lerman, K. (2008). Top-down vs bottom-up methodologies in multi-agent system design. *Autonomous Robots,* 24(3), 303–313.
80. Crutchfield, J. (1994). The calculi of emergence: Computation, dynamics, and induction. *Physica D,* 75(1–3), 11–54.
81. Crutchfield, J. (1994). Is anything ever new? In G. Cowan, D. Pines, & D. Melzner (Eds.), *Complexity: metaphors, models, and reality. SFI series in the sciences of complexity proceedings* (Vol. 19, pp. 479–497). Reading, MA: Addison-Wesley.
82. da Silva Guerra, R., Aonuma, H., Hosoda, K., & Asada, M. (2010). Behavior change of crickets in a robot-mixed society. *Journal of Robotics and Mechatronics,* 22, 526–531.
83. Darley, V. (1994). Emergent phenomena and complexity. In R. Brooks & P. Maes (Eds.), *Artificial life IV* (pp. 411–416). Cambridge, MA: MIT Press.
84. De Nardi, R., & Holland, O. E. (2007). Ultraswarm: A further step towards a flock of miniature helicopters. In E. Şahin, W. M. Spears, & A. F. T. Winfield (Eds.), *Swarm Robotics - Second SAB* 2006 *International Workshop. Lecture notes in computer science* (Vol. 4433, pp. 116–128). Berlin: Springer.
85. De Nicola, R., Ferrari, G. L., & Pugliese, R. (1998). KLAIM: A kernel language for agents interaction and mobility. *IEEE Transactions on Software Engineering,* 24(5), 315–330.
86. De Nicola, R., Katoen, J., Latella, D., Loreti, M., & Massink, M. (2007). Model checking mobile stochastic logic. *Theoretical Computer Science,* 382(1), 42–70.
87. de Oca, M. M., Ferrante, E., Scheidler, A., Pinciroli, C., Birattari, M., & Dorigo, M. (2011). Majority-rule opinion dynamics with differential latency: A mechanism for self-organized collective decision-making. *Swarm Intelligence,* 5, 305–327. ISSN 1935-3812. http://dx.doi.org/10.1007/s11721-011-0062-z.
88. De Wolf, T., & Holvoet, T. (2005). Emergence versus self-organisation: Different concepts but promising when combined. In S. Brueckner, G. D. M. Serugendo, A. Karageorgos, & R. Nagpal (Eds.), *Proceedings of the Workshop on Engineerings Self Organising Applications. Lecture notes in computer science* (Vol. 3464, pp. 1–15). Berlin: Springer.
89. Deguet, J., Demazeau, Y., & Magnin, L. (2006). Elements about the emergence issue: A survey of emergence definitions. *Complexus,* 3(1–3), 24–31.
90. Deneubourg, J.-L., Gregoire, J.-C., & Le Fort, E. (1990). Kinetics of larval gregarious behavior in the bark beetle *Dendroctonus micans* (coleoptera: Scolytidae). *Journal of Insect Behavior,* 3(2), 169–182.
91. Deneubourg, J.-L., Lioni, A., & Detrain, C. (2002). Dynamics of aggregation and emergence of cooperation. *Biological Bulletin,* 202, 262–267.
92. Deng, B. (2015). Machine ethics: The robot's dilemma. *Nature,* 523, 24–66. http://dx.doi.org/10.1038/523024a.

93. Ding, H., & Hamann, H. (2014). Sorting in swarm robots using communication-based cluster size estimation. In M. Dorigo, M. Birattari, S. Garnier, H. Hamann, M. M. de Oca, C. Solnon, & T. Stützle (Eds.), *Ninth International Conference on Swarm Intelligence (ANTS* 2014*). Lecture notes in computer science* (Vol. 8667, pp. 262–269). Berlin: Springer.
94. Divband Soorati, M., & Hamann, H. (2016). Robot self-assembly as adaptive growth process: Collective selection of seed position and self-organizing tree-structures. In *IEEE/RSJ International Conference on Intelligent Robots and Systems (IROS* 2016*)* (pp. 5745–5750). New York: IEEE. http://dx.doi.org/10.1109/IROS.2016.7759845.
95. Dixon, C., Winfield, A., & Fisher, M. (2011). Towards temporal verification of emergent behaviours in swarm robotic systems. *Towards Autonomous Robotic Systems (TAROS)* (pp. 336–347). Berlin: Springer.
96. Dorigo, M., Birattari, M., & Brambilla, M. (2014). Swarm robotics. *Scholarpedia,* 9(1), 1463. http://dx.doi.org/10.4249/scholarpedia 1463.
97. Dorigo, M., Bonabeau, E., & Theraulaz, G. (2000). Ant algorithms and stigmergy. *Future Generation Computer Systems,* 16(9), 851–871.
98. Dorigo, M., Floreano, D., Gambardella, L. M., Mondada, F., Nolfi, S., Baaboura, T., et al. (2013). Swarmanoid: A novel concept for the study of heterogeneous robotic swarms. *IEEE Robotics & Automation Magazine,* 20(4), 60–71.
99. Dorigo, M., & Şahin, E. (2004). Guest editorial: Swarm robotics. *Autonomous Robots,* 17(2–3), 111–113.
100. Dorigo, M., Trianni, V., Sahin, E., Groß, R., Labella, T. H., Baldassarre, G., et al. (2004). Evolving self-organizing behaviors for a swarm-bot. *Autonomous Robots,* 17, 223–245. https://doi.org/10.1023/B:AURO.0000033972.50769.1c.
101. Dorigo, M., Tuci, E., Trianni, V., Groß, R., Nouyan, S., Ampatzis, C., et al. (2006). SWARM-BOT: Design and implementation of colonies of self-assembling robots. In G. Y. Yen & D. B. Fogel (Eds.), *Computational intelligence: Principles and practice* (pp. 103–135). Los Alamitos, CA: IEEE Press.
102. Douven, I., & Riegler, A. (2009). Extending the Hegselmann–Krause model I. *Logic Journal of IGPL,* 18(2), 323–335.
103. Duarte, M., Costa, V., Gomes, J., Rodrigues, T., Silva, F., Oliveira, S. M., et al. (2016). Evolution of collective behaviors for a real swarm of aquatic surface robots. *PLoS One,* 11(3), 1–25. https://doi.org/10.1371/journal.pone.0151834.
104. Duarte, M., Costa, V., Gomes, J., Rodrigues, T., Silva, F., Oliveira, S. M., et al. (2016). Unleashing the potential of evolutionary swarm robotics in the real world. In *Proceedings of the* 2016 *on Genetic and Evolutionary Computation Conference Companion*, GECCO '16 Companion, New York, NY, USA (pp. 159–160). New York: ACM. ISBN 978-1-4503-4323-7. http://doi.acm.org/10.1145/2908961.2930951.
105. Ducatelle, F., Di Caro, G. A., & Gambardella, L. M. (2010). Cooperative self-organization in a heterogeneous swarm robotic system. In *Proceedings of the* 12*th Conference on Genetic and Evolutionary Computation (GECCO)* (pp. 87–94). New York: ACM.
106. Dussutour, A., Beekman, M., Nicolis, S. C., & Meyer, B. (2009). Noise improves collective decision-making by ants in dynamic environments. *Proceedings of the Royal Society London B,* 276, 4353–4361.
107. Dussutour, A., Fourcassié, V., Helbing, D., & Deneubourg, J.-L. (2004). Optimal traffic organization in ants under crowded conditions. *Nature,* 428, 70–73.
108. Ehrenfest, P., & Ehrenfest, T. (1907). Über zwei bekannte Einwände gegen das Boltzmannsche H-Theorem. *Physikalische Zeitschrift,* 8, 311–314.
109. Eiben, Á. E., & Smith, J. E. (2003). *Introduction to evolutionary computing*. *Natural computing series*. Berlin: Springer.
110. Eigen, M., & Schuster, P. (1977). A principle of natural self-organization. *Naturwissenschaften,* 64(11), 541–565. ISSN 0028-1042. http://dx.doi.org/10.1007/BF00450633.

111. Eigen, M., & Schuster, P. (1979). *The hypercycle: A principle of natural self organization*. Berlin: Springer.
112. Eigen, M., & Winkler, R. (1993). *Laws of the game: How the principles of nature govern chance*. Princeton, NJ: Princeton University Press. ISBN 978-0-691-02566-7.
113. Elmenreich, W., Heiden, B., Reiner, G., & Zhevzhyk, S. (2015). A low-cost robot for multi-robot experiments. In *12th International Workshop on Intelligent Solutions in Embedded Systems (WISES)* (pp. 127–132). New York: IEEE.
114. Erdmann, U., Ebeling, W., Schimansky-Geier, L., & Schweitzer, F. (2000). Brownian particles far from equilibrium. *The European Physical Journal B - Condensed Matter and Complex Systems*, 15(1), 105–113.
115. Erdős, P., & Rényi, A. (1959). On random graphs. *Publicationes Mathematicae Debrecen*, 6(290–297), 156.
116. Farrow, N., Klingner, J., Reishus, D., & Correll, N. (2014). Miniature six-channel range and bearing system: Algorithm, analysis and experimental validation. In 2014 *IEEE International Conference on Robotics and Automation (ICRA)* (pp. 6180–6185). New York: IEEE.
117. Ferber, J. (1999). *Multi-agent systems: An introduction to distributed artificial intelligence*. New York: Addison-Wesley.
118. Ferrante, E., Dúeñez Guzmán, E., Turgut, A. E., & Wenseleers, T. (2013). Evolution of task partitioning in swarm robotics. In V. Trianni (Ed.), *Proceedings of the Workshop on Collective Behaviors and Social Dynamics of the European Conference on Artificial Life (ECAL* 2013*)*. Cambridge, MA: MIT Press.
119. Ferrante, E., Turgut, A. E., Duéñez-Guzmàn, E., Dorigo, M., & Wenseleers, T. (2015). Evolution of self-organized task specialization in robot swarms. *PLoS Computational Biology*, 11(8), e1004273. https://doi.org/10.1371/journal.pcbi.1004273.
120. Ferrer, E. C. (2016). The blockchain: A new framework for robotic swarm systems. Preprint arXiv:1608.00695. https://arxiv.org/pdf/1608.00695.
121. *Flora robotica*. (2017). Project website. http://www.florarobotica.eu.
122. Floreano, D., & Mattiussi, C. (2008). *Bio-inspired artificial intelligence: Theories, methods, and technologies*. Cambridge, MA: MIT Press.
123. Fokker, A. D. (1914). Die mittlere Energie rotierender elektrischer Dipole im Strahlungsfeld. *Annalen der Physik*, 348(5), 810–820.
124. Ford, L. R. Jr, & Fulkerson, D. R. (2015). *Flows in networks*. Princeton, NJ: Princeton University Press.
125. Francesca, G., Brambilla, M., Brutschy, A., Garattoni, L., Miletitch, R., Podevijn, G., et al. (2014). An experiment in automatic design of robot swarms: Automode-vanilla, evostick, and human experts. In M. Dorigo, M. Birattari, S. Garnier, H. Hamann, M. M. de Oca, C. Solnon, & T. Stützle (Eds.), *Ninth International Conference on Swarm Intelligence (ANTS 2014). Lecture notes in computer science* (Vol. 8667, pp. 25–37).
126. Franks, N. R., Dornhaus, A., Fitzsimmons, J. P., & Stevens, M. (2003). Speed versus accuracy in collective decision making. *Proceedings of the Royal Society of London - Series B: Biological Sciences*, 270, 2457–2463.
127. Franks, N. R., & Sendova-Franks, A. B. (1992). Brood sorting by ants: Distributing the workload over the work-surface. *Behavioral Ecology and Sociobiology*, 30(2), 109–123.
128. Franks, N. R., Wilby, A., Silverman, B. W., & Tofts, C. (1992). Self-organizing nest construction in ants: Sophisticated building by blind bulldozing. *Animal Behaviour*, 44, 357–375.
129. Freeman, P. R. (1983). The secretary problem and its extensions: A review. *International Statistical Review/Revue Internationale de Statistique*, 51(2), 189–206.
130. Frei, R., & Serugendo, G. D. M. (2012). The future of complexity engineering. *Centreal European Journal of Engineering*, 2(2), 164–188. http://dx.doi.org/10.2478/s13531-011-0071-0.

131. Galam, S. (1997). Rational group decision making: A random field Ising model at T=0. *Physica A,* 238(1–4), 66–80.
132. Galam, S. (2004). Contrarian deterministic effect on opinion dynamics: The "hung elections scenario". *Physica A,* 333(1), 453–460. http://dx.doi.org/10.1016/j.physa.2003.10.041.
133. Galam, S. (2008). Sociophysics: A review of Galam models. *International Journal of Modern Physics C,* 19(3), 409–440.
134. Galam, S., & Moscovici, S. (1991). Towards a theory of collective phenomena: Consensus and attitude changes in groups. *European Journal of Social Psychology,* 21(1), 49–74. https://doi.org/10.1002/ejsp.2420210105.
135. Galam, S., & Moscovici, S. (1994). Towards a theory of collective phenomena. II: Conformity and power. *European Journal of Social Psychology,* 24(4), 481–495.
136. Galam, S., & Moscovici, S. (1995). Towards a theory of collective phenomena. III: Conflicts and forms of power. *European Journal of Social Psychology,* 25(2), 217–229.
137. Garnier, S., Gautrais, J., Asadpour, M., Jost, C., & Theraulaz, G. (2009). Self-organized aggregation triggers collective decision making in a group of cockroach-like robots. *Adaptive Behavior,* 17(2), 109–133.
138. Garnier, S., Murphy, T., Lutz, M., Hurme, E., Leblanc, S., & Couzin, I. D. (2013). Stability and responsiveness in a self-organized living architecture. *PLoS Computational Biology,* 9(3), e1002984. https://doi.org/10.1371/journal.pcbi.1002984.
139. Gates, B. (2007). A robot in every home. *Scientific American,* 296(1), 58–65.
140. Gauci, M., Nagpal, R., & Rubenstein, M. (2016). Programmable self-disassembly for shape formation in large-scale robot collectives. In 13*th International Symposium on Distributed Autonomous Robotic Systems (DARS* 16*)*.
141. Gauci, M., Ortiz, M. E., Rubenstein, M., & Nagpal, R. (2017). Error cascades in collective behavior: A case study of the gradient algorithm on 1000 physical agents. In *Proceedings of the* 16*th Conference on Autonomous Agents and MultiAgent Systems* (pp. 1404–1412). International Foundation for Autonomous Agents and Multiagent Systems.
142. Gerkey, B., Vaughan, R. T., & Howard, A. (2003). The player/stage project: Tools for multi-robot and distributed sensor systems. In *Proceedings of the* 11*th International Conference on Advanced Robotics (ICAR* 2003*)* (pp. 317–323).
143. Gerling, V., & von Mammen, S. (2016). Robotics for self-organised construction. In 2016 *IEEE* 1*st International Workshops on Foundations and Applications of Self* Systems (FAS*W)*, September 2016 (pp. 162–167). https://doi.org/10.1109/FAS-W.2016.45.
144. Gierer, A., & Meinhardt, H. (1972). A theory of biological pattern formation. *Biological Cybernetics,* 12(1), 30–39. http://dx.doi.org/10.1007/BF00289234.
145. Gjondrekaj, E., Loreti, M., Pugliese, R., Tiezzi, F., Pinciroli, C., Brambilla, M., et al. (2012). Towards a formal verification methodology for collective robotic systems. In *Formal methods and software engineering* (pp. 54–70). Berlin: Springer.
146. Goldstein, I., & Pauzner, A. (2005). Demand–deposit contracts and the probability of bank runs. *The Journal of Finance,* 60(3), 1293–1327.
147. Gomes, J., Mariano, P., & Christensen, A. L. (2015). Cooperative coevolution of partially heterogeneous multiagent systems. In *Proceedings of the* 2015 *International Conference on Autonomous Agents and Multiagent Systems* (pp. 297–305). International Foundation for Autonomous Agents and Multiagent Systems.
148. Gomes, J., Urbano, P., & Christensen, A. L. (2013). Evolution of swarm robotics systems with novelty search. *Swarm Intelligence,* 7(2–3), 115–144.
149. Gordon, D. M. (1996). The organization of work in social insect colonies. *Nature,* 380, 121–124. https://doi.org/10.1038/380121a0.
150. Graham, R., Knuth, D., & Patashnik, O. (1998). *Concrete mathematics: A foundation for computer science*. Reading, MA: Addison-Wesley. ISBN 0-201-55802-5.

151. Grassé, P.-P. (1959). La reconstruction du nid et les coordinations interindividuelles chez bellicositermes natalensis et cubitermes sp. la théorie de la stigmergie: essai d'interprétation du comportement des termites constructeurs. *Insectes Sociaux,* 6, 41–83.
152. Gribovskiy, A., Halloy, J., Deneubourg, J.-L., Bleuler, H., & Mondada, F. (2010). Towards mixed societies of chickens and robots. In 2010 *IEEE/RSJ International Conference on Intelligent Robots and Systems (IROS)* (pp. 4722–4728). New York: IEEE.
153. Grimmett, G. (1999). *Percolation. Grundlehren der mathematischen Wissenschaften* (Vol. 321). Berlin: Springer.
154. Groß, R., & Dorigo, M. (2008). Evolution of solitary and group transport behaviors for autonomous robots capable of self-assembling. *Adaptive Behavior,* 16(5), 285–305.
155. Groß, R., Magnenat, S., & Mondada, F. (2009). Segregation in swarms of mobile robots based on the Brazil nut effect. In *IEEE/RSJ International Conference on Intelligent Robots and Systems (IROS* 2009*)* (pp. 4349–4356). New York: IEEE.
156. Gross, T., & Sayama, H. (2009). *Adaptive networks: Theory, models, and data.* Berlin: Springer.
157. Guillermo, M. (2005). Morphogens and synaptogenesis in drosophila. *Journal of Neurobiology,* 64(4), 417–434. http://dx.doi.org/10.1002/neu.20165.
158. Gunther, N. J. (1993). A simple capacity model of massively parallel transaction systems. In *CMG National Conference* (pp. 1035–1044).
159. Gunther, N. J., Puglia, P., & Tomasette, K. (2015). Hadoop super-linear scalability: The perpetual motion of parallel performance. *ACM Queue,* 13(5), 46–55.
160. Habibi, G., Xie, W., Jellins, M., & McLurkin, J. (2016). Distributed path planning for collective transport using homogeneous multi-robot systems. In N.-Y. Chong & Y.-J. Cho (Eds.), *Distributed Autonomous Robotic Systems: The* 12*th International Symposium* (pp. 151–164). Tokyo: Springer. ISBN 978-4-431-55879-8. https://doi.org/10.1007/978-4-431-55879-8_11.
161. Haken, H. (1977). *Synergetics - An introduction.* Berlin: Springer.
162. Haken, H. (2004). *Synergetics: Introduction and advanced topics.* Berlin: Springer.
163. Halloy, J., Sempo, G., Caprari, G., Rivault, C., Asadpour, M., Tâche, F., et al. (2007). Social integration of robots into groups of cockroaches to control self-organized choices. *Science,* 318(5853), 1155–1158. http://dx.doi.org/10.1126/science.1144259.
164. Hamann, H. (2006). *Modeling and Investigation of Robot Swarms.* Master's thesis, University of Stuttgart, Germany.
165. Hamann, H. (2010). *Space-time continuous models of swarm robotics systems: Supporting global-to-local programming.* Berlin: Springer.
166. Hamann, H. (2013). Towards swarm calculus: Urn models of collective decisions and universal properties of swarm performance. *Swarm Intelligence,* 7(2–3), 145–172. http://dx.doi.org/10.1007/s11721-013-0080-0.
167. Hamann, H., Divband Soorati, M., Heinrich, M. K., Hofstadler, D. N., Kuksin, I., Veenstra, F., et al. (2017). *Flora robotica* - An architectural system combining living natural plants and distributed robots. Preprint arXiv:1709.04291.
168. Hamann, H., Meyer, B., Schmickl, T., & Crailsheim, K. (2010). A model of symmetry breaking in collective decision-making. In S. Doncieux, B. Girard, A. Guillot, J. Hallam, J.-A. Meyer, & J.-B. Mouret (Eds.), *From animals to animats* 11*. Lecture notes in artificial intelligence* (Vol. 6226, pp. 639–648), Berlin: Springer. http://dx.doi.org/10.1007/978-3-642-15193-4_60.
169. Hamann, H., Schmickl, T., & Crailsheim, K. (2012). A hormone-based controller for evaluation-minimal evolution in decentrally controlled systems. *Artificial Life,* 18(2), 165–198. http://dx.doi.org/10.1162/artl_a_00058.
170. Hamann, H., Schmickl, T., & Crailsheim, K. (2012). Self-organized pattern formation in a swarm system as a transient phenomenon of non-linear dynamics. *Mathematical and Computer Modelling of Dynamical Systems,* 18(1), 39–50. http://www.tandfonline.com/doi/abs/10.1080/13873954.2011.601418.

171. Hamann, H., Schmickl, T., Wörn, H., & Crailsheim, K. (2012). Analysis of emergent symmetry breaking in collective decision making. *Neural Computing & Applications,* 21(2), 207–218. http://dx.doi.org/10.1007/s00521-010-0368-6.
172. Hamann, H., Stradner, J., Schmickl, T., & Crailsheim, K. (2010). A hormone-based controller for evolutionary multi-modular robotics: From single modules to gait learning. In *Proceedings of the IEEE Congress on Evolutionary Computation (CEC'10)* (pp. 244–251).
173. Hamann, H., Szymanski, M., & Wörn, H. (2007). Orientation in a trail network by exploiting its geometry for swarm robotics. In Y. Shi & M. Dorigo (Eds.), *IEEE Swarm Intelligence Symposium, Honolulu, USA, April* 1–5, Los Alamitos, CA, April 2007 (pp. 310–315). New York: IEEE Press.
174. Hamann, H., Wahby, M., Schmickl, T., Zahadat, P., Hofstadler, D., Støy, K., et al. (2015). *Flora robotica* – Mixed societies of symbiotic robot-plant bio-hybrids. In *Proceedings of IEEE Symposium on Computational Intelligence (IEEE SSCI 2015)* (pp. 1102–1109). New York: IEEE. http://dx.doi.org/10.1109/SSCI.2015.158.
175. Hamann, H., & Wörn, H. (2007). An analytical and spatial model of foraging in a swarm of robots. In E. Şahin, W. Spears, & A. F. T. Winfield (Eds.), *Swarm Robotics - Second SAB* 2006 *International Workshop. Lecture notes in computer science* (Vol. 4433, pp. 43–55). Berlin/Heidelberg: Springer.
176. Hamann, H., & Wörn, H. (2008). A framework of space-time continuous models for algorithm design in swarm robotics. *Swarm Intelligence,* 2(2–4), 209–239. http://dx.doi.org/10.1007/s11721-008-0015-3.
177. Hansell, M. H. (1984). *Animal architecture and building behaviour*. London: Longman.
178. Harada, K., Corradi, P., Popesku, S., & Liedke, J. (2010). Heterogeneous multi-robot systems. In P. Levi & S. Kernbach (Eds.), *Symbiotic multi-robot organisms: Reliability, adaptability, evolution. Cognitive systems monographs* (Vol. 7, pp. 79–163). Berlin: Springer.
179. Harriott, C. E., Seiffert, A. E., Hayes, S. T., & Adams, J. A. (2014). Biologically-inspired human-swarm interaction metrics. *Proceedings of the Human Factors and Ergonomics Society Annual Meeting,* 58(1), 1471–1475. https://doi.org/10.1177/1541931214581307.
180. Hasegawa, E., Mizumoto, N., Kobayashi, K., Dobata, S., Yoshimura, J., Watanabe, S., et al. (2017). Nature of collective decision-making by simple yes/no decision units. *Scientific Reports,* 7(1), 14436. https://doi.org/10.1038/s41598-017-14626-z.
181. Hawking, S., & Israel, W. (1987). 300 *years of gravitation*. Cambridge: Cambridge University Press.
182. Hayes, A. T. (2002). How many robots? group size and efficiency in collective search tasks. In H. Asama, T. Arai, T. Fukuda, & T. Hasegawa (Eds.), *Distributed autonomous robotic systems* 5 (pp. 289–298). Tokyo: Springer. ISBN 978-4-431-65941-9. http://dx.doi.org/10.1007/978-4-431-65941-9_29
183. Hegselmann, R., & Krause, U. (2002). Opinion dynamics and bounded confidence models, analysis, and simulation. *Journal of Artifical Societies and Social Simulation,* 5(3), 1–24.
184. Heinrich, M. K., Wahby, M., Soorati, M. D., Hofstadler, D. N., Zahadat, P., Ayres, P., et al. (2016). Self-organized construction with continuous building material: Higher flexibility based on braided structures. In *Proceedings of the* 1*st International Workshop on Self-Organising Construction (SOCO)* (pp. 154–159). New York: IEEE. https://doi.org/10.1109/FAS-W.2016.43.
185. Helbing, D., Keltsch, J., & Molnár, P. (1997). Modelling the evolution of human trail systems. *Nature,* 388, 47–50.
186. Helbing, D., Schweitzer, F., Keltsch, J., & Molnár, P. (1997). Active walker model for the formation of human and animal trail systems. *Physical Review E,* 56(3), 2527–2539.
187. Hereford, J. M. (2011). Analysis of BEECLUST swarm algorithm. In *Proceedings of the IEEE Symposium on Swarm Intelligence (SIS* 2011*)* (pp. 192–198). New York: IEEE.
188. Hoddell, S., Melhuish, C., & Holland, O. (1998). Collective sorting and segregation in robots with minimal sensing. In 5*th International Conference on the Simulation of Adaptive Behaviour (SAB)*. Cambridge, MA: MIT Press.

189. Hogg, T. (2006). Coordinating microscopic robots in viscous fluids. *Autonomous Agents and Multi-Agent Systems,* 14(3), 271–305.
190. Holland, J. H. (1998). *Emergence - From chaos to order*. New York: Oxford University Press.
191. Huepe, C., Zschaler, G., Do, A.-L., & Gross, T. (2011). Adaptive-network models of swarm dynamics. *New Journal of Physics,* 13, 073022. http://dx.doi.org/10.1088/1367-2630/13/7/073022.
192. Ijspeert, A. J., Martinoli, A., Billard, A., & Gambardella, L. M. (2001). Collaboration through the exploitation of local interactions in autonomous collective robotics: The stick pulling experiment. *Autonomous Robots,* 11, 149–171. ISSN 0929-5593. https://doi.org/10.1023/A:1011227210047.
193. Ingham, A. G., Levinger, G., Graves, J., & Peckham, V. (1974). The Ringelmann effect: Studies of group size and group performance. *Journal of Experimental Social Psychology,* 10(4), 371–384. ISSN 0022-1031. https://doi.org/10.1016/0022-1031(74)90033-X.
194. Jackson, D. E., Holcombe, M., & Ratnieks, F. L. W. (2004). Trail geometry gives polarity to ant foraging networks. *Nature,* 432, 907–909.
195. Jaeger, J., Surkova, S., Blagov, M., Janssens, H., Kosman, D., Kozlov, K. N., et al. (2004). Dynamic control of positional information in the early *Drosophila* embryo. *Nature,* 430, 368–371. http://dx.doi.org/10.1038/nature02678.
196. Jansson, F., Hartley, M., Hinsch, M., Slavkov, I., Carranza, N., Olsson, T. S. G., et al. (2015). Kilombo: A Kilobot simulator to enable effective research in swarm robotics. Preprint arXiv:1511.04285.
197. Jasmine. (2017). Swarm robot - project website. http://www.swarmrobot.org/.
198. Jeanne, R. L., & Nordheim, E. V. (1996). Productivity in a social wasp: Per capita output increases with swarm size. *Behavioral Ecology,* 7(1), 43–48.
199. Jeanson, R., Rivault, C., Deneubourg, J.-L., Blanco, S., Fournier, R., Jost, C., et al. (2005). Self-organized aggregation in cockroaches. *Animal Behavior,* 69, 169–180.
200. Johnson, S. (2001). *Emergence: The connected lives of ants, brains, cities, and software*. New York: Scribner.
201. Jones, J. (2010). The emergence and dynamical evolution of complex transport networks from simple low-level behaviours. *International Journal of Unconventional Computing,* 6(2), 125–144.
202. Jones, J. (2010). Characteristics of pattern formation and evolution in approximations of *physarum* transport networks. *Artificial Life,* 16(2), 127–153.
203. Jones, J. L., & Roth, D. (2004). *Robot programming: A practical guide to behavior-based robotics*. New York: McGraw Hill.
204. Kac, M. (1947). Random walk and the theory of Brownian motion. *The American Mathematical Monthly,* 54, 369.
205. Kalthoff, K. (1978). Pattern formation in early insect embryogenesis - data calling for modification of a recent model. *Journal of Cell Science,* 29(1), 1–15.
206. Kanakia, A. P. (2015). *Response Threshold Based Task Allocation in Multi-Agent Systems Performing Concurrent Benefit Tasks with Limited Information*. PhD thesis, University of Colorado Boulder.
207. Kapellmann-Zafra, G., Salomons, N., Kolling, A., & Groß, R. (2016). Human-robot swarm interaction with limited situational awareness. In M. Dorigo (Ed.), *International Conference on Swarm Intelligence (ANTS 2016). Lecture notes in computer science* (pp. 125–136). Berlin: Springer.
208. Karsai, I., & Schmickl, T. (2011). Regulation of task partitioning by a “common stomach”: A model of nest construction in social wasps. *Behavioral Ecology,* 22, 819–830. https://doi.org/10.1093/beheco/arr060.

209. Kengyel, D., Hamann, H., Zahadat, P., Radspieler, G., Wotawa, F., & Schmickl, T. (2015). Potential of heterogeneity in collective behaviors: A case study on heterogeneous swarms. In Q. Chen, P. Torroni, S. Villata, J. Hsu, & A. Omicini (Eds.), *PRIMA* 2015*: Principles and practice of multi-agent systems. Lecture notes in computer science* (Vol. 9387, pp. 201–217). Berlin: Springer.
210. Kennedy, J., & Eberhart, R. C. (2001). *Swarm intelligence*. Los Altos, CA: Morgan Kaufmann.
211. Kernbach, S., Häbe, D., Kernbach, O., Thenius, R., Radspieler, G., Kimura, T., et al. (2013). Adaptive collective decision-making in limited robot swarms without communication. *The International Journal of Robotics Research,* 32(1), 35–55.
212. Kernbach, S., Thenius, R., Kernbach, O., & Schmickl, T. (2009). Re-embodiment of honeybee aggregation behavior in an artificial micro-robotic swarm. *Adaptive Behavior,* 17, 237–259.
213. Kessler, M. A., & Werner, B. T. (2003). Self-organization of sorted patterned ground. *Science,* 299, 380–383.
214. Kettler, A., Szymanski, M., & Wörn, H. (2012). The Wanda robot and its development system for swarm algorithms. *Advances in autonomous mini robots* (pp. 133–146). Berlin: Springer.
215. Khaluf, Y., Birattari, M., & Hamann, H. (2014). A swarm robotics approach to task allocation under soft deadlines and negligible switching costs. In A. P. del Pobil, E. Chinellato, E. Martinez-Martin, J. Hallam, E. Cervera, & A. Morales (Eds.), *Simulation of adaptive behavior (SAB* 2014*). Lecture notes in computer science* (Vol. 8575, pp. 270–279). Berlin: Springer.
216. Khaluf, Y., Birattari, M., & Rammig, F. (2013). Probabilistic analysis of long-term swarm performance under spatial interferences. In A.-H. Dediu, C. Martín-Vide, B. Truthe, & M. A. Vega-Rodríguez (Eds.), *Proceedings of Theory and Practice of Natural Computing* (pp. 121–132). Berlin/Heidelberg: Springer. ISBN 978-3-642-45008-2. http://dx.doi.org/10.1007/978-3-642-45008-2_10.
217. Kim, L. H., & Follmer, S. (2017). UbiSwarm: Ubiquitous robotic interfaces and investigation of abstract motion as a display. *The Proceedings of the ACM on Interactive, Mobile, Wearable and Ubiquitous Technologies,* 1(3), 66:1–66:20. ISSN 2474-9567. http://doi.acm.org/10.1145/3130931.
218. Klein, J. (2003). Continuous 3D agent-based simulations in the breve simulation environment. In *Proceedings of NAACSOS Conference (North American Association for Computational, Social, and Organizational Sciences)*.
219. Kolling, A., Walker, P., Chakraborty, N., Sycara, K., & Lewis, M. (2016). Human interaction with robot swarms: A survey. *IEEE Transactions on Human-Machine Systems,* 46(1), 9–26. ISSN 2168-2291. https://doi.org/10.1109/THMS.2015.2480801.
220. König, L., Mostaghim, S., & Schmeck, H. (2009). Decentralized evolution of robotic behavior using finite state machines. *International Journal of Intelligent Computing and Cybernetics,* 2(4), 695–723.
221. Krapivsky, P. L., Redner, S., & Ben-Naim, E. (2010). *A kinetic view of statistical physics*. Cambridge: Cambridge University Press.
222. Kube, C. R., & Bonabeau, E. (2000). Cooperative transport by ants and robots. *Robotics and Autonomous Systems,* 30, 85–101.
223. Kubík, A. (2001). On emergence in evolutionary multiagent systems. In *Proceedings of the 6th European Conference on Artificial Life* (pp. 326–337).
224. Kubík, A. (2003). Toward a formalization of emergence. *Artificial Life,* 9, 41–65.
225. Kuramoto, Y. (1984). *Chemical oscillations, waves, and turbulence*. Berlin: Springer.
226. Kwiatkowska, M., Norman, G., & Parker, D. (2011). PRISM 4.0: Verification of probabilistic real-time systems. In G. Gopalakrishnan & S. Qadeer (Eds.), *Proceedings of* 23*rd International Conference on Computer Aided Verification (CAV'*11*). Lecture notes in computer science* (Vol. 6806, pp. 585–591). Berlin: Springer.

227. Lazer, D., & Friedman, A. (2007). The network structure of exploration and exploitation. *Administrative Science Quarterly,* 52, 667–694.
228. Le Goc, M., Kim, L. H., Parsaei, A., Fekete, J.-D., Dragicevic, P., & Follmer, S. (2016). Zooids: Building blocks for swarm user interfaces. In *Proceedings of the 29th Annual Symposium on User Interface Software and Technology* (pp. 97–109). New York: ACM.
229. Lee, R. E. Jr. (1980). Aggregation of lady beetles on the shores of lakes (coleoptera: Coccinellidae). *American Midland Naturalist,* 104(2), 295–304.
230. Lehman, J., & Stanley, K. O. (2008). Exploiting open-endedness to solve problems through the search for novelty. In S. Bullock, J. Noble, R. Watson, & M. A. Bedau (Eds.), *Artificial Life XI: Proceedings of the Eleventh International Conference on the Simulation and Synthesis of Living Systems* (pp. 329–336). Cambridge, MA: MIT Press.
231. Lehman, J., & Stanley, K. O. (2011). Improving evolvability through novelty search and self-adaptation. In *Proceedings of the 2011 IEEE Congress on Evolutionary Computation (CEC'11)* (pp. 2693–2700). New York: IEEE.
232. Lemaire, T., Alami, R., & Lacroix, S. (2004). A distributed tasks allocation scheme in multi-UAV context. In *Proceedings of the IEEE International Conference on Robotics and Automation (ICRA'04)* (Vol. 4, pp. 3622–3627). New York: IEEE Press. https://doi.org/10.1109/ROBOT.2004.1308816.
233. Lenaghan, S. C., Wang, Y., Xi, N., Fukuda, T., Tarn, T., Hamel, W. R., et al. (2013). Grand challenges in bioengineered nanorobotics for cancer therapy. *IEEE Transactions on Biomedical Engineering,* 60(3), 667–673.
234. Leoncini, I., & Rivault, C. (2005). Could species segregation be a consequence of aggregation processes? Example of *Periplaneta americana* (L.) and *P. fuliginosa* (serville). *Ethology,* 111(5), 527–540.
235. Lerman, K. (2004). A model of adaptation in collaborative multi-agent systems. *Adaptive Behavior,* 12(3–4), 187–198.
236. Lerman, K., & Galstyan, A. (2002). Mathematical model of foraging in a group of robots: Effect of interference. *Autonomous Robots,* 13, 127–141.
237. Lerman, K., Galstyan, A., Martinoli, A., & Ijspeert, A. (2001). A macroscopic analytical model of collaboration in distributed robotic systems. *Artificial Life,* 7, 375–393.
238. Lerman, K., Jones, C., Galstyan, A., & Matarić, M. J. (2006). Analysis of dynamic task allocation in multi-robot systems. *International Journal of Robotics Research,* 25(3), 225–241.
239. Lerman, K., Martinoli, A., & Galstyan, A. (2005). A review of probabilistic macroscopic models for swarm robotic systems. In E. Şahin & W. M. Spears (Eds.), *Swarm Robotics - SAB* 2004 *International Workshop. Lecture notes in computer science* (Vol. 3342, pp. 143–152). Berlin: Springer.
240. Levi, P., & Kernbach, S. (Eds.). (2010). *Symbiotic multi-robot organisms: Reliability, adaptability, evolution*. Berlin: Springer.
241. Lind, J. (2000). Issues in agent-oriented software engineering. In M. Wooldridge (Ed.), *Agent-oriented software engineering*. Berlin/Heidelberg/New York: Springer.
242. Ludwig, L., & Gini, M. (2006). Robotic swarm dispersion using wireless intensity signals. In *Distributed autonomous robotic systems* 7 (pp. 135–144). Berlin: Springer.
243. Luke, S., Cioffi-Revilla, C., Panait, L., & Sullivan, K. (2004). Mason: A new multi-agent simulation toolkit. In *Proceedings of the* 2004 *Swarmfest Workshop* (Vol. 8, p. 44).
244. Mack, C. A. (2011). Fifty years of Moore's law. *IEEE Transactions on Semiconductor Manufacturing,* 24(2), 202–207.
245. Madhavan, R., Fregene, K., & Parker, L. E. (2004). Terrain aided distributed heterogeneous multirobot localization and mapping. *Autonomous Robots,* 17, 23–39.
246. Mahmoud, H. (2008). *Pólya urn models*. Boca Raton, FL: Chapman and Hall/CRC.
247. Mallon, E. B., & Franks, N. R. (2000). Ants estimate area using Buffon's needle. *Proceedings of the Royal Society of London B,* 267(1445), 765–770.
248. Mandelbrot, B. B., & Pignoni, R. (1983). *The fractal geometry of nature* (Vol. 173). New York: WH Freeman.

249. Mariano, P., Salem, Z., Mills, R., Zahadat, P., Correia, L., & Schmickl, T. (2017). Design choices for adapting bio-hybrid systems with evolutionary computation. In *Proceedings of the Genetic and Evolutionary Computation Conference Companion*, GECCO '17, New York, NY, USA (pp. 211–212). New York: ACM. ISBN 978-1-4503-4939-0. http://doi.acm.org/10.1145/3067695.3076044.
250. Marsili, M., & Zhang, Y.-C. (1998). Interacting individuals leading to Zipf's law. *Physical Review Letters,* 80(12), 2741.
251. Martinoli, A. (1999). *Swarm Intelligence in Autonomous Collective Robotics: From Tools to the Analysis and Synthesis of Distributed Control Strategies*. PhD thesis, Ecole Polytechnique Fédérale de Lausanne.
252. Martinoli, A., Easton, K., & Agassounon, W. (2004). Modeling swarm robotic systems: A case study in collaborative distributed manipulation. *International Journal of Robotics Research,* 23(4), 415–436.
253. Matarić, M. J. (1992). Integration of representation into goal-driven behavior-based robots. *IEEE Transactions on Robotics and Automation,* 8(3), 304–312.
254. Matarić, M. J. (1992). Minimizing complexity in controlling a mobile robot population. In *IEEE International Conference on Robotics and Automation* (pp. 830–835). New York: IEEE.
255. Matarić, M. J. (1993). Designing emergent behaviors: From local interactions to collective intelligence. *Proceedings of the Second International Conference on From Animals to Animats* 2*: Simulation of Adaptive Behavior* (pp. 432–441).
256. Matarić, M. J. (1995). Designing and understanding adaptive group behavior. *Adaptive Behavior,* 4, 51–80.
257. Matarić, M. J. (1997). Reinforcement learning in the multi-robot domain. *Autonomous Robots,* 4(1), 73–83.
258. Mathews, N., Christensen, A. L., Ferrante, E., O'Grady, R., & Dorigo, M. (2010). Establishing spatially targeted communication in a heterogeneous robot swarm. In *Proceedings of the 9th International Conference on Autonomous Agents and Multiagent Systems (AAMAS)* (pp. 939–946). International Foundation for Autonomous Agents and Multiagent Systems.
259. Mayet, R., Roberz, J., Schmickl, T., & Crailsheim, K. (2010). Antbots: A feasible visual emulation of pheromone trails for swarm robots. In M. Dorigo, M. Birattari, G. A. Di Caro, R. Doursat, A. P. Engelbrecht, D. Floreano, L. M. Gambardella, R. Groß, E. Şahin, H. Sayama, & T. Stützle (Eds.), *Swarm Intelligence: 7th International Conference, ANTS* 2010. *Lecture notes in computer science* (Vol. 6234, pp. 84–94). Berlin/Heidelberg/New York: Springer. ISBN 978-3-642-15460-7. https://doi.org/10.1007/978-3-642-15461-4.
260. McEvoy, M. A., & Correll, N. (2015). Materials that couple sensing, actuation, computation, and communication. *Science,* 347(6228), 1261689 . ISSN 0036-8075. https://doi.org/10.1126/science.1261689.
261. McLurkin, J., Lynch, A. J., Rixner, S., Barr, T. W., Chou, A., Foster, K., et al. (2013). A low-cost multi-robot system for research, teaching, and outreach. In *Distributed autonomous robotic systems* (pp. 597–609). Berlin: Springer.
262. McLurkin, J., & Smith, J. (2004). Distributed algorithms for dispersion in indoor environments using a swarm of autonomous mobile robots. In *Distributed Autonomous Robotic Systems Conference*.
263. McLurkin, J., Smith, J., Frankel, J., Sotkowitz, D., Blau, D., & Schmidt, B. (2006). Speaking swarmish: Human-robot interface design for large swarms of autonomous mobile robots. In *AAAI Spring Symposium: To Boldly Go Where No Human-Robot Team has Gone Before* (pp. 72–75).
264. Meinhardt, H. (1982). *Models of biological pattern formation*. New York: Academic.
265. Meinhardt, H. (2003). *The algorithmic beauty of sea shells*. Berlin: Springer.
266. Meinhardt, H., & Gierer, A. (1974). Applications of a theory of biological pattern formation based on lateral inhibition. *Journal of Cell Science,* 15(2), 321–346. ISSN 0021-9533. http://view.ncbi.nlm.nih.gov/pubmed/4859215.
267. Meinhardt, H., & Gierer, A. (2000). Pattern formation by local self-activation and lateral inhibition. *Bioessays,* 22, 753–760.

268. Meinhardt, H., & Klingler, M. (1987). A model for pattern formation on the shells of molluscs. *Journal of Theoretical Biology, 126*, 63–69.
269. Meister, T., Thenius, R., Kengyel, D., & Schmickl, T. (2013). Cooperation of two different swarms controlled by BEECLUST algorithm. In *Mathematical models for the living systems and life sciences (ECAL)* (pp. 1124–1125).
270. Melhuish, C., Wilson, M., & Sendova-Franks, A. (2001). Patch sorting: Multi-object clustering using minimalist robots. In J. Kelemen & P. Sosík (Eds.), *Advances in Artificial Life: 6th European Conference, ECAL 2001 Prague, Czech Republic, September 10–14, 2001 Proceedings* (pp. 543–552). Berlin/Heidelberg: Springer. ISBN 978-3-540-44811-2. https://doi.org/10.1007/3-540-44811-X_62.
271. Mellinger, D., Shomin, M., Michael, N., & Kumar, V. (2013). Cooperative grasping and transport using multiple quadrotors. In *Distributed autonomous robotic systems* (pp. 545–558). Berlin: Springer.
272. Merkle, D., Middendorf, M., & Scheidler, A. (2007). Swarm controlled emergence-designing an anti-clustering ant system. In *IEEE Swarm Intelligence Symposium* (pp. 242–249). New York: IEEE.
273. Merkle, D., Middendorf, M., & Scheidler, A. (2008). Organic computing and swarm intelligence. In C. Blum & D. Merkle (Eds.), *Swarm intelligence: Introduction and applications*. Berlin: Springer.
274. Meyer, B., Beekman, M., & Dussutour, A. (2008). Noise-induced adaptive decision-making in ant-foraging. In *Simulation of adaptive behavior (SAB). Lecture notes in computer science* (Vol. 5040, pp. 415–425). Berlin: Springer.
275. Meyer, B., Renner, C., & Maehle, E. (2016). Versatile sensor and communication expansion set for the autonomous underwater vehicle MONSUN. In *Advances in Cooperative Robotics: Proceedings of the 19th International Conference on CLAWAR 2016* (pp. 250–257). Singapore: World Scientific.
276. Mill, J. S. (1843). *A system of logic: Ratiocinative and inductive*. London: John W. Parker and Son.
277. Milutinovic, D., & Lima, P. (2006). Modeling and optimal centralized control of a large-size robotic population. *IEEE Transactions on Robotics, 22*(6), 1280–1285.
278. Milutinovic, D., & Lima, P. (2007). *Cells and robots: Modeling and control of large-size agent populations*. Berlin: Springer.
279. Misner, C. W., Thorne, K. S., & Wheeler, J. A. (2017). *Gravitation*. Princeton, NJ: Princeton University Press.
280. Möbius, M. E., Lauderdale, B. E., Nagel, S. R., & Jaeger, H. M. (2001). Brazil-nut effect: Size separation of granular particles. *Nature, 414*(6861), 270.
281. Moeslinger, C., Schmickl, T., & Crailsheim, K. (2010). Emergent flocking with low-end swarm robots. In M. Dorigo, M. Birattari, G. Di Caro, R. Doursat, A. Engelbrecht, D. Floreano, L. Gambardella, R. Groß, E. Sahin, H. Sayama, & T. Stützle (Eds.), *Swarm intelligence. Lecture notes in computer science* (Vol. 6234, pp. 424–431). Berlin/Heidelberg: Springer.
282. Moeslinger, C., Schmickl, T., & Crailsheim, K. (2011). A minimalist flocking algorithm for swarm robots. In *Advances in Artificial Life: Darwin Meets von Neumann (ECAL'09). Lecture notes in computer science* (Vol. 5778, pp. 357–382). Heidelberg/Berlin: Springer.
283. Moioli, R., Vargas, P. A., & Husbands, P. (2010). Exploring the Kuramoto model of coupled oscillators in minimally cognitive evolutionary robotics tasks. In *WCCI 2010 IEEE World Congress on Computational Intelligence - CEC IEEE* (pp. 2483–2490).
284. Monajjemi, V. M., Wawerla, J., Vaughan, R., & Mori, G. (2013). HRI in the sky: Creating and commanding teams of UAVs with a vision-mediated gestural interface. In *IEEE/RSJ International Conference on Intelligent Robots and Systems (IROS)*, November 2013 (pp. 617–623). https://doi.org/10.1109/IROS.2013.6696415.
285. Mondada, F., Bonani, M., Raemy, X., Pugh, J., Cianci, C., Klaptocz, A., et al. (2009). The e-puck, a robot designed for education in engineering. In *Proceedings of the 9th Conference on Autonomous Robot Systems and Competitions* (Vol. 1, pp. 59–65).

286. Mondada, F., Franzi, E., & Ienne, P. (1994). Mobile robot miniaturisation: A tool for investigation in control algorithms. In *Proceedings of the 3rd International Symposium on Experimental Robotics* (pp. 501–513). Berlin: Springer.
287. Mondada, L., Karim, M. E., & Mondada, F. (2016). Electroencephalography as implicit communication channel for proximal interaction between humans and robot swarms. *Swarm Intelligence,* 10(4), 247–265. ISSN 1935-3820. https://doi.org/10.1007/s11721-016-0127-0.
288. Mondada, F., Pettinaro, G. C., Guignard, A., Kwee, I., Floreano, D., Deneubourg, J.-L., et al. (2004). SWARM-BOT: A new distributed robotic concept. *Autonomous Robots, Special Issue on Swarm Robotics,* 17(2–3), 193–221. doi: NA.
289. Murray, J. D. (1981). A prepattern formation mechanism for animal coat markings. *Journal of Theoretical Biology,* 88, 161–199.
290. Murray, J. D. (2003). On the mechanochemical theory of biological pattern formation with application to vasculogenesis. *Comptes Rendus Biologies,* 326(2), 239–252.
291. Nagi, J., Giusti, A., Gambardella, L. M., & Di Caro, G. A. (2014). Human-swarm interaction using spatial gestures. In 2014 *IEEE/RSJ International Conference on Intelligent Robots and Systems*, September 2014 (pp. 3834–3841). https://doi.org/10.1109/IROS.2014.6943101.
292. Nair, R., Ito, T., Tambe, M., & Marsella, S. (2002). Task allocation in the RoboCup rescue simulation domain: A short note. In A. Birk, S. Coradeschi, & S. Tadokoro (Eds.), *RoboCup* 2001*: Robot Soccer World Cup V* (Vol. 2377, pp. 1–22). Berlin/Heidelberg: Springer. http://dx.doi.org/10.1007/3-540-45603-1_129.
293. Nolfi, S., Bongard, J., Husbands, P., & Floreano, D. (2016). Evolutionary robotics. In *Springer handbook of robotics* (pp. 2035–2068). Berlin: Springer.
294. Nouyan, S., Campo, A., & Dorigo, M. (2008). Path formation in a robot swarm: Self-organized strategies to find your way home. *Swarm Intelligence,* 2(1), 1–23.
295. Nouyan, S., Groß, R., Bonani, M., Mondada, F., & Dorigo, M. (2009). Teamwork in self-organized robot colonies. *IEEE Transactions on Evolutionary Computation,* 13(4), 695–711.
296. O'Grady, R., Groß, R., Mondada, F., Bonani, M., & Dorigo, M. (2005). Self-assembly on demand in a group of physical autonomous mobile robots navigating rough terrain. In *Advances in Artificial Life, 8th European Conference (ECAL)* (pp. 272–281). Berlin: Springer.
297. O'Keeffe, K. P., Hong, H., & Strogatz, S. H. (2017). Oscillators that sync and swarm. *Nature Communications,* 8, 1504.
298. Olfati-Saber, R., Fax, A., & Murray, R. M. (2007). Consensus and cooperation in networked multi-agent systems. *Proceedings of the IEEE,* 95(1), 215–233.
299. Østergaard, E. H., Sukhatme, G. S., & Matarić, M. J. (2001). Emergent bucket brigading: A simple mechanisms for improving performance in multi-robot constrained-space foraging tasks. In E. André, S. Sen, C. Frasson, & J. P. Müller (Eds.), *Proceedings of the Fifth International Conference on Autonomous Agents (AGENTS'*01*)*, New York, NY, USA (pp. 29–35). New York: ACM. ISBN 1-58113-326-X. http://doi.acm.org/10.1145/375735.375825
300. Osterloh, C., Pionteck, T., & Maehle, E. (2012). MONSUN II: A small and inexpensive AUV for underwater swarms. In *ROBOTIK* 2012 - 7*th German Conference on Robotics*.
301. Ostwald, W. (1897). Studien über die Bildung und Umwandlung fester Körper. *Zeitschrift für physikalische Chemie,* 22(1), 289–330.
302. Parrish, J. K., & Edelstein-Keshet, L. (1999). Complexity, pattern, and evolutionary trade-offs in animal aggregation. *Science,* 284(5411), 99–101. ISSN 0036-8075. https://doi.org/10.1126/science.284.5411.99.
303. Parunak, H. V. D., & Brueckner, S. A. (2004). Engineering swarming systems. In *Methodologies and software engineering for agent systems* (pp. 341–376). Berlin: Springer.
304. Payton, D., Daily, M., Estowski, R., Howard, M., & Lee, C. (2001). Pheromone robotics. *Autonomous Robots,* 11(3), 319–324.
305. Peires, F. T. (1926). Tensile tests for cotton yarns. *Journal of the Textile Institute,* 17, 355–368.
306. Petersen, K., Nagpal, R., & Werfel, J. (2011). TERMES: An autonomous robotic system for three-dimensional collective construction. *Proceedings Robotics: Science & Systems VII* (pp. 257–264).

307. Pickem, D., Lee, M., & Egerstedt, M. (2015). The GRITSBot in its natural habitat: A multi-robot testbed. In *IEEE International Conference on Robotics and Automation (ICRA)* (pp. 4062–4067). New York: IEEE.
308. Pinciroli, C., Trianni, V., O'Grady, R., Pini, G., Brutschy, A., Brambilla, M., et al. (2012). ARGoS: A modular, parallel, multi-engine simulator for multi-robot systems. *Swarm Intelligence, 6*(4), 271–295. ISSN 1935-3812. http://dx.doi.org/10.1007/s11721-012-0072-5.
309. Pini, G., Brutschy, A., Francesca, G., Dorigo, M., & Birattari, M. (2012). Multi-armed bandit formulation of the task partitioning problem in swarm robotics. In *8th International Conference on Swarm Intelligence (ANTS)* (pp. 109–120). Berlin: Springer.
310. Planck, M. (1917). Über einen Satz der statistischen Dynamik und seine Erweiterung in der Quantentheorie. *Sitzungsberichte der Preußischen Akademie der Wissenschaften,* 24, 324–341.
311. Podevijn, G., O'Grady, R., Mathews, N., Gilles, A., Fantini-Hauwel, C., & Dorigo, M. (2016). Investigating the effect of increasing robot group sizes on the human psychophysiological state in the context of human–swarm interaction. *Swarm Intelligence,* 10(3), 1–18. ISSN 1935-3820. http://dx.doi.org/10.1007/s11721-016-0124-3.
312. Pólya, G., & Eggenberger, F. (1923). Über die Statistik verketteter Vorgänge. *Zeitschrift für Angewandte Mathematik und Mechanik,* 3(4), 279–289.
313. Popkin, G. (2016). The physics of life. *Nature,* 529, 16–18. https://doi.org/10.1038/529016a.
314. Potter, M. A., Meeden, L. A., & Schultz, A. C. (2001). Heterogeneity in the coevolved behaviors of mobile robots: The emergence of specialists. In *International Joint Conference on Artificial Intelligence (IJCAI)* (pp. 1337–1343). Los Altos, CA: Morgan Kaufmann.
315. Pourmehr, S., Monajjemi, V. M., Vaughan, R., & Mori, G. (2013). "you two! Take off!": Creating, modifying and commanding groups of robots using face engagement and indirect speech in voice commands. In *IEEE/RSJ International Conference on Intelligent Robots and Systems (IROS)*, November 2013 (pp. 137–142). https://doi.org/10.1109/IROS.2013.6696344
316. Press, W. H., Teukolsky, S. A., Vetterling, W. T., & Flannery, B. P. (2002). *Numerical recipes in C++*. Cambridge: Cambridge University Press.
317. Prigogine, I. (1997). *The end of certainty: Time, chaos, and the new laws of nature*. New York: Free Press.
318. Prorok, A., Ani Hsieh, M., & Kumar, V. (2015). Fast redistribution of a swarm of heterogeneous robots. In *International Conference on Bio-inspired Information and Communications Technologies (BICT)*.
319. Prorok, A., Ani Hsieh, M., & Kumar, V. (2016). Formalizing the impact of diversity on performance in a heterogeneous swarm of robots. In 2016 *IEEE International Conference on Robotics and Automation (ICRA)* (pp. 5364–5371). https://doi.org/10.1109/ICRA.2016.7487748.
320. Prorok, A., Correll, N., & Martinoli, A. (2011). Multi-level spatial models for swarm-robotic systems. *The International Journal of Robotics Research,* 30(5), 574–589.
321. Raischel, F., Kun, F., & Herrmann, H. J. (2006). Fiber bundle models for composite materials. In *Conference on Damage in Composite Materials*.
322. Ramaley, J. F. (1969). Buffon's noodle problem. *The American Mathematical Monthly,* 76(8), 916–918. http://www.jstor.org/stable/2317945.
323. Ratnieks, F. L. W., & Anderson, C. (1999). Task partitioning in insect societies. *Insectes Sociaux,* 46(2), 95–108. https://doi.org/10.1007/s000400050119.
324. Reina, A., Dorigo, M., & Trianni, V. (2014). Towards a cognitive design pattern for collective decision-making. In M. Dorigo, M. Birattari, S. Garnier, H. Hamann, M. M. de Oca, C. Solnon, & T. Stützle (Eds.), *Swarm intelligence. Lecture notes in computer science* (Vol. 8667, pp. 194–205). Berlin: Springer International Publishing. ISBN 978-3-319-09951-4. http://dx.doi.org/10.1007/978-3-319-09952-1_17.
325. Reina, A., Valentini, G., Fernández-Oto, C., Dorigo, M., & Trianni, V. (2015). A design pattern for decentralised decision making. *PLoS One,* 10(10), 1–18. https://doi.org/10.1371/journal.pone.0140950.

326. Resnick, M. (1994). *Turtles, termites, and traffic jams*. Cambridge, MA: MIT Press.
327. Reynolds, C. W. (1987). Flocks, herds, and schools. *Computer Graphics,* 21(4), 25–34.
328. Riedo, F., Chevalier, M., Magnenat, S., & Mondada, F. (2013). Thymio II, a robot that grows wiser with children. In *IEEE Workshop on Advanced Robotics and Its Social Impacts (ARSO 2013)* (pp. 187–193). New York: IEEE.
329. Risken, H. (1984). *The Fokker-Planck equation*. Berlin: Springer.
330. Rosenblueth, A., Wiener, N., & Bigelow, J. (1943). Behavior, purpose and teleology. *Philosophy of Science,* 10(1), 18–24. ISSN 00318248, 1539767X. http://www.jstor.org/stable/184878.
331. Rubenstein, M., Ahler, C., & Nagpal, R. (2012). Kilobot: A low cost scalable robot system for collective behaviors. In *IEEE International Conference on Robotics and Automation (ICRA 2012)* (pp. 3293–3298). https://doi.org/10.1109/ICRA.2012.6224638.
332. Rubenstein, M., Cornejo, A., & Nagpal, R. (2014). Programmable self-assembly in a thousand-robot swarm. *Science,* 345(6198), 795–799. http://dx.doi.org/10.1126/science.1254295.
333. Rubenstein, M., & Shen, W.-M. (2009). Scalable self-assembly and self-repair in a collective of robots. In *Proceedings of the IEEE/RSJ International Conference on Intelligent Robots and Systems (IROS)*, St. Louis, MO, USA, October 2009.
334. Rumelhart, D. E., Hinton, G. E., & Williams, R. J. (1986). Learning representations by back-propagating errors. *Nature,* 323, 533–536.
335. Russell, B. (1923). Vagueness. *Australasian Journal of Psychology and Philosophy,* 1(2), 84–92. http://dx.doi.org/10.1080/00048402308540623.
336. Russell, R. A. (1997). Heat trails as short-lived navigational markers for mobile robots. In *Proceedings of the IEEE International Conference on Robotics and Automation* (Vol. 4, pp. 3534–3539).
337. Russell, S. J., & Norvig, P. (1995). *Artificial intelligence: A modern approach*. Englewood, Cliffs, NJ: Prentice Hall.
338. Şahin, E. (2005). Swarm robotics: From sources of inspiration to domains of application. In E. Şahin & W. M. Spears (Eds.), *Swarm Robotics - SAB* 2004 *International Workshop*. *Lecture notes in computer science* (Vol. 3342, pp. 10–20). Berlin: Springer.
339. Savkin, A. V. (2004). Coordinated collective motion of groups of autonomous mobile robots: Analysis of Vicsek's model. *IEEE Transactions on Automatic Control,* 49(6), 981–982.
340. Scheidler, A. (2011). Dynamics of majority rule with differential latencies. *Physical Review E,* 83(3), 031116.
341. Scheidler, A., Merkle, D., & Middendorf, M. (2013). Swarm controlled emergence for ant clustering. *International Journal of Intelligent Computing and Cybernetics,* 6(1), 62–82.
342. Schmelzer, J. W. P. (2006). *Nucleation theory and applications*. New York: Wiley.
343. Schmickl, T., & Crailsheim, K. (2004). Costs of environmental fluctuations and benefits of dynamic decentralized foraging decisions in honey bees. *Adaptive Behavior - Animals, Animats, Software Agents, Robots, Adaptive Systems,* 12, 263–277.
344. Schmickl, T., & Hamann, H. (2011). BEECLUST: A swarm algorithm derived from honeybees. In Y. Xiao (Ed.), *Bio-inspired computing and communication networks* (pp. 95–137). Boca Raton, FL: CRC Press.
345. Schmickl, T., Hamann, H., & Crailsheim, K. (2011). Modelling a hormone-inspired controller for individual- and multi-modular robotic systems. *Mathematical and Computer Modelling of Dynamical Systems,* 17 (3), 221–242.
346. Schmickl, T., Hamann, H., Wörn, H., & Crailsheim, K. (2009). Two different approaches to a macroscopic model of a bio-inspired robotic swarm. *Robotics and Autonomous Systems,* 57(9), 913–921. http://dx.doi.org/10.1016/j.robot.2009.06.002.
347. Schmickl, T., Möslinger, C., & Crailsheim, K. (2007). Collective perception in a robot swarm. In E. Şahin, W. M. Spears, & A. F. T. Winfield (Eds.), *Swarm Robotics - Second SAB* 2006 *International Workshop*. *Lecture notes in computer science* (Vol. 4433). Heidelberg/Berlin: Springer.

348. Schmickl, T., Stradner, J., Hamann, H., Winkler, L., & Crailsheim, K. (2011). Major feedback loops supporting artificial evolution in multi-modular robotics. In S. Doncieux, N. Bredèche, & J.-B. Mouret (Eds.), *New horizons in evolutionary robotics. Studies in computational intelligence* (Vol. 341, pp. 195–209). Berlin/Heidelberg: Springer. ISBN 978-3-642-18271-6. https://doi.org/10.1007/978-3-642-18272-3.
349. Schmickl, T., Thenius, R., Möslinger, C., Radspieler, G., Kernbach, S., & Crailsheim, K. (2008). Get in touch: Cooperative decision making based on robot-to-robot collisions. *Autonomous Agents and Multi-Agent Systems,* 18(1), 133–155.
350. Schmickl, T., Thenius, R., Moslinger, C., Timmis, J., Tyrrell, A., Read, M., et al. (2011). Cocoro – the self-aware underwater swarm. In 2011 *Fifth IEEE Conference on Self-Adaptive and Self-Organizing Systems Workshops* (pp. 120–126). https://doi.org/10.1109/SASOW.2011.11.
351. Schultz, A. C., Grefenstette, J. J., & Adams, W. (1996). Robo-Shepherd: Learning complex robotic behaviors. In M. Jamshidi, F. Pin, & P. Dauchez (Eds.), *Proceedings of the International Symposium on Robotics and Automation (ICRA'96)* (Vol. 6, pp. 763–768). New York, NY: ASME Press.
352. Schumacher, R. (2002). Book review: Achim Stephan: Emergenz. Von der Unvorhersagbarkeit zur Selbstorganisation. *European Journal of Philosophy,* 10(3), 415–419 (Dresden/München: Dresden University Press, 1999).
353. Schweitzer, F. (2002). Brownian agent models for swarm and chemotactic interaction. In D. Polani, J. Kim, & T. Martinetz (Eds.), *Fifth German Workshop on Artificial Life. Abstracting and Synthesizing the Principles of Living Systems* (pp. 181–190). Akademische Verlagsgesellschaft Aka.
354. Schweitzer, F. (2003). *Brownian agents and active particles. On the emergence of complex behavior in the natural and social sciences*. Berlin: Springer.
355. Schweitzer, F., Lao, K., & Family, F. (1997). Active random walkers simulate trunk trail formation by ants. *BioSystems,* 41, 153–166.
356. Schweitzer, F., & Schimansky-Geier, L. (1994). Clustering of active walkers in a two-component system. *Physica A,* 206, 359–379.
357. Sempo, G., Depickère, S., Amé, J.-M., Detrain, C., Halloy, J., & Deneubourg, J.-L. (2006). Integration of an autonomous artificial agent in an insect society: Experimental validation. In S. Nolfi, G. Baldassarre, R. Calabretta, J. C. T. Hallam, D. Marocco, J.-A. Meyer, O. Miglino, & D. Parisi (Eds.), *From Animals to Animats 9: 9th International Conference on Simulation of Adaptive Behavior, SAB 2006, Rome, Italy, September 25–29, 2006. Proceedings* (pp. 703–712). Berlin/Heidelberg: Springer. ISBN 978-3-540-38615-5. https://doi.org/10.1007/11840541_58.
358. Seyfried, J., Szymanski, M., Bender, N., Estaña, R., Thiel, M., & Wörn, H. (2005). The I-SWARM project: Intelligent small world autonomous robots for micro-manipulation. In E. Şahin & W. M. Spears (Eds.), *Swarm Robotics Workshop: State-of-the-Art Survey* (pp. 70–83). Berlin: Springer.
359. Sharkey, A. J. C. (2007). Swarm robotics and minimalism. *Connection Science,* 19(3), 245–260.
360. Sood, V., & Redner, S. (2005). Voter model on heterogeneous graphs. *Physical Review Letters,* 94(17), 178701.
361. Soysal, O., & Şahin, E. (2007). A macroscopic model for self-organized aggregation in swarm robotic systems. In E. Şahin, W. M. Spears, & A. F. T. Winfield (Eds.), *Swarm Robotics - Second SAB 2006 International Workshop. Lecture notes in computer science* (Vol. 4433, pp. 27–42). Berlin: Springer.
362. Springel, V., White, S. D. M., Jenkins, A., Frenk, C. S., Yoshida, N., Gao, L., et al. (2005). Simulations of the formation, evolution and clustering of galaxies and quasars. *Nature,* 435, 629–636. http://www.nature.com/nature/journal/v435/n7042/full/nature03597.html.
363. Stephan, A. (1999). *Emergenz: Von der Unvorhersagbarkeit zur Selbstorganisation*. Dresden, Munich: Dresden University Press.

364. Stepney, S., Polack, F., & Turner, H. (2006). Engineering emergence. In *CEC* 2006*: 11th IEEE International Conference on Engineering of Complex Computer Systems, Stanford, CA, USA*, Los Alamitos, CA, August 2006. New York: IEEE Press.
365. Støy, K., & Nagpal, R. (2004). Self-repair through scale independent self-reconfiguration. In 2004 *IEEE/RSJ International Conference on Intelligent Robots and Systems,* 2004 *(IROS* 2004*). Proceedings* (Vol. 2, pp. 2062–2067). NewYork: IEEE.
366. Strogatz, S. H. (2001). Exploring complex networks. *Nature,* 410(6825), 268–276. http://www.nature.com/nature/journal/v410/n6825/abs/410268a0.html.
367. Strogatz, S. H., Abrams, D. M., McRobie, A., Eckhardt, B., & Ott, E. (2005). Theoretical mechanics: Crowd synchrony on the Millennium Bridge. *Nature,* 438(7064), 43–44.
368. Sugawara, K., Kazama, T., & Watanabe, T. (2004). Foraging behavior of interacting robots with virtual pheromone. In *Proceedings of* 2004 *IEEE/RSJ International Conference on Intelligent Robots and Systems*, Los Alamitos, CA (pp. 3074–3079). New York: IEEE Press.
369. Sugawara, K., & Sno, M. (1997). Cooperative acceleration of task performance: Foraging behavior of interacting multi-robots system. *Physica D,* 100, 343–354.
370. Sutton, R. S., & Barto, A. G. (1998). *Reinforcement learning: An introduction*. Cambridge, MA: MIT Press.
371. Sznajd-Weron, K., & Sznajd, J. (2000). Opinion evolution in closed community. *International Journal of Modern Physics C,* 11(06), 1157–1165.
372. Szopek, M., Schmickl, T., Thenius, R., Radspieler, G., & Crailsheim, K. (2013). Dynamics of collective decision making of honeybees in complex temperature fields. *PLoS One,* 8(10), e76250. https://doi.org/10.1371/journal.pone.0076250. http://dx.doi.org/10.1371%2Fjournal.pone.0076250.
373. Tabony, J., & Job, D. (1992). Gravitational symmetry breaking in microtubular dissipative structures. *Proceedings of the National Academy of Sciences of the United States of America,* 89(15), 6948–6952.
374. Tarapore, D., Christensen, A. L., & Timmis, J. (2017). Generic, scalable and decentralized fault detection for robot swarms. *PLoS One,* 12(8), 1–29. https://doi.org/10.1371/journal.pone.0182058.
375. Tarapore, D., Lima, P. U., Carneiro, J., & Christensen, A. L. (2015). To err is robotic, to tolerate immunological: Fault detection in multirobot systems. *Bioinspiration & Biomimetics,* 10(1), 016014.
376. (Nagpal, R., et al.) The Kilobot Project, Self-Organizing Systems Research Group. (2013). Website. https://ssr.seas.harvard.edu/kilobots.
377. Theraulaz, G., & Bonabeau, E. (1995). Coordination in distributed building. *Science,* 269, 686–688.
378. Theraulaz, G., & Bonabeau, E. (1995). Modelling the collective building of complex architectures in social insects with lattice swarms. *Journal of Theoretical Biology,* 177, 381–400.
379. Theraulaz, G., Bonabeau, E., Nicolis, S. C., Solé, R. V., Fourcassié, V., Blanco, S., et al. (2002). Spatial patterns in ant colonies. *Proceedings of the National Academy of Sciences of the United States of America,* 99(15), 9645–9649.
380. Thompson, D. W. (1917). *On growth and form: The complete revised edition*. Cambridge: Cambridge University Press.
381. Thrun, S., Burgard, W., & Fox, D. (2005). *Probabilistic robotics*. Cambridge, MA: MIT Press.
382. Toner, J., & Tu, Y. (1998). Flocks, herds, and schools: A quantitative theory of flocking. *Physical Review E,* 58(4), 4828–4858.
383. Trianni, V. (2008). *Evolutionary swarm robotics - Evolving self-organising behaviours in groups of autonomous robots. Studies in computational intelligence* (Vol. 108). Berlin: Springer.
384. Trianni, V., Groß, R., Labella, T. H., Şahin, E., & Dorigo, M. (2003). Evolving aggregation behaviors in a swarm of robots. In W. Banzhaf, J. Ziegler, T. Christaller, P. Dittrich, & J. T. Kim (Eds.), *Advances in Artificial Life (ECAL* 2003*). Lecture notes in artificial intelligence* (Vol. 2801, pp. 865–874). Berlin: Springer.

385. Trianni, V., Ijsselmuiden, J., & Haken, R. (2016). *The SAGA concept: Swarm robotics for agricultural applications*. Technical report. http://laral.istc.cnr.it/saga/wp-content/uploads/2016/09/saga-dars2016.pdf.
386. Trianni, V., Labella, T. H., & Dorigo, M. (2004). Evolution of direct communication for a swarm-bot performing hole avoidance. In M. Dorigo, M. Birattari, C. Blum, L. M. Gambardella, F. Mondada, & T. Stützle (Eds.), *Ant colony optimization and swarm intelligence (ANTS* 2004*). Lecture notes in computer science* (Vol. 3172, pp. 130–141). Berlin: Springer.
387. Tuci, E., Groß, R., Trianni, V., Mondada, F., Bonani, M., & Dorigo, M. (2006). Cooperation through self-assembly in multi-robot systems. *ACM Transactions on Autonomous and Adaptive Systems (TAAS),* 1(2), 115–150.
388. Turgut, A., Çelikkanat, H., Gökçe, F., & Şahin, E. (2008). Self-organized flocking in mobile robot swarms. *Swarm Intelligence,* 2(2), 97–120. http://dx.doi.org/10.1007/s11721-008-0016-2.
389. Turing, A. M. (1952). The chemical basis of morphogenesis. *Philosophical Transactions of the Royal Society of London. Series B, Biological Sciences, B*237(641), 37–72.
390. Twu, P., Mostofi, Y., & Egerstedt, M. (2014). A measure of heterogeneity in multi-agent systems. In *American Control Conference* (pp. 3972–3977).
391. Tyrrell, A., Auer, G., & Bettstetter, C. (2006). Fireflies as role models for synchronization in ad hoc networks. In *Proceedings of the 1st International Conference on Bio-inspired Models of Network, Information and Computing Systems*. New York: ACM.
392. Valentini, G. (2017). *Achieving consensus in robot swarms: Design and analysis of strategies for the best-of-n problem*. Berlin: Springer. ISBN 978-3-319-53608-8. https://doi.org/10.1007/978-3-319-53609-5.
393. Valentini, G., Brambilla, D., Hamann, H., & Dorigo, M. (2016). Collective perception of environmental features in a robot swarm. In 10*th International Conference on Swarm Intelligence, ANTS* 2016. *Lecture notes in computer science* (Vol. 9882, pp. 65–76). Berlin: Springer.
394. Valentini, G., Ferrante, E., & Dorigo, M. (2017). The best-of-n problem in robot swarms: Formalization, state of the art, and novel perspectives. *Frontiers in Robotics and AI,* 4, 9. ISSN 2296-9144. http://journal.frontiersin.org/article/10.3389/frobt.2017.00009.
395. Valentini, G., Ferrante, E., Hamann, H., & Dorigo, M. (2016). Collective decision with 100 Kilobots: Speed vs accuracy in binary discrimination problems. *Journal of Autonomous Agents and Multi-Agent Systems,* 30(3), 553–580. http://dx.doi.org/10.1007/s10458-015-9323-3.
396. Valentini, G., Hamann, H., & Dorigo, M. (2014). Self-organized collective decision making: The weighted voter model. In A. Lomuscio, P. Scerri, A. Bazzan, & M. Huhns (Eds.), *Proceedings of the* 13*th International Conference on Autonomous Agents and Multiagent Systems (AAMAS* 2014*)*. IFAAMAS.
397. Valentini, G., Hamann, H., & Dorigo, M. (2015). Self-organized collective decisions in a robot swarm. In *AAAI*-15 *Video Proceedings*. Palo Alto, CA: AAAI Press. https://www.youtube.com/watch?v=5lz_HnOLBW4.
398. Valentini, G., Hamann, H., & Dorigo, M. (2015). Efficient decision-making in a self-organizing robot swarm: On the speed versus accuracy trade-off. In R. Bordini, E. Elkind, G. Weiss, & P. Yolum (Eds.), *Proceedings of the 14th International Conference on Autonomous Agents and Multiagent Systems (AAMAS* 2015*)* (pp. 1305–1314). IFAAMAS. http://dl.acm.org/citation.cfm?id=2773319.
399. Vestartas, P., Heinrich, M. K., Zwierzycki, M., Leon, D. A., Cheheltan, A., La Magna, R., & Ayres, P. (2018). Design tools and workflows for braided structures. In K. De Rycke, C. Gengnagel, O. Baverel, J. Burry, C. Mueller, M. M. Nguyen, P. Rahm, & M. R. Thomsen (Eds.), *Humanizing Digital Reality: Design Modelling Symposium Paris* 2017 (pp. 671–681). Singapore: Springer. ISBN 978-981-10-6611-5. https://doi.org/10.1007/978-981-10-6611-5_55.
400. Vicsek, T., Czirók, A., Ben-Jacob, E., Cohen, I., & Shochet, O. (1995). Novel type of phase transition in a system of self-driven particles. *Physical Review Letters,* 6(75), 1226–1229.

401. Vicsek, T., & Zafeiris, A. (2012). Collective motion. *Physics Reports,* 517(3–4), 71–140.
402. Vigelius, M., Meyer, B., & Pascoe, G. (2014). Multiscale modelling and analysis of collective decision making in swarm robotics. *PLoS One,* 9(11), 1–19. https://doi.org/10.1371/journal.pone.0111542.
403. Vinković, D., & Kirman, A. (2006). A physical analogue of the Schelling model. *Proceedings of the National Academy of Sciences of the United States of America,* 103(51), 19261–19265.
404. von Frisch, K. (1974). *Animal architecture*. San Diego, CA: Harcourt.
405. Voorhees, P. W. (1985). The theory of Ostwald ripening. *Journal of Statistical Physics,* 38(1), 231–252.
406. Wahby, M., Weinhold, A., & Hamann, H. (2016). Revisiting BEECLUST: Aggregation of swarm robots with adaptiveness to different light settings. In *Proceedings of the 9th EAI International Conference on Bio-inspired Information and Communications Technologies (BICT* 2015*)*, pp. 272–279. ICST. http://dx.doi.org/10.4108/eai.3-12-2015.2262877.
407. Watts, D. J., & Strogatz, S. H. (1998). Collective dynamics of 'small-world' networks. *Nature,* 393(6684), 440–442.
408. Webb, B. (2001). Can robots make good models of biological behaviour? *Behavioral and Brain Sciences,* 24, 1033–1050.
409. Webb, B. (2002). Robots in invertebrate neuroscience. *Nature,* 417, 359–363.
410. Webb, B., & Scutt, T. (2000). A simple latency-dependent spiking-neuron model of cricket phonotaxis. *Biological Cybernetics,* 82, 247–269.
411. Weinberg, S. (1995). Reductionism redux. *The New York Review of Books,* 42(15), 5.
412. Wells, H., Wells, P. H., & Cook, P. (1990). The importance of overwinter aggregation for reproductive success of monarch butterflies (*danaus plexippus l.*). *Journal of Theoretical Biology,* 147(1), 115–131. ISSN 0022-5193. http://dx.doi.org/10.1016/S0022-5193(05)80255-3.
413. Werfel, J., Petersen, K., & Nagpal, R. (2014). Designing collective behavior in a termite-inspired robot construction team. *Science,* 343(6172), 754–758. http://dx.doi.org/10.1126/science.1245842.
414. Whiteson, S., Kohl, N., Miikkulainen, R., & Stone, P. (2003). Evolving keepaway soccer players through task decomposition. In *Genetic and Evolutionary Computation-GECCO* 2003 (pp. 20–212). Berlin: Springer.
415. Whiteson, S., & Stone, P. (2006). Evolutionary function approximation for reinforcement learning. *Journal of Machine Learning Research,* 7, 877–917.
416. Wilson, S., Gameros, R., Sheely, M., Lin, M., Dover, K., Gevorkyan, R., et al. (2016). Pheeno, a versatile swarm robotic research and education platform. *IEEE Robotics and Automation Letters,* 1(2), 884–891.
417. Wilson, M., Melhuish, C., Sendova-Franks, A. B., & Scholes, S. (2004). Algorithms for building annular structures with minimalist robots inspired by brood sorting in ant colonies. *Autonomous Robots,* 17, 115–136.
418. Wilson, S., Pavlic, T. P., Kumar, G. P., Buffin, A., Pratt, S. C., & Berman, S. (2014). Design of ant-inspired stochastic control policies for collective transport by robotic swarms. *Swarm Intelligence,* 8(4), 303–327.
419. Winfield, A. F. T., Harper, C. J., & Nembrini, J. (2004). Towards dependable swarms and a new discipline of swarm engineering. In *International Workshop on Swarm Robotics* (pp. 126–142). Berlin: Springer.
420. Winfield, A. F. T., Sa, J., Fernández-Gago, M.-C., Dixon, C., & Fisher, M. (2005). On formal specification of emergent behaviours in swarm robotic systems. *International Journal of Advanced Robotic Systems,* 2(4), 363–370. https://doi.org/10.5772/5769.
421. Witten, T. A. Jr, & Sander, L. M. (1981). Diffusion-limited aggregation, a kinetic critical phenomenon. *Physical Review Letters,* 47(19), 1400–1403. https://doi.org/10.1103/PhysRevLett.47.1400.
422. Wittlinger, M., Wehner, R., & Wolf, H. (2006). The ant odometer: Stepping on stilts and stumps. *Science,* 312(5782), 1965–1967.
423. Wolf, H. (2011). Odometry and insect navigation. *Journal of Experimental Biology,* 214(10), 1629–1641. ISSN 0022-0949. https://doi.org/10.1242/jeb.038570.

424. Wolpert, L. (1996). One hundred years of positional information. *Trends in Genetics,* 12(9), 359–364. ISSN 0168-9525. http://view.ncbi.nlm.nih.gov/pubmed/8855666.
425. Yamaguchi, H., Arai, T., & Beni, G. (2001). A distributed control scheme for multiple robotic vehicles to make group formations. *Robotics and Autonomous systems,* 36(4), 125–147.
426. Yamins, D. (2005). Towards a theory of "local to global" in distributed multi-agent systems. In *Proceedings of the Fourth International Joint Conference on Autonomous Agents and Multiagent Systems (AAMAS'05)* (pp. 183–190).
427. Yamins, D. (2007). *A Theory of Local-to-Global Algorithms for One-Dimensional Spatial Multi-Agent Systems*. PhD thesis, Harvard University, November 2007.
428. Yamins, D., & Nagpal, R. (2008). Automated global-to-local programming in 1-D spatial multi-agent systems. In L. Padgham, D. C. Parkes, J. P. Müller, & S. Parsons (Eds.), *Proceedings of 7th International Conference on Autonomous Agents and Multiagent Systems (AAMAS 2008)*, Estoril, Portugal, May 2008.
429. Yang, C. N. (1952). The spontaneous magnetization of a two-dimensional Ising model. *Physical Review,* 85(5), 808–816. http://dx.doi.org/10.1103/PhysRev.85.808.
430. Yasuda, T., & Ohkura, K. (2008). A reinforcement learning technique with an adaptive action generator for a multi-robot system. In *The Tenth International Conference on Simulation of Adaptive Behavior (SAB'08). Lecture notes in artificial intelligence*, July 2008 (Vol. 5040, pp. 250–259). Berlin: Springer.
431. Yates, C. A., Erban, R., Escudero, C., Couzin, I. D., Buhl, J., Kevrekidis, I. G., et al. (2009). Inherent noise can facilitate coherence in collective swarm motion. *Proceedings of the National Academy of Sciences of the United States of America,* 106(14), 5464–5469. https://doi.org/10.1073/pnas.0811195106. http://www.pnas.org/content/106/14/5464.abstract.
432. Zahadat, P., Christensen, D. J., Katebi, S. D., & Støy, K. (2010). Sensor-coupled fractal gene regulatory networks for locomotion control of a modular snake robot. In *Proceedings of the 10th International Symposium on Distributed Autonomous Robotic Systems (DARS)* (pp. 517–530).
433. Zahadat, P., Hahshold, S., Thenius, R., Crailsheim, K., & Schmickl, T. (2015). From honeybees to robots and back: Division of labor based on partitioning social inhibition. *Bioinspiration & Biomimetics,* 10(6), 066005. https://doi.org/10.1088/1748-3190/10/6/066005.
434. Zahadat, P., Hofstadler, D. N., & Schmickl, T. (2017). Vascular morphogenesis controller: A generative model for developing morphology of artificial structures. In *Proceedings of the Genetic and Evolutionary Computation Conference*, GECCO'17, New York, NY, USA (pp. 163–170). New York: ACM. ISBN 978-1-4503-4920-8. http://doi.acm.org/10.1145/3071178.3071247.
435. Zahadat, P., & Schmickl, T. (2016). Division of labor in a swarm of autonomous underwater robots by improved partitioning social inhibition. *Adaptive Behavior,* 24(2), 87–101. https://doi.org/10.1177/1059712316633028.
436. Zhou, G., He, T., Krishnamurthy, S., & Stankovic, J. A. (2004). Impact of radio irregularity on wireless sensor networks. In *Proceedings of the 2nd International Conference on Mobile Systems, Applications, and Services* (pp. 125–138). New York: ACM.